太阳能与海水淡化技术

张立琋　著

科学出版社

北京

内 容 简 介

　　本书系统介绍了太阳能海水淡化技术的分类及研究进展，重点介绍了作者在太阳能集热与海水淡化技术方面的研究成果，主要内容包括：V 型吸热板空气集热器、聚热型无机热管-真空玻璃管集热器及非金属管式平板集热器的研究；无机热管式低温多效蒸馏海水淡化、太阳能低温单效蒸馏海水淡化工艺及性能的研究，以及无机热管低温蒸发-冷凝器、无机热管冷凝器、液-液气多相流引射器、蒸馏器面盖等主要设备的研究；太阳能鼓泡加湿-热泵海水淡化、蓄热式加湿除湿太阳能海水淡化工艺及性能的研究；鼓泡加湿微观过程机理及可视化试验研究；相变材料蓄热与强化传热研究等。

　　本书可供太阳能与海水淡化领域相关科研及工程技术人员使用和参考，也可供相关专业高校师生参考。

图书在版编目（CIP）数据

太阳能与海水淡化技术 / 张立琋著. —北京：科学出版社，2022.6
ISBN 978-7-03-070174-9

Ⅰ. ①太⋯　Ⅱ. ①张⋯　Ⅲ. ①太阳能利用-研究　②海水淡化-研究
Ⅳ. ① TK519 ② P747

中国版本图书馆 CIP 数据核字（2022）第 063600 号

责任编辑：祝　洁　胡文治 / 责任校对：崔向琳
责任印制：张　伟 / 封面设计：陈　敬

科　学　出　版　社　出版
北京东黄城根北街 16 号
邮政编码：100717
http://www.sciencep.com

北京中石油彩色印刷有限责任公司 印刷
科学出版社发行　各地新华书店经销

*

2022 年 6 月第　一　版　　开本：720×1000　1/16
2022 年 6 月第一次印刷　印张：16　插页 4
字数：330 000
定价：148.00 元
（如有印装质量问题，我社负责调换）

前 言

地球上的水资源总量很大，约为 13.86 亿 km^3，其中海水占 96.50%，陆地咸水占 0.97%，淡水储量仅占 2.53%。在淡水资源中，人类可以利用的河水、湖泊水及地下水等仅占地球水资源总量的 0.3%左右。海水淡化是人类解决淡水资源不足的有效方案，但海水淡化过程需要消耗大量的能量。据估计，全世界每年生产淡水 3.65×10^8t，需要消耗约 8.78×10^6 桶当量原油的能量。2019 年底，我国已建成 115 个海水淡化工程，日产淡水总量约 1.574×10^6t，其中最大的海水淡化工程日产淡水 20 万 t，每吨淡水生产成本为 5～8 元。利用太阳能等可再生能源淡化海水或苦咸水，可以减少甚至消除淡水生产过程中的化石能源消耗以及由此产生的环境污染，是海水淡化技术的重要发展方向。

作者长期从事太阳能与海水淡化技术的研究工作。本书系统总结了作者近 20 年来在高效太阳能集热器、低温蒸馏海水淡化工艺与设备、加湿除湿太阳能海水淡化工艺与设备、鼓泡加湿过程机理、相变蓄热与强化传热等方面的理论分析、数值模拟及试验研究成果。全书共六章，第 1 章介绍海水的组成及性质，太阳能海水淡化技术的研究进展；第 2 章介绍几种太阳能集热器，包括集热器结构、数值模拟及集热性能试验；第 3 章介绍低温蒸馏法海水淡化工艺及主要设备；第 4 章介绍加湿除湿法太阳能海水淡化工艺、装置等；第 5 章介绍鼓泡加湿的微观及宏观过程的数值模拟与可视化试验；第 6 章介绍以相变材料蓄热除湿器为研究背景的相变蓄热与强化传热的理论分析、数值模拟及试验研究。

在本书涉及的相关研究中，王超、张小粉、原郭丰等同仁参与了部分研究工作。在本书的成稿过程中，贾奕、张正阳、王康博、谭杰等研究生在插图修改及稿件校对方面给予了诸多帮助。在此一并表示衷心的感谢！

由于作者水平有限，书中难免存在不足与疏漏之处，敬请读者批评指正。

张立琋

2021 年 12 月于西北工业大学

目　　录

第1章 绪 论

水是人类与地球其他生命赖以生存的自然资源，也是国民经济的命脉。水资源是评价一个国家或地区经济是否可持续发展的重要指标。陆地上的淡水资源总量只占地球上水体总量的 2.53%，且大部分分布在南北两极地区的固体冰川。目前，人类比较容易利用的淡水资源主要是河水、淡水湖泊水及浅层地下水，而这些淡水储量只占全部淡水总量的约 0.3%，占全球总水量的十万分之七，即全球真正有效利用的淡水资源每年约有 9000 立方千米[1]。联合国环境规划署(United Nations Environment Programme，UNEP)报告显示，1970~2018 年，取水量增速尽管有所下降，其总量仍然由每年 250 万 m^3 增加到了每年 420 万 m^3[2]。在过去 100 年里，全球淡水用量增加了 6 倍，20 世纪 80 年代以来继续以每年约 1%的速度增长[3]。淡水用量的增长主要归因于人口增长、经济发展和消费模式的转变。联合国水发展报告中估计，全球用水量将继续以每年约 1%的速度增长，到 2050 年，用水量将比目前增长 20%~30%[3]。

海水淡化是人类已知最早的水处理方式，也是解决淡水资源匮乏最可行且可持续的方案。但由于海水含盐度高，海水淡化工艺耗能较高。历史上，海水淡化工艺因其投资和能耗很高，是商业应用中最贵的产生淡水的方式[4-6]。

推广和应用太阳能技术符合节能减排的要求和可持续发展战略。我国广大农村、孤岛等偏远地区普遍存在电力缺乏问题，因此在能源较为紧张的条件下，利用太阳能从海水及苦咸水中制取淡水，是解决淡水缺乏现状及实现节能减排的重要途径。

1.1 海水的组成与性质

海水中溶解了多种盐分，从海洋的形成来看，海水中应该含有地球上的所有元素，但限于目前的技术水平，仅仅测定出了八十多种元素。除了氢元素和氧元素以外，每千克海水中含量在 1mg 以上的元素只有 12 种，它们分别是氯、钠、镁、硫、钙、钾、溴、碳、锶、硼、硅和氟，合计约占海水全部元素质量的99.9%。除了这 12 种含量较大的元素之外，其余几十种元素被称为微量元素[7]。

盐度(‰)是海水的重要指标之一，它是指 1kg 海水中将溴元素和碘元素以氯元素置换，碳酸盐变为氧化物，有机物全部氧化后，其所含固体的总质量[7]。

表 1-1 是盐度为 35‰时，海水中的主要离子浓度和氯度比值。

表 1-1　海水中主要离子浓度和氯度比值[7]

离子	浓度/(g/kg)	氯度比值	离子	浓度/(g/kg)	氯度比值
Cl^-	19.354	0.998900	Na^+	10.770	0.55600
SO_4^{2-}	2.7120	0.140000	Mg^{2+}	1.2900	0.06650
Br^-	0.0673	0.034700	Ca^{2+}	0.4121	0.02127
F^-	0.0013	0.000067	K^+	0.3990	0.02060
HCO_3^-	0.1420	0.007350	Sr^{2+}	0.0079	0.00041
B(总量)	0.0045	0.000232			

注：表中氯度比值为离子浓度与氯度的比值。B(总量)指 $B(OH)_4^-$ 的自由离子形态和络合离子形态的总量。

1. 海水氯度与盐度

氯度和盐度是海水的重要指标，其定义是 1899 年在瑞典斯德哥尔摩举行的第一次国际海洋会议上提出的。

1901 年，Knudsen 教授等将氯度定义为"1kg 海水中，将溴、碘以氯置换后其所含氯的总质量，单位为 g/kg，通常用 Cl‰表示"。Knudsen 还分别规定了测定海水氯度和盐度的标准方法，一般称为 Knudsen 方法。利用该方法测定的海水盐度并不是海水中真正的含盐量，而是一种以实践为基础的、定义性的相对含盐量，海水真正的含盐量直至今日也无法准确测定。

1979 年，国际海洋物理科学协会(International Association for the Physical Sciences of the Oceans，IAPSO)所属的物理海洋学符号、单位及术语工作组建议将氯度定义改为"沉淀海水样品中含有的卤化物所需纯标准银(原子量银)的质量与海水质量比值的 0.328 倍"，该建议被 IAPSO 采纳[7]。

2. 海水中溶解的气体

海水中溶解有多种气体，其含量如表 1-2 所示。

表 1-2　海水中溶解的气体含量[8]

气体	CO_2	N_2	O_2	Ar
含量/(mg/L)	102.50	12.82	8.05	0.48

二氧化碳溶解在海水中与淡水中的情况不同。溶解在淡水中的二氧化碳主要以游离状态存在，可用煮沸或减压的方法驱除，而溶解在海水中的二氧化碳主要以碳酸根及碳酸氢根形式存在，需加入强酸才能逐出。

海水中的二氧化碳影响着海水的 pH, 海水的 pH 一般为 7.5~8.4。

3. 海水的化学和物理性质

海水的物理、化学性质是海水淡化装置设计、计算和操作过程中必须考虑的因素。海水的化学、物理性质分别如表 1-3 和表 1-4 所示。

表 1-3 海水的化学性质[8]

pH	氯度/‰	平均盐度/‰	总盐量/‰
7.5~8.4	19.38	34.85	35.07

表 1-4 海水的物理性质(25℃, 1 个大气压的标准海水)[8]

密度 /(kg/m³)	比热容 /[kJ/(kg·℃)]	汽化潜热 /(kJ/kg)	冰点 /℃	蒸气压 /Pa	渗透压 /Pa	动力黏度 /(Pa·s)
1023.4	3.90	2436.3	−1.91	$0.9812p_0$	$-0.084T$	0.96×10^{-3}

注: 表中 p_0 为同温纯水的蒸气压(Pa); T 为海水的热力学温度。

1.2 太阳能与海水淡化

近年来, 淡水稀缺的巨大压力促使人们开始研究可持续水资源技术, 可选方案包括海水淡化技术、废水再利用技术和雨水收集技术(日本的主要淡水来源方式)。截至 2020 年 2 月中旬, 全球海水淡化装机容量为 9720 万 m³/d, 分别由 20971 个项目提供, 其中以海水为给水水源的装机容量为 5540 万 m³/d, 占比约为 57%[9]。据统计, 2010~2020 年, 全球已安装的海水淡化容量以每年约 7%的速度稳步增长。根据 2021 年发布的《海水淡化利用发展行动计划(2021—2025年)》, 到 2025 年, 全国海水淡化总规模达到 290 万 m³/d 以上, 新增海水淡化规模达 125 万 m³/d 以上。

海水淡化过程是一个高能耗的生产过程。传统海水淡化过程中直接或间接消耗的是化石能源, 而化石能源利用过程中会排放有害物质并产生温室效应。随着人类环保意识的增强以及对环保要求的提高, 利用可再生能源淡化海水已成为海水淡化技术的发展趋势。目前, 海水淡化技术已与多种可再生能源相结合, 其中包括风能、地热能、海洋能、生物质能和太阳能等[10]。在所有的可再生能源中, 太阳能的应用最广, 因为凡是有人类生存的地方都有太阳能存在, 而其他可再生能源受地域的影响比较大, 只在某一特定地域存在, 如地热能和潮汐能。风能存在地域也比较广, 但与太阳能相比, 风力大小及方向多变, 不够稳定。截至 2016 年, 太阳能海水淡化就已经占领了海水淡化市场的四分之一, 太阳能利用率也从最初的不到 10%发展到接近 50%, 产水量也得到了大幅度提升[11]。因此，发展太阳能与海水淡化技术结合是可再生能源与海水淡化技术结合的主要方向之一。

经过长期发展，太阳能海水淡化已衍生出了多种技术方法，不同学者对其分类略有不同。图 1-1 为一种太阳能海水淡化技术方法分类示意图[12]。

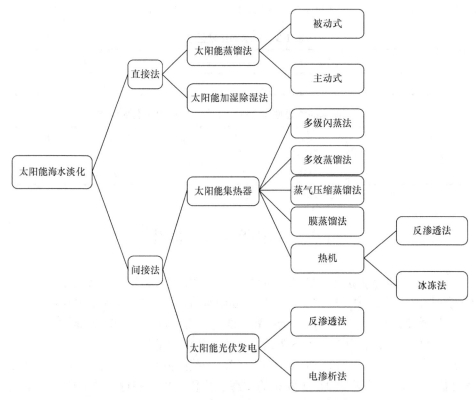

图 1-1   太阳能海水淡化技术方法分类示意图[12]

1.3   太阳能海水淡化技术的研究进展

除了图 1-1 所示的太阳能海水淡化分类方法之外，如果从太阳能的转化方式分类，又可简单地分为光热利用法和光电利用法两类。光热利用法是将太阳能转化成热能，利用热能使海水蒸馏或使空气加湿生产淡水，光热利用法可简称为热法。光电利用法是将太阳能通过光伏电池转化为电能，再用电能驱动反渗透装置或其他联合装置生产淡水，该方法可简称为膜法。

在热法中，太阳能蒸馏法及太阳能加湿除湿(humidification-dehumidification, HDH)法是太阳能海水淡化中最常采用的方法，此外还有近些年发展较快的太阳能膜蒸馏法和太阳能局域热法；在膜法中，采用的主要方法是太阳能反渗透

(reverse osmosis，RO)法，它是太阳能海水淡化的主要发展方向之一。此外，太阳能电渗析(electrodialysis，ED)法也有少量的应用。

太阳能海水淡化装置规模一般较小，如墨西哥的海水淡化系统，集热面积为 680m²，海水淡化能力为 12m³/d，集热器运行温度为 35～110℃；法国的海水淡化系统集热面积 670m²，淡水产量为 40m³/d[13]。1982 年，我国嵊泗岛建造厂搭建了一个具有数百平方米太阳能采光面积的大规模海水淡化装置，成为我国第一个实用的太阳能蒸馏法海水淡化装置[14]。

1.3.1 热法太阳能海水淡化技术

1. 太阳能蒸馏法

人类早期利用太阳能进行海水淡化主要是采用太阳能蒸馏的方式，因此早期的太阳能海水淡化装置一般都被称为太阳能蒸馏器。

太阳能蒸馏法可分为直接法和间接法。直接法是将集热和脱盐过程集于一体，将太阳辐射的热能直接用于蒸馏制得淡水，该方法也称为被动式太阳能蒸馏法。间接法是将集热与脱盐过程分开，先使用集热器将光能变成热能，再利用这些热能制取淡水。

1) 直接法

直接法的典型装置是盆式太阳能蒸馏器，图 1-2 是不同盆式太阳能蒸馏器的基本形式。人类对于盆式太阳能蒸馏器的应用已有一百余年的历史，由于它结构简单、取材方便，至今仍被广泛应用。世界上第一个大型太阳能海水淡化装置于 1874 年在智利北部城市拉斯萨利纳斯(Las Salinas)建造，它由许多宽 1.14m、长 61m 的盆式蒸馏器组合而成，总面积 47000m²，晴天时，每天生产淡水 23m³，这个系统运行了近 40 年[15]。

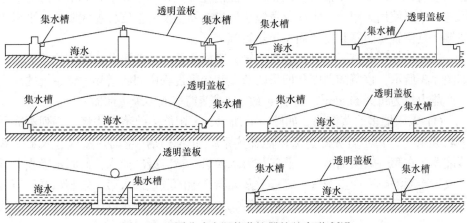

图 1-2　不同盆式太阳能蒸馏器的基本形式[15]

早期的太阳能蒸馏器由于产水量低，初期成本高，在很长一段时间里并没有受到人们的重视。第一次世界大战后，太阳能蒸馏器再次引起人们的关注，为海上救护及生活用水提供了帮助。

直接法的缺点是占地面积大、工作温度低、产水量不高，也不利于应用其他余热。人们通过对盆式太阳能蒸馏器的不断改进，又陆续研制出多级盆式、外凝结器式、多级新型盆式、聚光式、倾斜式和扩散式等形式的太阳能蒸馏器。El-Sebaii 等[16]提出了一种结合浅水太阳池的盆式蒸馏器；Aboabboud 等[17]提出一种能主动回收潜热的外凝结式太阳能蒸馏器；Chaibi[18]在温室顶部安装太阳能蒸馏器，可提供灌溉温室作物的淡水；Davies 等[19]在阿拉伯联合酋长国也进行了类似的设计，并肯定了这种做法的可行性。

目前，直接法的研究主要集中于材料的选取，各种热性能的改善，以及与各类太阳能集热器的配合使用。直接法适用于小型产水系统，如淡水需求量小于200t/d 的地区[20]。利用单级太阳能蒸馏法，蒸发 1kg 温度为 30℃的水大约需要 2.4×10^3kJ 的能量。近年来，纳米流体因其光频分谱的性质，被引入太阳能海水淡化的研究中，以提高太阳辐射光伏和光热转化的效率。Ashidi 等[21]提出了一种利用纳米流体进行光谱分频的太阳能聚光接收器，并与有机朗肯循环相结合进行热回收，以最大限度地利用太阳能。

2) 间接法

目前开发的太阳能海水淡化法主要以间接法为主，间接法以太阳能多级闪蒸(multistage flash，MSF)法和太阳能多效蒸馏(multi-effect desalination，MED)法为代表。这些方法中，除单独使用太阳能外，还可将太阳能与热能、电能或其他能量相结合，是大型太阳能海水淡化装置的发展方向。太阳能蒸馏系统需要有蒸馏装置和太阳能集热器，如果采用低温蒸馏，则可使用低品位热源，海水结垢速度也比较慢，但需要使用抽真空设备，电能消耗较大，对于缺电或无电的海岛及偏远地区难以使用。用于海水淡化蒸馏法的集热器主要有盐度梯度太阳池、平板集热器、真空管集热器和抛物面型集热器等。

Shatat 等[22]研究了一种耦合真空管太阳能集热器的四级盆式太阳能蒸馏器，如图 1-3 所示，该蒸馏器能从四级的蒸发和冷凝过程中回收潜热。该系统的淡水生产能力约为每天 5kg/m²，高于传统的盆式蒸馏器或多级蒸馏器。

(1) 太阳能多效蒸馏法。如图 1-4 所示，太阳能多效蒸馏法将一系列蒸馏器串联起来[23]。海水首先经过太阳能加热系统加热，所产生的热蒸气进入第一效蒸馏器。在第一效蒸馏器中，蒸气与海水换热，被冷凝成淡水，而海水吸收蒸气释放的冷凝潜热后产生蒸气。第一效蒸馏器产生的蒸气进入第二效蒸馏器，蒸气与海水换热后，被冷凝成淡水，同时第二效蒸馏器中的海水以比第一效中更低的温度蒸发。这样，海水通过多次的蒸发和冷凝，连续产出淡水[23]。

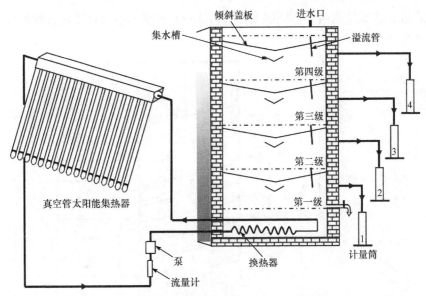

图 1-3　耦合真空管太阳能集热器的四级盆式太阳能蒸馏器系统示意图[22]

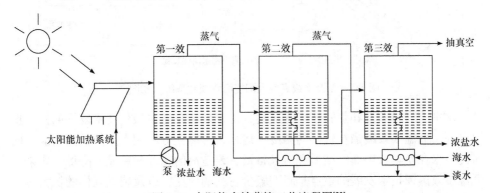

图 1-4　太阳能多效蒸馏工艺流程图[23]

　　在巴西东北海岸，建立了一个太阳能多效蒸馏海水淡化工厂，内有一系列的平托盘组成的塔，每一个平托盘为一效蒸馏器，以油作为平板集热器的加热介质。Schwarzer 等[24]根据试验研制并建立了一个数值模拟程序，模拟结果显示，当日太阳辐照量为 4.8(kW·h)/m², 装置的产水率达到 25L/(m²·d)；用被污染的海水做试验，结果显示，淡水中无大肠杆菌，水质优良。由日本荏原公司开发制造的三效蒸馏海水淡化系统中，仅以集热器收集的太阳能为热源，在加沙的阿兹哈尔大学测试，平均产水率是 6~13L/(m²·d)。研究显示，增加装置的产水量可减少多效蒸馏的淡水生产成本，如产水量为 500m³/d 的装置产水成本(water produce cost，WPC)为 3.2 美元/吨，若产水量为 5000m³/d，产水成本则只需要 2 美元/吨[25]。Reddy 等[26]利用潜热回收技术，设计了一种新型多级真空太阳能海水淡化系统，该系统由两个并联的太阳能集热器与多级真空海水淡化装置组成，其系统如图1-5所示。

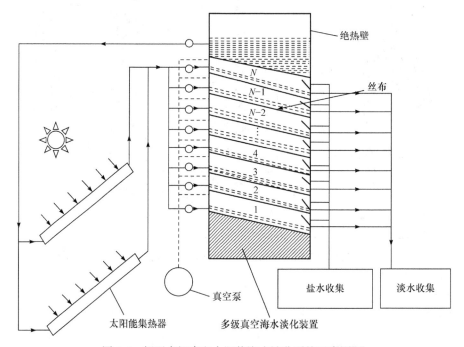

图 1-5　新型多级真空太阳能海水淡化系统示意图[26]

水平管降膜蒸发和热管技术的应用，是多效蒸发海水淡化技术发展的一个重要方面。低温多效蒸馏在较低的温度下运行，可以充分利用太阳能低温热能，同时使海水在换热器表面的结垢和对设备及管线造成的腐蚀现象显著降低。未来，低温多效蒸馏技术发展的重点是新型廉价材料的应用，以及装置规模的扩大等，旨在进一步降低设备造价和运行成本。

(2) 太阳能多级闪蒸法。多级闪蒸是多级闪急蒸馏法的简称。多级闪蒸是一种在20世纪50年代发展起来的海水淡化方法，是为了克服多效蒸馏过程中海水结垢较严重的缺点而发展起来的。多级闪蒸技术具有设备简单可靠，防垢性能好，易于大型化，操作弹性大，以及可利用低品位热能等优点，适用于大型和超大型淡化水装置。图1-6是太阳能多级闪蒸海水淡化工艺流程图[23]。

Block[27]通过研究发现，与典型太阳能蒸馏器的产水量 $3\sim4L/(m^2 \cdot d)$ 相比，太阳能多级闪蒸海水淡化装置的产水量可达 $6\sim60L/(m^2 \cdot d)$，而其中最常使用的集热器是盐度梯度太阳池，如意大利的海水淡化工厂，产水量为 $50\sim60m^3/d$，美国埃尔帕索(EL Paso)工厂产水量是 $19m^3/d$，这两个工厂都使用这种太阳池。Thabit 等[28]研究了将正渗透用于多级闪蒸溶液预处理的可行性。由于标准多级闪

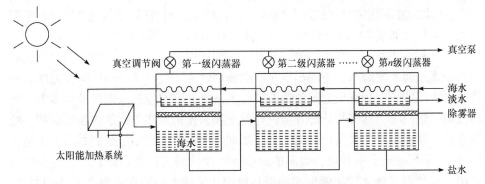

图 1-6　太阳能多级闪蒸海水淡化工艺流程图[23]

蒸过程不易与热源结合，为减少装置的操作费用，亚特兰蒂斯公司开发了一种可由热源供热的多级自动闪蒸系统，能与太阳池结合使用。如图 1-7 所示，在瑞士，研究人员将一个多级自动闪蒸海水淡化系统和小型太阳池相结合，通过计算机模拟和试验研究，表明该系统的淡水生产成本可降低到 5.48 美元/吨[29]。Garg 等[30]开发了具有盐水再循环架构的多级闪蒸过程的概念模型。

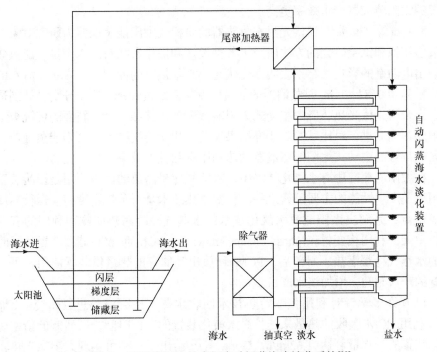

图 1-7　采用太阳池的多级自动闪蒸海水淡化系统[29]

　　虽然太阳能多级闪蒸拥有诸多优点，但由于其能耗较高，目前主要在海湾国家使用，而在我国等新兴海水淡化市场的应用较少。

(3) 太阳能蒸馏法与其他技术相结合。在太阳能蒸馏法海水淡化装置中，除了将太阳能与热能或电能联合使用之外，还可利用其他可再生能源。Alkhalidi 等[31]研究了一种用于发电和海水蒸馏的新型太阳能烟囱装置，发电厂的运行机制是利用集中太阳能蒸发海水，所提出的系统的新颖性在于仅将蒸气用作工作流体。同样，与太阳能烟囱分开设置的集热器吸收太阳能并将热能输入蒸气发生器中。当蒸气通过烟囱时，蒸气与外部环境进行热交换，使得水在烟囱的内表面凝结。结果表明，所提出新型太阳能烟囱的太阳能利用率比传统太阳能烟囱提高了78%。Rahbar 等[32]提出了一种结合太阳能光伏海水淡化的太阳能烟囱装置。研究结果表明，光伏海水淡化太阳能烟囱的集热效率比传统太阳能烟囱提高了 26.13%。Appadurai 等[33]研究了翅片式太阳能池耦合翅片式太阳能蒸馏器的性能。试验按深度将太阳能池划分为上、中、下三个区域，与单纯的翅片式太阳能蒸馏器和常规太阳能蒸馏器进行试验对比。结果表明，淡水产水量分别提高了 50%和45.5%。Chen 等[34]介绍了一种合理的设计结构，通过简单的表面火焰处理，天然木材被用作太阳能吸收剂，使其具有高的太阳能吸收率(约 90%)，可以有效地进行海水淡化。Fang 等[35]通过一项试验研究，提出装有透镜的新型太阳蒸馏器比常规的太阳蒸馏器产水效率更高。

Naroei 等[36]以带有光伏光热水集热器的阶梯式太阳能蒸馏器为研究对象，采用数值模拟和试验研究的方法研究了各种设计和操作参数对淡水产量、能量效率和输出电功率的影响。结果表明，光伏光热水集热器的面积为1.33m²，海水的质量流量为 0.068 kg/min 时蒸馏器的能量效率最高。Praveen 等[37]分别设计制造了一个耦合了光伏光热装置的主动式太阳能蒸馏器，并和一个单斜面的传统被动式太阳能蒸馏器进行对比试验。研究结果表明，相比传统被动式太阳能蒸馏器，光伏光热耦合的主动式太阳能蒸馏器的热利用率和发电效率均得到提高。

在太阳能蒸馏法海水淡化技术中，水蒸气冷凝潜热的回收利用是影响装置热利用率及产水性能的主要因素之一。相变蓄热技术具有蓄热密度高、运行温度稳定等优点，是解决太阳能海水淡化技术中水蒸气冷凝潜热回收和利用的有效方法。白天，利用相变材料(phase change material，PCM)回收和储存装置运行时释放的水蒸气冷凝潜热；日落后，PCM 释放出其储存的热量供装置使用，可延长装置的产水时间，增加淡水产量。

已有许多学者对利用相变蓄热技术回收水蒸气冷凝潜热进行研究。Zhang 等[38]利用 PCM 吸收的热量来延长海水淡化装置的工作时间，其研制的新型海水淡化装置的产水量可达 1.62kg/h。Gong 等[39]给出了一种可实现太阳能光热转换和余热储存的新概念系统，在太阳光较弱时利用 PCM 释放的热量生产淡水。研究结果表明，即便在无太阳光的情况下，海水池的蒸发效率也可达 0.7kg/h，能量利用率可达46.5%。Khalilmoghadam 等[40]利用热管来将相变蓄热材料中储存的热量导入海水中。试验结果表明，太阳能利用率由 23.7%提高到 48.5%。Negi 等[41]分析了利用 PCM 的主动式与被动式太阳能海水淡化装置的研究现状，并引入了㶲分析来评价系统中的不可逆性。

通常，为保证海水淡化过程的进行，对于装置吸收太阳能的设计会多于海水淡化过程所需的热能，若这部分多余的能量能被收集利用起来，同样可以提高海水淡化装置的产水率。Abuelnuor 等[42]在加装了太阳能平板集热器的海水淡化装置中，利用石蜡储存多余的太阳能。研究结果表明，新型装置的产水率较传统海水淡化装置提高了 64%。Behi 等[43]对提高 PCM 吸热速率的方法进行研究，研究结果表明，当工作温度在 50～70℃，PCM 和海水池之间的热量传递速率明显增高。Mousa 等[44]将填充了 PCM 的蓄热管放置在海水池盆底来吸收太阳能，当太阳能提供的热量不足以维持海水温度时，PCM 蓄热管可将热量释放入海水中。研究结果表明，新型装置的日间(6:00～18:00)产水量从 410mL 提高到了 550mL。

Al-Harahsheh 等[45]研究了 PCM 和外部太阳能集热器对太阳能蒸馏器性能的影响，设计了三种方案并进行了对比。第一种方案只使用太阳能蒸馏器，第二种方案将太阳能蒸馏器连接外部太阳能集热器，第三种方案在太阳能蒸馏器中加入 PCM 并连接外部集热器，PCM 包括五水硫代硫酸钠、三水乙酸钠和石蜡。该试验系统示意图见图 1-8 所示。试验结果表明，在第一种方案中添加外部太阳能集热器可将产水量提高约 340%；加入 PCM 使第二种方案的产水量提高了约 50%；使用的 PCM 类型对单位产水量没有显著影响；与第一种方案相比，第三种方案的整体产水量提高了近 400%。

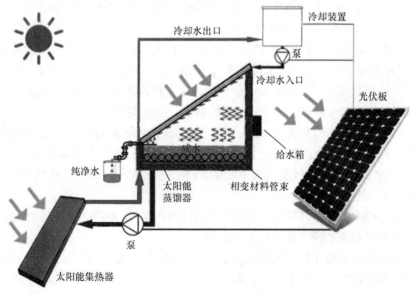

图 1-8　集太阳能集热器、相变材料、光伏板和太阳能蒸馏器为一体的试验系统示意图[45]

　　Srinivas 等[46]设计了一个金字塔形、安装在涂有黑色涂层铝盆上的太阳能蒸馏系统,使用石蜡作为 PCM。对此太阳能蒸馏器的试验研究表明,当蒸馏器内水深为 5cm 时使用 PCM,蒸馏器的热利用率提高了 75%。Kumar 等[47]设计了三种方案来研究单级坡形顶面的被动式太阳能蒸馏器。方案一只使用蒸馏器;方案二在方案一的基础上采用石蜡作为 PCM 蓄热;方案三采用由石蜡和质量分数为 0.5%的二氧化硅纳米颗粒组成的纳米 PCM 蓄热。试验结果表明,加入 PCM 的方案二和方案三淡水产量分别提高了 51.22%和 67.07%,即采用 PCM 可以有效提高太阳能蒸馏器的产水性能。Elashmawy 等[48]设计了一种带有抛物面型聚光器的管式太阳能蒸馏器,并在蒸馏器中使用石蜡作为 PCM 填充铝管,再将铜棒安装在石蜡内,以提高导热性能。试验结果表明,安装 PCM 的前后,装置的产水量分别为 3.95L/m^2 和 5.55L/m^2,管式太阳能蒸馏器热利用率分别为 31.9%和 44.1%,产水成本分别为 0.0163 美元/升和 0.00782 美元/升。即使用 PCM 可使淡水产量、热利用率明显提高,产水成本显著降低。Malik 等[49]对以石蜡为 PCM 的堰式太阳能蒸馏器系统进行优化,并对㶲效率和经济性进行了分析。结果表明,优化后系统㶲效率和年平均产水量分别提高了 1.47%和 4.35%。Zhi 等[50]研究了菲涅耳透镜耦合 PCM 的双坡单盆被动式太阳能蒸馏器的热利用率和产水量。研究表明,太阳能蒸馏器与菲涅耳透镜结合后的最高产水量为 3.19L/(m^2 · d)。与常规单效蒸馏器相比,使用菲涅耳透镜后热利用率从 28%提高到了 37%,产水量提高了 60%。太阳能蒸馏器与 PCM 结合能提高热利用率,与常规单效蒸馏器相比,菲涅耳透镜耦合带 PCM 太阳能蒸馏器的热利用率提高了 32%。Al-Harahsheh 等[51]基于带有 PCM 太阳能蒸馏器的海水淡化系统,针对热水循环流量、冷却水流量和水盆水位对淡水产量的影响进行了试验研究。结果表明,产水量与环境温度和热水循环流量的增加成正比,冷却水流量为 10mL/s 左右时,单位产水量最高。此外,随着水盆水位的增加,产水量下降。该装置的产水量为 4300mL/(m^2 · d),其中约 40%是产于日落之后。Shalaby 等[52]设计了一种内置 PCM 的 V 型波纹板太阳能蒸馏器,试验对使用和不使用 PCM 的情况进行了对比,并以石蜡作为 PCM。研究表明,在水盆水位较低,PCM 位于 V 型波纹板下方时,太阳能蒸馏器的性能最佳。在白天使用 PCM,产水量略有下降,但夜间产水量却有相当大的提高。在 V 型波纹板太阳能蒸馏器中使用 PCM 进行蓄热,比不使用 PCM 的日产水量提高了 12%。

　　可见,利用相变蓄热技术可以延长太阳能海水淡化装置的工作时间,提高产水量,是太阳能海水淡化技术的发展方向之一。

　　水电联产海水淡化已成为国际大型海水淡化工程的主要趋势之一。水电联产主要指海水淡化中水力和电力联产联供,可以利用电厂低品位蒸气和电力为海水淡化提供动力,实现能源高效利用,降低海水淡化成本,是国际上大型海水淡化工程的主要建设模式。Mata-Torres 等[53]对聚光型太阳能发电结合海水淡化的联产系统进行了研究，使用了槽式集热器和多效蒸馏技术，对系统的瞬态模型进行了数值模拟。结果表明，发电量 50MW 的联产系统能够在合理的成本下为 85000多位居民提供电力和淡水。但是费用和可行性主要取决于当地的太阳辐照量、工厂相对于海边的位置等具体条件。Hamed 等[54]研究了不同气候条件下改进型菲涅耳聚光型太阳能集热系统的性能。研究表明，在没有热能储存的情况下，将菲涅耳聚光型太阳能集热系统与多效蒸馏法相结合的效益更高。

2. 太阳能加湿除湿法

太阳能加湿除湿海水淡化法是以太阳能为热源加热海水和/或空气，再利用海水加湿空气，使空气含湿量接近或达到饱和状态，最后冷却空气获取淡水。该方法以环保的太阳能为热源，而且是热利用率最高的太阳能海水淡化方法之一，具有工作温度低(一般小于 90℃)，系统设备结构简单，易于拆装和维修，在常压下工作，电能消耗少等优点[55]。

太阳能加湿除湿法适用于中小型海水淡化装置，它具有多种工艺形式，可分为直接法、间接法、热耦合法及温室法等[56]。图 1-9 是一种利用太阳能加热空气的加湿除湿法原理示意图[57]。

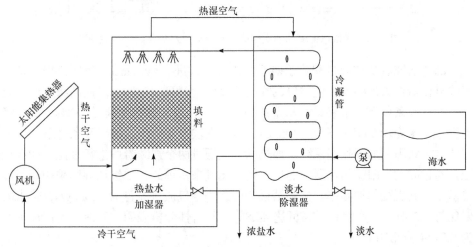

图 1-9 利用太阳能加热空气的加湿除湿法原理示意图[57]

直接法是直接利用太阳能作为热源加热海水并加湿空气，通过对湿空气冷却除湿来制取淡水的方法。间接法是目前加湿除湿的主要方法，该方法首先间接利用太阳能加热空气及海水，并将热能进行储存，然后用此热能使海水汽化来加湿空气。Al-Hallaj 等[58]建立了典型的间接法太阳能加湿除湿海水淡化装置。赵志勇等[59]则通过用槽式太阳能集热器加热流经的空气，热空气再与加湿器内部循环喷淋的海水直接接触换热，使海水温度升高，同时产生高温湿蒸汽，从而可以有效避免直接加热海水产生的结垢问题。Wang 等[60]评估了由光伏电池驱动的太阳能加湿除湿海水淡化系统，其装置示意图如图 1-10 所示。根据上海市的太阳辐射数据，估算了太阳能利用率、产水量和盐产量。结果表明，在相同的工作条件下，空气强制对流(5.9m/s)在空气加湿和淡水生产方面表现出比自然对流更好的性能。然而，自然对流的能量回收率比强制对流要高得多。

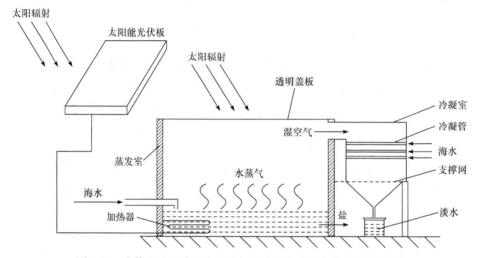

图 1-10　光伏电池驱动的太阳能加湿除湿海水淡化装置示意图[60]

部分研究者从加湿过程着手对系统进行了改进。Abdelaziz 等[61]使用高频超声波雾化器作为加湿器，使空气的相对湿度快速达到 100%，以提高海水淡化效率。在试验条件下，最终日产水量达到 7.72kg，系统效率达到 33.84%，每升淡水生产成本为 0.03437 美元。Shehata 等[62]在埃及亚历山大的天气条件下，设计并建立了太阳能加湿除湿系统。加热的空气通过两个连续阶段进行加湿。初级加湿是通过鼓动太阳能集热器中的热水使之飞溅来实现的，二级加湿则采用超声波技术以达到更高的加湿率。试验结果表明，当空气质量流量为 0.46kg/s，热水喷射比为 0.3 时，日产水量最高可达 44.8kg；经济性分析表明，其淡水生产成本约为 0.0144 美元/升。

El-Ashtoukhy 等[63]设计并制作了一种新型的加湿除湿系统，该系统的特点之一是使用了丝瓜络这种亲水性植物作为填充物用以吸水，最终使该装置产出的淡水达到饮用水要求。

优化加湿除湿系统流程也是提高除湿效率的有效手段。Xiao 等[64]设计了一种由聚光直接加热的鼓泡加湿除湿海水淡化系统，将阳光直接聚集到鼓泡加湿室，节省了循环管道和太阳能接收器，减少了管道的热损失，简化了设备的结构，增加了设备运行的可靠性。该系统由一个菲涅耳透镜太阳能聚光器、一个鼓泡加湿室和一个除湿室组成。Huang 等[65]提出了一种具有回流配置的空气喷射两级加湿除湿系统。研究表明，回流配置可以将两级系统的能源效率提高 30%。Omidi 等[66]在伊朗德黑兰的气候条件下设计并测试了一种新型加湿除湿淡化系统，该系统的工作流体可以采用空气或乙二醇。经济分析表明，该系统平均每平方米的产水成本为 0.097 美元/升。Yang[67]提出并分析了一种新的加湿除湿海水淡化工艺，用于驱动空气循环的真空泵是唯一消耗电力的设备。试验结果表明，在大气压条件下运行的加湿除湿系统的每条管线每小时可生产 4~11L 淡水，具体产水量取决于管道尺寸和天气条件，而生产每立方米淡水，真空泵最低电能消耗为 0.9~1.6kW·h。

加湿除湿系统与热泵结合可有效提高联合系统的效率。Faegh 等[68]对新型热泵辅助加湿除湿海水淡化系统进行了理论研究，在研究中利用热泵的蒸发器对空气进行直接除湿，利用热泵冷凝器作为加湿除湿循环的盐水加热器。据观察，该系统的产水比和每小时产水量分别达到 2.476 和 0.91kg。经济分析表明，该系统的产水成本为 0.014 美元/升。在另一项研究中，Faegh 等[69]提出了一种新的加湿除湿热泵海水淡化循环设计。与以前的加湿除湿热泵系统中单独的加湿器、加热器和空气-水冷式冷凝器不同，此研究中设计和制造了蒸发式冷凝器，该研究中的空气除湿过程直接在热泵蒸发器内部发生。试验结果表明，系统产水比和每小时产水量分别达到 2.00 和 1.08kg。Elbassoussi 等[70]将具有单双效吸收式热泵和加湿除湿海水淡化系统耦合进行研究，该系统以每天 0.0068 美元/升的成本生产约110L 的淡水，采用抽气技术后，日产水量可提高到 225L，而产水成本降至0.0042 美元/升。He 等[71]将热泵与露天配置的加湿除湿淡化系统耦合。仿真结果表明，在加湿器平衡状态下，海水淡化系统的实际产水比和产水量分别可以达到3.72 和 88.34kg/h。

基于膜的空气加湿除湿淡化是一种新型的海水淡化技术，可以由低品位的可再生能源驱动，但膜污染和润湿是阻碍其实际应用的关键问题。Zhang 等[72]使用沉积在聚偏二氟乙烯支撑层上的过渡金属碳/氧化物二维纳米层状材料(MXene)制造了一种疏水复合膜，可在不降低渗透性的情况下提高海水淡化中膜的抗污染能力。经过测试，在真实海水条件下，MXene-P 膜的性能可以在 120h 内保持稳定，测试后未观察到膜表面有明显污染。

综上所述，太阳能加湿除湿海水淡化技术研究的关键是设计开发出高效的除湿设备、简单高效的加湿方法和高效的热能循环利用工艺方案。目前，加湿除湿的新技术发展包括聚光直热式、水汽直接接触式蒸发冷凝、不溶性液体工质混合换热等等。未来，进一步提高增湿除湿系统产水比应重点从优化湿空气和海水间的能量转换方式、提高系统热回收能力及改变增湿除湿循环中湿空气的工作压力着手进行分析研究。

3. 太阳能膜蒸馏法

膜蒸馏(membrane distillation，MD)法是一种将传统蒸馏法和膜法结合的新型淡化技术。该技术主要依据汽液平衡原理，以蒸发潜热实现相变，同时以膜作为两相间的选择性屏障，从而实现盐水分离。太阳能膜蒸馏法有着适用范围广、蒸发效率高、能耗低、成本低廉等诸多优点，主要用于海水淡化。目前，太阳能膜蒸馏法已成为具有广阔应用前景的第三代脱盐技术[73]。通过结构改进与光热材料的开发，太阳能膜蒸馏法在废热利用和消除温度极化等方面也展现出令人满意的结果。

根据冷侧蒸气冷凝或排出方式不同，膜蒸馏法主要分为四类：直接接触式膜蒸馏(direct contact membrane distillation，DCMD)、真空膜蒸馏(vacuum membrane distillation，VMD)、空气隙膜蒸馏(air gap membrane distillation，AGMD)和吹扫气膜蒸馏(sweeping gas membrane distillation，SGMD)，如图 1-11 所示[23]。

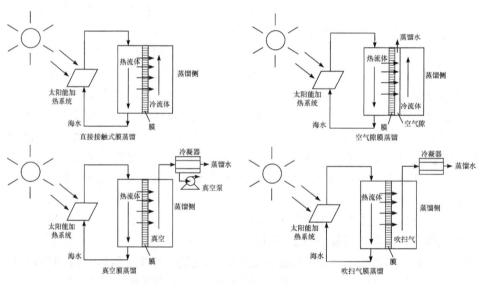

图 1-11　四类膜蒸馏法[23]

Siti 等[74]制备了一种新型的绿色硅基陶瓷中空纤维膜，采用不同浓度NaCl溶液模拟海水进行试验。结果表明，使用该新型疏水膜可以获得 38.2 kg/(m² · h)的高水通量和 99.9%的脱盐率。Huang 等[75]将金属有机骨架化合物掺杂到静电纺纳米纤维膜里，改善了原有纤维膜的表面粗糙度和疏水性，水通量增大到 19.2 L/(m² · h)，脱盐率大于 99.99%，使得直接接触式膜蒸馏脱盐更高效。

Guillén-Burrieza 等[76]开发了一套太阳能空气隙膜蒸馏技术系统示范装置样

机。Cheng 等[77]开发了两种尺寸新型翅片管式膜组件用以提高太阳能空气隙膜蒸馏系统的膜通量，工艺流程如图 1-12 所示。Alejandro 等[78]首次设计了一种混合直接接触式膜蒸馏与光伏发电联合系统。该系统利用部分透明的光伏电池发电，并将热能传递给掺杂纳米颗粒的膜，从而在膜表面产生热能。当光伏系统直接集成到脱盐系统中时，产水成本大约降低了 5%。

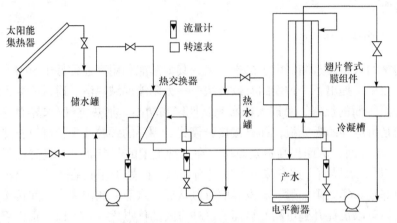

图 1-12　新型翅片管式太阳能空气隙膜蒸馏系统工艺流程[77]

Khalifa 等[79]建立了双玻璃真空管太阳能集热器的数学模型，预测了滞水太阳能水箱在加热过程中的温度变化。结果表明，使用集成太阳能 DCMD 脱盐系统的水生产的可持续性，系统并联连接比串联连接效率更高。Ismail 等[80]建立了主要用于海水淡化和废水处理的直接接触式膜蒸馏组件的二维数值模型，该模型可用于评估膜上微小总压差的影响。研究发现，膜上微小的总压差对水通量的影响可以忽略不计。

Kim 等[81]针对沿海城市的特点，设计了由真空膜蒸馏与太阳能集热器组成的建筑式垂直海水淡化系统，该系统采用气压水柱进行真空膜蒸馏，节省了真空泵的能耗，同时研究了膜、热交换器、太阳能热集热器的总体面积和级数等设计参数的影响。结果表明，尽管组件面积增大，但随着级数的增加，系统性能有所提高。

Ibrahim 等[82]通过将盐水暴露在外部电磁场中，证明膜蒸馏的渗透通量可增加 10%。结果发现，与仅存在 NaCl 时相比，在应用外部电磁场期间，进料溶液中二价离子的存在导致渗透通量增加得更高。电磁处理对当前的膜蒸馏没有破坏性，因此可以很容易地适应大规模海水淡化过程。

实现太阳能膜蒸馏的规模化实际应用，要解决稳定性、产水性能、成本和扩大化这四个问题。膜蒸馏装置运行的稳定性是今后规模化应用的重中之重。在长时间运行过程中，盐颗粒造成的膜堵塞、进料溶液对疏水膜的腐蚀等问题需要进一步研究；膜蒸馏装置的产水量相对偏低，与反渗透海水淡化相比，膜蒸馏能源利用率较低，运行和维护成本较高。通过合理的结构设计，如光的分频、毛细蒸发等，以消除或减弱温差极化和浓差极化，是提高膜蒸馏产水量和长期运行稳定性的有效手段；此外，高成本的吸收体材料和较为复杂的合成方法均会阻碍该装置在实际应用时的推广，开发具有更低成本和更简工艺的膜蒸馏装置值得深入研究[83]。

4. 太阳能局域热法

传统的太阳能蒸馏器由于热损失大，其太阳能利用率通常低于50%。为了提高蒸发效率，提出了一种新的有效方法——太阳能局域热法。通过改变太阳能蒸馏器光热界面的位置，可以大幅影响其性能和功能。加热空气-水界面的最直接方法便是可漂浮的吸光板，即直接接触模式。漂浮的颗粒或平板可以将热量集中在空气-水界面，从而提高蒸发效率。在这种类型的蒸馏器中，蒸发过程发生在原始的空气-水界面，这意味着蒸发界面和水表面处于相同的高度。相比之下，为了更好地聚集太阳辐射，蒸发界面可以从原始水面分离出来。在间接接触模式中，液体可以被提升到更高的界面。这种方式的优点之一是可以在很大程度上避免向下传热[84]。

1) 直接接触式

水生植物能够通过漂浮在水面上吸收阳光，受此自热现象的启发，局域热法最方便的是使用可以有效吸收阳光的可漂浮物体。Zeng 等[85]发现疏水性碳微球可以漂浮在水面上，加速水的蒸发。在利用太阳能进行蒸馏后，可以利用碳微球的磁性对其进行回收利用。这项开创性的工作证明了通过可漂浮颗粒进行太阳能局域热法蒸馏的可行性。Ghasemi 等[86]提出了一种无真空低温条件下能提高太阳能热利用率的局域热法结构。

一般来说，太阳能局域热法的光热材料有等离子体金属、半导体、黑炭和聚合物材料等。对这些光热材料的基本要求包括自漂浮性，具有较高的太阳光吸收率，快速的毛细管输水能力，以及低导热性，以限制其热损失。一些天然植物满足这些先决条件，并已被用作太阳能局域热法中的光热材料[87]。Bian 等[88]开发了用于太阳能海水淡化的碳化竹，碳化竹具有亲水性的输水微通道，并且导热系数低，该材料的一大优点是可以自清洁。Sun 等[89]开发了用于太阳能海水淡化的碳化玉米芯，使用这些材料，不仅提高了系统产水效率，而且具有经济和环境效益，有较好的发展前景。

2) 毛细驱动的太阳能局域热法

近年来，利用毛细现象驱动海水淡化的局域热法(间接接触式)陆续被研究与提出。该方法是利用亲水毛细多孔介质的毛细力促进流体自动流向特定蒸发面，同时将热量集中于蒸发面实现局部的水分蒸发，能有效避免由于整体加热而产生的大量热损失，并且能缩短蒸发系统的响应时间，提高系统的蒸发效率。但是在目前的太阳能局域热法中，蒸气的冷凝潜热往往直接交换到周围环境中成为了废热，造成单位面积产水量较低，这也直接造成了这种高效海水淡化技术无法进行推广[90]。

Zhang 等[91-92]提出了一种新型毛细力驱动海水淡化技术，在不消耗额外机械能情况下实现了系统内部水动力稳定流动，同时结合热管理论，利用低品位的工业废热实现了小温差大热流传递。在粤电靖海发电有限公司利用厂内的低温蒸气作为热源，建立了利用毛细力为驱动力的海水淡化示范系统。

Ghasemi 等[93]率先提出了一种双层结构，通过设计漂浮结构，利用毛细力输水增大热传导的距离，同时采用纤维输水通道减少导热面积，从而减少热传导损失。这种双层结构由低导热亲水多孔介质作为底层，多孔石墨颗粒高效吸收体作为表层；其中表层可以高效吸收太阳辐射转换为热能，而底层的低导热特性可以有效限制热量向下传导，进而形成表层局部高温，同时利用毛细力将水输送至高温表层，快速蒸发获取淡水，大大提高了光热转换效率。王秋实等[94]提出了微聚光直接蒸发海水实现淡化的方法，装置单元如图 1-13 所示。在漂浮式透明膜板内的微结构中利用反射膜实现高效太阳能聚光，让太阳光直接加热并蒸发由毛细管送入腔内的海水。其最大优势是可用非金属材料制造，材质质量轻，装置可漂浮于海面上，省去了土地使用成本，避免海水腐蚀，并可降低海水淡化装置的生产成本。

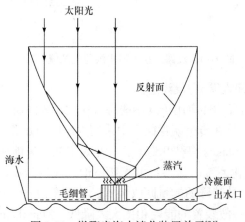

图 1-13 微聚光海水淡化装置单元[94]

由于水的相变潜热很大，即使在 $1kW/m^2$ 这样比较高的太阳辐照度条件下，单级蒸馏器的理论产水量也不超过 $1.5kg/(m^2 \cdot h)$。因此，设法降低水的相变潜热，成为提高产水速率的另一种可能途径。水凝胶是具有三维交联网状结构的高分子材料，它可以降低水的相变焓，提高产水速率。

Zhao 等[95]研发了一种纳米级凝胶材料，这种凝胶形成的分子级网孔使得水的蒸发潜热大幅降低，实现了 3.2kg/(m² · h)的产水速率。Zhou 等[96]引入毛细管水通路来增强水凝胶的水运输，实现了高效快速的水蒸发及盐水分离，在标准太阳光的照射下可实现约 2.5kg/(m² · h)的水蒸发速率，太阳能利用率达到 95%。虽然采用纳米团簇蒸发和多级潜热回收技术，能使水分蒸发速率显著提高，但仍存在盐分结晶和蒸气冷凝效率低等问题。

1.3.2 膜法太阳能海水淡化技术

膜法太阳能海水淡化技术主要包括反渗透法与电渗析法，以及将传统蒸馏法和膜法结合起来的新型淡化技术，即膜蒸馏法。

1. 太阳能反渗透法

反渗透法的基本原理是利用半透膜将淡水与盐水隔开，在盐水侧施加一个大于渗透压的压力，使得浓盐水侧的水分子逆向迁徙到淡水侧，由于膜的选择透过性，大分子和盐离子被截留在浓盐水侧，实现盐水分离。其具有无相变变化、常温操作、占地面积小、能量消耗少和适用范围广等优点。反渗透技术海水淡化的工艺流程图如图 1-14 所示[97]。

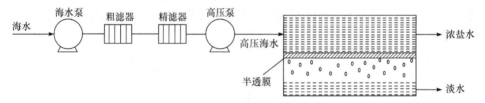

图 1-14 反渗透技术海水淡化工艺流程图[97]

1) 太阳能有机朗肯循环-反渗透法

将太阳能有机朗肯循环应用于反渗透海水淡化系统的研究陆续报道[98-100]。太阳能有机朗肯循环就是在传统朗肯循环中采用太阳能为热源，以有机工质代替水作为循环工质。Manolakos 等[101]设计了一种太阳能与风能协同供能的有机朗肯循环-反渗透海水淡化系统。该系统以光伏电池与风机为反渗透系统提供海水淡化的动力，使用了一种特殊的能量回收装置，使整个设备生产每立方米水的能耗达到 3.3kW · h，与一般装置的能耗相比大大降低。Manolakos 等[102]研究了太阳能有机朗肯循环与反渗透循环相结合的海水淡化系统，在该系统的太阳能加热回路中，循环水被真空管集热器加热到 77℃，进入换热器，与朗肯循环中的液体工质 R134a 换热，使 R134a 加热成过热蒸气，进入膨胀机膨胀，膨胀机输出的机械能为反渗透循环中的海水泵提供动力；在系统的反渗透循环中，利用冷海水来冷凝膨胀机出口的 R134a 乏气，同时使海水得以预热。由于系统使用低温太阳能作热源，操作维护简单，能量利用合理，因此生产 1t 淡水成本降低至 0.5 欧元。该系统阴天的工作效率要比晴天低 14.7%～28.5%。系统的缺点是设备数量多，投资大，因此适于大型装置使用，必要时也可用于取代光伏反渗透法。Delgado-Torres 等[103]通过试验，提出了基于有机朗肯循环的太阳能反渗透海水淡化的设计建议，提供了基于有机朗肯循环驱动的太阳能反渗透系统的边界条件和工作介质的选择建议。Delgado-Torres[104]设计了两级朗肯循环太阳能反渗透海水淡化系统，效果较好。

2) 太阳能光伏发电–反渗透法

20 世纪 80 年代初，以太阳能光伏发电为动力源的光伏–反渗透(photovoltaic-reverse osmosis，PV-RO)海水淡化装置开始运行。此类装置由光伏发电系统和反渗透系统联合组成。光伏发电系统由太阳能电池、蓄电池、控制器和逆变器组成；海水淡化系统则由海水预处理系统、反渗透系统和排水系统等组成[105]。1982年，美国 Water Serv 公司 Boesch 等[106]报道了世界上第一家太阳能光伏反渗透淡化厂，该工厂操作不需要备用能源，仅使用光伏阵列产生的直流电。英国拉夫堡大学的 Thomson 等[107]研究了一种成本效率高、无蓄电池的光伏反渗透海水淡化系统，包括峰值发电量为 2.4kW 的光伏阵列。在厄立特里亚(Eritrea)，通过钻井汲取海水，该系统全年日均提供淡水量 3t，可在变流量下工作，能有效利用变化的太阳能。Helal 等[108]对阿联酋 PV-RO 装置进行经济性分析中，介绍了兰佩杜萨岛的反渗透工厂，其中包含一个峰值发电功率为 100kW 的光伏发电系统和 2×2000A·h 的蓄电池，日产饮用水 120t。在埃及的偏远地区，太阳能反渗透海水淡化装置应用较为广泛，但规模相对较小。Ahmad 等[109]分析研究了由光伏发电驱动的混合光伏/反渗透(PV/RO)海水淡化厂的性能，通过分析建模与试验验证，研究了光伏电池板斜率和方位角对全年渗透流量的影响。目前，正在有计划地通过在反渗透装置上安装更多的太阳能电池板来提高日产水量[110]。

利用太阳能光伏发电驱动反渗透系统进行海水淡化，被证实为能耗最少的技术，大约为热力过程能耗的一半[111]，而且反渗透海水淡化不仅除掉了水中的无机离子，还包括有机物[112-113]，另外，光伏发电机无噪声、简单、无污染，且不需维护。太阳能光伏驱动的反渗透海水淡化装置原理如图 1-15 所示。

反渗透系统可以调节，因此易与太阳能发电匹配。该系统利用透平机回收盐水的压力能，提高了泵系统的能量利用率，加上直接驱动的发电系统效率高，且能调节功耗，达到与太阳辐照量变化相匹配的发电量。

Abraham 等[114]通过将一个 20 年生产寿命、日产水量 50m³ 的工厂中以柴油机驱动和太阳能光伏驱动的反渗透海水淡化技术进行比较，探讨了在具有高太阳能潜力和存在咸地下水的地区使用由太阳能光伏驱动的反渗透技术的优势所在。

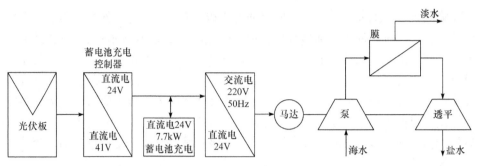

图 1-15　太阳能光伏驱动的反渗透海水淡化装置原理示意图

Karimi 等[115]通过试验和软件建模的研究方法，比较了太阳能光伏频繁倒极电渗析(electrodialysis reversal，EDR)与太阳能光伏反渗透在不同海水盐度和温度下的海水淡化效果。结果表明，淡化低盐度海水时，光伏频繁倒极电渗析法的效率远远高于光伏反渗透法，若反渗透不与其他方法相结合，其成本要比频繁倒极电渗析高出 48%～159%。而对于高盐度海水，光伏反渗透耗能更少，总成本比频繁倒极电渗析降低了 14%～36%。

　　Abdelgaied 等[116]对一个由光伏驱动的加湿除湿-反渗透混合系统进行了数值模拟，将加湿器出口盐水送入反渗透装置。该系统由光伏电池板、真空管太阳能水集热器、太阳能空气集热器、加湿除湿海水淡化装置和反渗透海水淡化装置组成。集热器用于加热进入加湿除湿装置的海水和空气，而每个光伏板的背面都连接了一个冷海水经过的通道，用于冷却光伏板并对海水进行预热。该系统可以比单独的 RO 海水淡化系统以更低的能耗率淡化海水。Kumar 等[117]介绍了一种集成有机朗肯循环、加湿除湿与反渗透的混合系统。Husseiny 等[118]研究了一个反渗透和电渗析法相结合的海水淡化系统，反渗透系统所需的能量来自太阳能集热器和朗肯循环产生的电能，而电渗析所需的能量则来自光伏板产生的电能。

　　反渗透法的发展主要依靠反渗透膜等关键设备的改进。膜元件技术正在不断改进和发展，主要包括增加膜叶数、增加膜面积、改进膜密封、提高耐压性、装置自动化和大型化等，推进了高压反渗透膜、中低压反渗透膜、超低压反渗透膜、极低压反渗透膜和抗污染反渗透膜等元件技术的发展和应用。此外，高压泵、能量回收装置等关键设备也在不断改进[119]。

　　2. 太阳能电渗析法

　　电渗析法是膜分离技术的一种，它将阴、阳离子交换膜交替相间排列于正、负电极之间，并用特制的隔板将其隔开，组成淡化和浓缩两个系统，在直流电场作用下，以电位差为动力，利用离子交换膜的选择透过性，把电解质从溶液中分离出来，从而实现溶液的浓缩、淡化、精制和提纯[120]。

电渗析的研究始于德国。1903 年，Morse 等[121]把两根电极分别置于透析袋内部和外部的溶液中，发现带电杂质能更迅速地从凝胶中除去。电渗析法的关键在于离子交换膜，直至 1950 年，Juda 等[122]制作的离子交换膜具有高选择性，电渗析技术才进入实用阶段。电渗析法最初用于海水淡化，但由于能耗大，无法大规模使用，现在广泛用于化工、轻工、冶金、造纸、医药领域。我国第一个电渗析法处理苦咸水工厂建于山东省长岛县，可将含盐浓度为 5g/L 以下的苦咸水处理到 1g/L 以下，日产水量达 20t[123]。

频繁倒极电渗析的出现是电渗析法的一次重大突破，大大推动了电渗析技术的发展，扩展了它的应用领域。由于结垢问题，电渗析法发展速度缓慢，频繁倒极电渗析法的原理和电渗析法基本相同，只是在运行过程中，每隔一定时间，正负电极极性相互倒换一次，因此称为频繁倒极电渗析，它能自动清洗离子交换膜和电极表面形成的污垢，以确保离子交换膜效率的长期稳定性及淡水的水质和产水量。

参 考 文 献

[1] 北京水源保护基金会. 全球水资源现状[R/OL]. (2017-03-02) [2021-10-09]. http://www.waterfoundation.cn/news/information/212.html.

[2] UNEP. Global Environment Outlook 6 (2019)[R/OL]. [2019-03-04]. https://www.unep.org/resources/global-environment-outlook-6#.

[3] UNESCO. World water day and the united nations world water development report 2021: Valuing water[R/OL]. [2021-03-22]. https://unesdoc.unesco.org/ark:/48223/pf0000375724.

[4] SERVICE R F. Desalination freshens up[J]. Science, 2006, 313(5790): 1088-1090.

[5] SHANNON M A, BOHN P W, ELIMELECH M, et al. Science and technology for water purification in the coming decades[J]. Nature, 2008, 452(7185): 301-310.

[6] SCHIERMEIER, QUIRIN. Water: Purification with a pinch of salt[J]. Nature, 2008, 452(7185): 260-261.

[7] 高从堦, 陈国华. 海水淡化技术与工程手册[M]. 北京: 化学工业出版社, 2004.

[8] 郑宏飞. 太阳能海水淡化原理与技术[M]. 北京: 化学工业出版社, 2012.

[9] EKE J, YUSUF A, GIWA A, et al. The global status of desalination: An assessment of current desalination technologies, plants and capacity[J]. Desalination, 2020, 495: 114633.

[10] MAHMOUDI H, SPAHIS N, GOOSEN M F, et al. Application of geothermal energy for heating and fresh water production in a brackish water greenhouse desalination unit: A case study from Algeria[J]. Renewable and Sustainable Energy Reviews, 2010, 14(1): 512-517.

[11] 杨毅, 陈志莉, 王强, 等. 基于可再生能源的海水淡化技术研究进展[J]. 污染防治技术, 2016, 128(1): 4-9.

[12] ALI M T, FATH H E S, ARMSTRONG P R. A comprehensive techno-economical review of indirect solar desalination[J]. Renewable and Sustainable Energy Reviews, 2011, 15(8): 4187-4199.

[13] 苏润西. 太阳能海水淡化技术[J]. 海洋技术, 2002(4): 29-34.

[14] 郑宏飞. 我国太阳能海水淡化技术开发的现状与未来[J]. 中国科技成果, 2004(3): 38-41.

[15] 郑宏飞, 何开岩, 陈子乾. 太阳能海水淡化技术[M]. 北京: 北京理工大学出版社, 2005.

[16] EL-SEBAII A A , RAMADAN M , ABOUL-ENEIN S, et al. Thermal performance of a single-basin solar still integrated with a shallow solar pond[J]. Energy Conversion and Management, 2008, 49(10): 2839-2848.

[17] ABOABBOUD M M, HORVATH L, SZEPVOLGYI J, et al. The use of a thermal energy recycle unit in conjunction with a basin-type solar still for enhanced productivity[J]. Energy, 1997, 22(1): 83-91.

[18] CHAIBI M T. Greenhouse systems with integrated water desalination for arid areas based on solar energy[D]. Alnarp: Swedish University of Agricultural Sciences, 2003.

[19] DAVIES P A, PATON C. The Seawater Greenhouse in the United Arab Emirates: Thermal modeling and evaluation of design options[J]. Desalination, 2005, 173(2): 103-111.

[20] GARZIA-RODRIGUEZ L. Seawater desalination driven by renewable energies: A review[J]. Desalination, 2002, 143: 103-113.

[21] ASHIDI S, AKAR S, BOVAND M, et al. Volume of fluid model to simulate the nanofluid flow and entropy generation in a single slope solar still[J]. Renewable Energy, 2018, 115: 400-410.

[22] SHATAT M I M, MAHKAMOV K. Determination of rational design parameters of a multi-stage solar water desalination still using transient mathematical modelling[J]. Renewable Energy, 2010, 35(1): 52-61.

[23] TARAZONA-ROMERO B E, CAMPOS-CELADOR A, MALDONADO-MUNOZ Y A. Can solar desalination be small and beautiful? A critical review of existing technology under the appropriate technology paradigm[J]. Energy Research and Social Science, 2022, 88: 102510.

[24] SCHWARZER K, VIEIRA M E, FABER C, et al. Solar thermal desalination system with heat recovery[J]. Desalination, 2001, 137(1): 23-29.

[25] EL-NASHAR A M, SAMAD M. The solar desalination plant in Abu Dhabi: 13 years performance and operation history[J]. Renewable Energy, 1998, 14(1-4): 263-274.

[26] REDDY K S, KUMAR K R, O'DONOVAN T S, et al. Performance analysis of an evacuated multi-stage solar water desalination system [J]. Desalination, 2012, 288: 80-92.

[27] BLOCK D. Solar Desalination of Water[R]. FSECRR-14-89, Cape Canaveral: Florida Solar Energy Center, 1989.

[28] THABIT M S, HAWARI A H, AMMAR M H, et al. Evaluation of forward osmosis as a pretreatment process for multi-stage flash seawater desalination[J]. Desalination, 2019, 461: 22-29.

[29] SZACSVAY T, HOFER-NOSER P, POSNANSKY M. Technical and economic aspects of small-scale solar pond powered seawater desalination systems[J]. Desalination, 1999, 122(2): 185-193.

[30] GARG K, KHULLAR V, DAS S K, et al. Performance evaluation of a brine-recirculation multistage flash desalination system coupled with nanofluid-based direct absorption solar collector[J]. Renew Energy, 2018, 122: 140-151.

[31] ALKHALIDI A, AL-JRABA'AH K. Solar desalination tower, novel design, for power generation and water distillation using steam only as working fluid[J]. Desalination, 2020, 500: 114892.

[32] RAHBAR K, RIASI A. Performance enhancement and optimization of solar chimney power plant integrated with transparent photovoltaic cells and desalination method[J]. Sustainable Cities and Society, 2019, 46: 101441.

[33] APPADURAI M, VELMURUGAN V. Performance analysis of fin type solar still integrated with fin type mini solar pond[J]. Sustainable Energy Technologies & Assessments, 2015, 9(3): 30-36.

[34] CHEN J, ZHANG D, HE S, et al. Thermal insulation design for efficient and scalable solar water interfacial evaporation and purification[J]. Journal of Materials Science & Technology, 2020, 66: 157-162.

[35] FANG S, MU L, TU W. Heat and mass transfer analysis in a solar water recovery device: Experimental and theoretical

distillate output study[J]. Desalination, 2020, 500(1): 114881.

[36] NAROEI M, SARHADDI F, SOBHNAMAYAN F. Efficiency of a photovoltaic thermal stepped solar still: Experimental and numerical analysis[J]. Desalination, 2018, 441: 87-95.

[37] PRAVEEN K B, PRINCE W D, POUNRAJ P, et al. Experimental investigation on hybrid PV/T active solar still with effective heating and cover cooling method[J]. Desalination, 2018, 435: 140-151.

[38] ZHANG R, LIU C, LI N, et al. Janus-type hybrid metamaterial with reversible solar-generated heat storage and release for high-efficiency solar desalination of seawater[J]. Industrial & Engineering Chemistry Research, 2020, 59(41): 18520-18528.

[39] GONG B, YANG H, WU S, et al. Phase change material enhanced sustained and energy-efficient solar-thermal water desalination[J]. Applied Energy, 2021, 301: 117463.

[40] KHALILMOGHADAM P, RAJABI-GHAHNAVIEH A, SHAFII M B. A novel energy storage system for latent heat recovery in solar still using phase change material and pulsating heat pipe[J]. Renewable Energy, 2021, 163: 2115-2127 .

[41] NEGI P, DOBRIYAL R, SINGH D B, et al. A review on passive and active solar still using phase change materials[J]. Materials Today: Proceedings, 2021, 46: 10433-10438.

[42] ABUELNUOR A A A, OMARA A A M, MUSA H M H, et al. Experimental study on solar still desalination system integrated with solar collector and phase change material[C]. Proceedings of the 2020 International Conference on Computer, Control, Electrical, and Electronics Engineering (ICCCEEE), Yogyakarta, 2021: 1-5.

[43] BEHI H, BEHI M, GHANBARPOUR A, et al. Enhancement of the thermal energy storage using heat-pipe-assisted phase change material[J]. Energies, 2021, 14(19): 6176.

[44] MOUSA H, NASER J, GUJARATHI A M, et al. Experimental study and analysis of solar still desalination using phase change materials[J]. Journal of Energy Storage, 2019, 26: 100959.

[45] AL-HARAHSHEH M, ABU-ARABI M, MOUSA H, et al. Solar desalination using solar still enhanced by external solar collector and PCM[J]. Applied Thermal Engineering, 2018, 128: 1030-1040.

[46] SRINIVAS D, GUPTA A. Use of phase change material (PCM) and Al₂O₃ nanofluids in pyramidal solar still[C]. 2021 IEEE 2nd International Conference on Electrical Power and Energy Systems (ICEPES), London, 2021: 1-7.

[47] KUMAR P M, SUDARVIZHI D, PRAKASH K B, et al. Investigating a single slope solar still with a nano-phase change material[J]. Materials Today: Proceedings, 2021, 45: 7922-7925.

[48] ELASHMAWY M, ALHADRI M, AHMED M. Enhancing tubular solar still performance using novel PCM-tubes[J]. Desalination, 2020, 500: 114880.

[49] MALIK M, MUSHARAVATI F, KHANMOHAMMADI S, et al. Solar still desalination system equipped with paraffin as phase change material: Exergoeconomic analysis and multi-objective optimization[J]. Environmental Science and Pollution Research, 2021, 28: 220-234.

[50] ZHI Y, RB A, CHAI H. Passive solar stills coupled with Fresnel lens and phase change material for sustainable solar desalination in the tropics[J]. Journal of Cleaner Production, 2021, 13(2): 79-91.

[51] AL-HARAHSHEH M, ABU-ARABI M, MOUSA H, et al. Solar desalination using solar still enhanced by external solar collector and PCM[J]. Applied Thermal Engineering: Design, Processes, Equipment, Economics, 2018, 9(1): 73-94.

[52] SHALABY S M, EL-SEBAII E. An experimental investigation of a V-corrugated absorber single-basin solar still using PCM[J]. Desalination, 2016, 39(8): 247-255.

[53] MATA-TORRES C, ESCOBAR R A, CARDEMIL J M, et al. Solar polygeneration for electricity production and de-salination: Case studies in Venezuela and northern Chile[J]. Renewable Energy, 2017, 101(2): 387-398.

[54] HAMED O A, KOSAKA H, BAMARDOUF K H, et al. Concentrating solar power for seawater thermal desalination[J]. Desalination, 2016, 396: 70-78.

[55] PAREKH S, FARID M M, SELMAN J R, et al. Solar desalination with a humidification-dehumidification technique—A comprehensive technical review[J]. Desalination, 2004, 160(2): 167-186.

[56] 成怀刚, 王世昌. 增湿–去湿海水淡化技术研究进展[J]. 水处理技术, 2007, 33(10): 4-6,66.

[57] ANAND B, SHANKAR R, MURUGAVELH S, et al. A review on solar photovoltaic thermal integrated desalination technologies[J]. Renewable and Sustainable Energy Reviews, 2021, 141: 110787.

[58] AL-HALLAJ S, PAREKH S, FARID M M, et al. Solar desalination with humidification-dehumidification cycle: Review of economics[J]. Desalination, 2006, 195(1-3): 169-186.

[59] 赵志勇, 郑宏飞, 赵云胜, 等. 热空气式加湿除湿海水淡化装置研究[J]. 太阳能学报, 2021, 42(8): 289-294.

[60] WANG J, GAO N, DENG Y, et al. PV cell-driven humidification-dehumidification (H/D) process for brine treatment[J]. Desalination and Water Treatment, 2011, 28(1-3): 328-37.

[61] ABDELAZIZ G B, DAHAB M A, OMARA M A, et al. Humidification dehumidification saline water desalination system utilizing high frequency ultrasonic humidifier and solar heated air stream[J]. Thermal Science and Engineering Progress, 2022, 27: 101144.

[62] SHEHATA A I, KABEEL A E, KHAIRAT DAWOOD M M, et al. Achievement of humidification and dehumidification desalination system by utilizing a hot water sprayer and ultrasound waves techniques[J]. Energy Conversion and Management, 2019, 201: 112142.

[63] EL-ASHTOUKHY E S Z, ABDEL-AZIZ M H, FARAG H A, et al. An innovative unit for water desalination based on humidification dehumidification technique[J]. Alexandria Engineering Journal, 2022, 61(11): 8729-8742.

[64] XIAO J, ZHENG H, JIN R, et al. Experimental investigation of a bubbling humidification-dehumidification desalination system directly heated by cylindrical Fresnel lens solar concentrator[J]. Solar Energy, 2021, 220: 873-881.

[65] HUANG X, LIU W, YU X, et al. Thermodynamic analysis of a two-stage humidification-dehumidification system with reflux configuration[J]. Energy Conversion and Management, 2019, 197: 111872.

[66] OMIDI B, RAHBAR N, KARGARSHARIFABAD H, et al. Combination of a solar collector and thermoelectric cooling modules in a humidification-dehumidification desalination system-experimental investigation with energy, exergy, exergoeconomic and environmental analysis[J]. Energy Conversion and Management, 2020, 225: 113440.

[67] YANG Y. Pressure effect on an ocean-based humidification-dehumidification desalination process[J]. Desalination, 2019, 468: 114056.

[68] FAEGH M, SHAFII M B. Performance evaluation of a novel compact humidification-dehumidification desalination system coupled with a heat pump for design and off-design conditions[J]. Energy Conversion and Management, 2019, 194: 160-172.

[69] FAEGH M, SHAFII M B. Thermal performance assessment of an evaporative condenser-based combined heat pump and humidification-dehumidification desalination system[J]. Desalination, 2020, 496: 114733.

[70] ELBASSOUSSI M H, AHMED M A, ZUBAIR S M. On a novel integration of a multistage absorption heat pump with a balanced humidification-dehumidification desalination unit[J]. Energy Conversion and Management X, 2021, 12: 100128.

[71] HE W, CHEN J, ZHEN M, et al. Thermodynamic, economic analysis and optimization of a heat pump driven desalination system with open-air humidification dehumidification configurations[J]. Energy, 2019, 174: 768-778.

[72] ZHANG T, ZHANG L. Development of a MXene-based membrane with excellent anti-fouling for air humidification-dehumidification type desalination[J]. Journal of Membrane Science, 2022, 641: 119907.

[73] 高凯华, 茆羊羊, 刘公平, 等. 疏水石墨烯膜的制备及其用于膜蒸馏脱盐的研究进展[J]. 化工进展, 2020, 39(6): 2135-2144.

[74] SITI K H, MOHD H D O, TAKESHI M, et al. Green silica-based ceramic hollow fiber membrane for seawater desalination via direct contact membrane distillation[J]. Separation and Purification Technology, 2018, 205: 22-31.

[75] HUANG M, SONG J, DENG Q, et al. Novel electrospun ZIF/PcH nanofibrous membranes for enhanced performance of membrane distillation for salty and dyeing wastewater treatment[J]. Desalination, 2022, 527: 115563.

[76] GUILLÉN-BURRIEZA E, BLANCO J, ZARAGOZA G, et al. Experimental analysis of an air gap membrane distillation solar desalination pilot system[J]. Journal of Membrane Science, 2011, 379: 386-396.

[77] CHENG L, LIN Y, CHEN J. Enhanced air gap membrane desalination by novel finned tubular membrane modules[J]. Journal of Membrane Science, 2011, 378: 398-406.

[78] ALEJANDRO E S, NIPUN G, TODD O. Novel hybrid solar nanophotonic distillation membrane with photovoltaic module for co-production of electricity and water[J]. Applied Energy, 2022, 305: 117944.

[79] KHALIFA A E, ABDALMONEM A, ALAWAD S M, et al. Experimental evaluation of solar multistage direct contact membrane distillation system for water desalination[J]. Sustainable Energy Technologies and Assessments. 2022, 51: 101921.

[80] ISMAIL M S, MOHAMED A M, POGGIO D, et al. Modelling mass transport within the membrane of direct contact membrane distillation modules used for desalination and wastewater treatment: Scrutinising assumptions[J]. Journal of Water Process Engineering, 2022, 45: 102460.

[81] KIM G S, CAO T, HWANG Y H. Thermoeconomic investigation for a multi-stage solar-thermal vacuum membrane distillation system for coastal cities[J]. Desalination, 2021, 498: 114797.

[82] IBRAHIM M, ALIBI K, EMAD A, et al. Enhanced membrane distillation water flux through electromagnetism[J]. Chemical Engineering and Processing-Process Intensification, 2021, 169: 108597.

[83] 李逸航, 戴绍铃, 于桢, 等. 太阳能膜蒸馏系统进展与展望[J]. 化工进展, 2021, 40(10): 5403-5414.

[84] BAI H, ZHAO T, CAO M. Interfacial solar evaporation for water production: From structure design to reliable performance[J]. Molecular Systems Design & Engineering, 2020, 5(2): 419-432.

[85] ZENG Y, YAO J, HORRI B A, et al. Solar evaporation enhancement using floating light-absorbing magnetic particles[J]. Energy & Environmental Science, 2011, 4(10): 4074-4078.

[86] GHASEMI H, NI G, MARCONNET A M, et al. Solar steam generation by heat localization[J]. Nature Communications, 2014, 5: 449-454.

[87] ARUNKUMAR T, LIM H W, DENKENBERGER D, et al. A review on carbonized natural green flora for solar desalination[J]. Renewable and Sustainable Energy Reviews, 2022, 158: 112121.

[88] BIAN Y, DU Q, TANG K, et al. Carbonized bamboos as excellent 3D solar vapor-generation devices[J]. Advanced Materials Technologies, 2019, 4(4): 1800593.

[89] SUN Y, ZHAO Z, ZHAO G, et al. High performance carbonized corncob-based 3D solar vapor steam generator enhanced by environmental energy[J]. Carbon, 2021, 179: 337-347.

[90] 黄璐, 欧阳自强, 刘辉东, 等. 新型太阳能海水淡化技术研究进展[J]. 水处理技术, 2020, 46(4): 1-5.

[91] ZHANG X, KAN W, JIANG H, et al. Capillary-driven low grade heat desalination[J]. Desalination, 2017, 410: 10-18.

[92] ZHANG X, LIU Y, WEN X, et al. Low-grade waste heat driven desalination with an open loop heat pipe[J]. Energy, 2018, 163(15): 221-228.

[93] GHASEMI H, NI G, MARCONNET A M, et al. Solar steam generation by heat localization[J]. Nature Communications, 2014, 5: 4449.

[94] 王秋实, 郑宏飞, 祝子夜, 等. 漂浮式太阳能海水淡化膜单元结构研究[J]. 工程热物理学报, 2017, 38(11): 2307-2312.

[95] ZHAO F, ZHOU X, SHI Y, et al. Highly efficient solar vapour generation via hierarchically nanostructured gels[J]. Nature Nanotechnology, 2018, 13: 489-495.

[96] ZHOU X, ZHAO F, GUO Y, et al. A hydrogel-based antifouling solar evaporator for highly efficient water desalination[J]. Energy and Environmental Science, 2018, 11(8): 1985-1992.

[97] 陈林. 反渗透海水淡化处理工艺分析[J]. 中国新技术新产品, 2021(17): 70-72.

[98] MANOLAKOS D. Development of an autonomous low temperature solar rankine cycle system for reverse osmosis desalination[D]. Athens: Agricultural University of Athens, 2006.

[99] MANOLAKOS D, KOSMADAKIS G, KYRITSIS S, et al. On site experimental evaluation of a low-temperature solar organic Rankine cycle system for RO desalination[J]. Solar Energy, 2009, 83(5): 646-656.

[100] KOSMADAKIS G, MANOLAKOS D, KYRITSIS S, et al. Economic assessment of a two-stage solar organic Rankine cycle for reverse osmosis desalination[J]. Renewable Energy, 2009, 34(6): 1579-1586.

[101] MANOLAKOS D, MOHAMED E S, PAPADAKIS G, et al. Technical and economic comparison between PV-RO system and RO solar Rankine system, case study: Thirasia island[J]. Desalination, 2008, 221(1-3): 37-46.

[102] MANOLAKOS D, PAPADAKIS G, MOHAMED E S, et al. Design of an autonomous low-temperature solar Rankine cycle system for reverse osmosis desalination[J]. Desalination, 2005, 183: 73-80.

[103] DELGADO-TORRES A M, GARCíA-RODRíGUEZ L. Design recommendations for solar organic Rankine cycle (ORC)-powered reverse osmosis (RO) desalination[J]. Renewable and Sustainable Energy Reviews, 2012, 16(1): 44-53.

[104] DELGADO-TORRES A M, GARCIA-RODRIGUEZ L. Double cascade organic Rankine cycle for solar driven reverse osmosis desalination[J]. Desalination, 2007, 216(1-3): 306-313.

[105] HRAYSHAT E S. Brackish water desalination by a stand alone reverse osmosis desalination unit powered by photovoltaic solar energy[J]. Renewable Energy, 2008, 33(8): 1784-1790.

[106] BOESCH W W. World's first solar powered reverse osmosis desalination plant[J]. Desalination, 1982, 41(2): 233-237.

[107] THOMSON M, INFIELD D. A photovoltaic-powered seawater reverse-osmosis system without batteries[J]. Desalination, 2003, 153(1-3): 1-8.

[108] HELAL A M, A1-MALEK S A, AL-KATHEERI E S. Economic feasibility of alternative designs of a PV-RO desalination unit for remote areas in the United Arab Emirates[J]. Desalination, 2008, 221(1-3): 1-16.

[109] AHMAD N, SHEIKH A K, GANDHIDASAN P, et al. Modeling, simulation and performance evaluation of a community scale PVRO water desalination system operated by fixed and tracking PV panels: A case study for Dhahran city, Saudi Arabia[J]. Renewable Energy, 2015, 75: 433-447.

[110] LAMEI A, ZAAG P V D, MUNCH E V. Impact of solar energy cost on water production cost of seawater desalination plants in Egypt[J]. Energy Policy, 2008, 36(5): 1748-1756.

[111] HRAYSHAT E S. Brackish water desalination by a stand alone reverse osmosis desalination unit powered by photovoltaic solar energy[D]. Tafila: Tafila Technical University, 2008.

[112] AHMAD G E, SCHMID J. Feasibility study of brackish water desalination in the Egyptian deserts and rural regions using PV systems[J]. Energy Conversion and Management, 2002, 43: 2641-2649.

[113] KALOGIROU S A. Seawater desalination using renewable energy sources[J]. Progress in Energy & Combustion Science, 2005, 31(3): 242-281.

[114] ABRAHAM T, LUTHRA A. Socio-economic & technical assessment of photovoltaic powered membrane desalination processes for India[J]. Desalination, 2011, 268: 238-248.

[115] KARIMI L, ABKAR L, AGHAJANI M, et al. Technical feasibility comparison of off-grid PV-EDR and PV-RO desalination systems via their energy consumption[J]. Separation and Purification Technology, 2015, 151: 82-94.

[116] ABDELGAIED M, KABEEL A E, KANDEAL A W, et al. Performance assessment of solar PV-driven hybrid HDH-RO desalination system integrated with energy recovery units and solar collectors: Theoretical approach[J]. Energy Conversion and Management, 2021, 239: 114215.

[117] KUMAR R, SHUKLA A K, SHARMA M, et al. Thermodynamic investigation of water generating system through HDH desalination and RO powered by organic Rankine cycle[J]. Materials Today: Proceedings, 2021, 46: 5256-5261.

[118] HUSSEINY A A, HAMESTER H L. Engineering design of a 6000 m^3/day seawater hybrid RO-ED helio-desalting plant[J]. Desalination, 1981, 39: 171-172.

[119] 高从堦, 周勇, 刘立芬. 反渗透海水淡化技术现状和展望[J]. 海洋技术学报, 2016, 35(1): 1-14.

[120] LADOLE M R, PATIL S S, PARASKAR P M, et al. Desalination Using Electrodialysis [M]//INAMUDDIN, KHAN A. Sustainable Materials and Systems for Water Desalination. Cham: Springer International Publishing, 2021.

[121] MORSE H W, PIERCE G W. Diffusion und Übersättigung in Gelatine[J]. Ztschrift Für Physikalische Chemie, 1903, 45(1): 589-607.

[122] JUDA W, MCRAE W A. COHERENT ION-EXCHANGE GELS AND MEMBRANES[J]. Journal of the American Chemical Society, 2002, 72(2): 1044.

[123] 赵翠, 高奇奇, 张艳华, 等. 苦咸水淡化处理技术研究进展[J]. 水利发展研究, 2021, 21(8): 61-65.

第 2 章　太阳能集热器

太阳能集热器是太阳能热利用系统中的关键部件[1]，其作用是收集太阳辐射，同时将辐射能转变为热能，再将热能传递给被加热流体。常用的被加热流体是水或空气，有时也使用其他液体，如防冻剂溶液。因此，可以说太阳能集热器是具有集热功能的特殊形式的换热器。

太阳能集热器分类方法有多种，其中包括：①按集热器的传热工质不同分为液体集热器和空气集热器；②按进入集热器采光口后太阳辐射是否改变方向分为聚光型集热器和非聚光型集热器；③按集热器是否跟踪太阳分为跟踪集热器和非跟踪集热器；④按集热器内是否具有真空空间分为平板式集热器和真空管式集热器；⑤按集热器的工作温度范围分为低温集热器、中温集热器和高温集热器等。本章主要介绍作者研究的几种高效太阳能集热器。

2.1　太阳能空气集热器的分类

太阳能空气集热器的作用是加热空气，通常使用平板式空气集热器及真空管式空气集热器。

平板式空气集热器主要由透光面盖、吸热板、壳体、保温材料及连接管件等组成。吸热板表面涂有选择性吸收涂层，以提高对可见光的吸收率。平板式空气集热器的主要优点是结构简单，能同时吸收太阳的直射辐射和散射辐射；在同样条件下其实际采光面积比真空管的采光面积大 30%～40%。目前，对该类集热器的研究和改进主要从减少面盖热损失，进一步提高选择性吸收涂层的吸收率，强化吸热板传热，使用透光性好、强度高的面盖材料，加强密封和减少壁面热损失等方面着手。

吸热板是太阳能空气集热器的关键部件，其表面形状与吸热、传热及空气流动阻力等密切相关。为提高空气集热器的热利用率，除了研制对太阳光的高选择性吸收涂层外，很多学者在强化吸热板传热方面，通过添加翅片[2]或增加表面粗糙度的方法来增大吸热板的传热面积，强化传热，也有学者采用螺旋流路径来制造湍流[3]。Kumar 等[4]采用 FLUENT 软件对表面粗糙的吸热板进行了数值模拟，得出 RNG k-ε 模型适合预测此类吸热板的传热性能和摩擦因数的结论。Biplab 等[5]研究了吸热板表面粗糙度对空气集热器集热性能的影响。研究结果表明，与普通平板集热器相比，具有砂石涂层的吸热板的集热效率增加了约17%。这是因为砂石涂层增加了吸热面积，传热增强。

Prasad 等[6-7]、Gupta 等[8]与 Verma 等[9]对吸热板人工增粗方法进行了研究。图 2-1 是横向连续线状增粗的吸热板[9]。图 2-2 是 Sahu 等[10]研究的吸热板上具有横向间断肋条的增粗方式，肋厚为 1.5mm，间距 P 为 10～30mm，肋高 e 为 1.5mm，通道长宽比为 8，在 Re 为 3000～12000 时，其传热系数是光滑通道的 1.25～1.4 倍，最大热效率达到 83.5%。

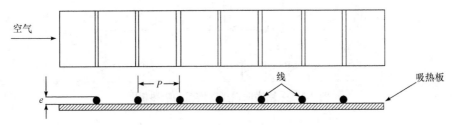

图 2-1　横向连续线状增粗的吸热板[9]

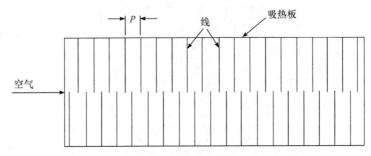

图 2-2　具有横向间断肋条增粗的吸热板[10]

此外，研究者还对倾斜肋[11]、各种横向连续或间断的 V 型肋[12-20]、倾斜非连续肋[21]、倾斜-横向组合肋[22-23]、弧型肋[24-25]、倒棱肋[26-29]、楔型横向整体肋[30]、T 型肋[31]、S 型肋[32]等进行了研究。Karim 等[33]通过试验研究了 V 型、翅片型、平板型吸热板集热器的性能，发现 V 型吸热板性能最好，平板型吸热板最差；还研究了双通道集热器，发现增加一个通道，集热器性能得到提高，其中平板型性能提高最为明显。袁旭东等[34]建立了适用于吸热板为平板与 V 型板、V 型板带肋片与不带肋片、空气流道数为单流道和双流道的空气集热器的通用数学模型，并给出了其集热器瞬时效率的计算方法。Reddy 等[35]研究发现，当吸热板倾斜角度为 45°时，反向和交叉波纹梯形太阳能空气集热器的集热效率最高。

图 2-3 为采用横向楔型肋增粗的吸热板，图中 P 为肋间距，e 为肋高，ϕ 为肋楔角，Re 范围为 3000～18000，与光滑通道相比，努塞尔数 Nu 和摩擦系数分别

增加了 2.4 倍和 5.3 倍。Saini 等[36]研制了涡型结构的吸热板，如图 2-4 所示，P 为吸热板涡型结构的间距，d 为涡型结构的直径，e 为涡型结构的高度，在 Re 为 $2 \times 10^3 \sim 1.2 \times 10^4$，$e/d$ 为 0.018～0.037，P/e 为 8～12 时，Nu 和摩擦系数分别比光滑通道增加了 1.8 倍和 1.4 倍。

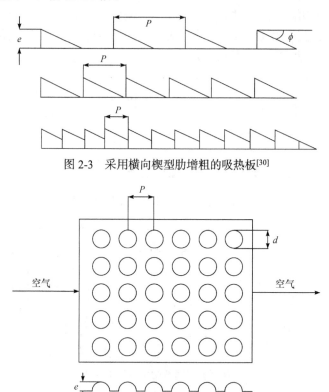

图 2-3 采用横向楔型肋增粗的吸热板[30]

图 2-4 涡型结构的吸热板[36]

Bopche 等[37]在吸热板上制作湍流发生器，通过试验得出具有湍流器的表面比平板表面传热强化了 2.82 倍。Shetty 等[38]对具有圆形多孔吸热板的太阳能空气集热器进行了数值模拟研究。研究发现，圆形多孔吸热板会产生涡旋，导致湍流增强，进一步增强传热。Gupta 等[39]对不同网格大小的网状铁制吸热板进行了性能测试，并与光滑通道进行了比较。当吸热板网格长度与肋高比值的范围为 40～55、攻角为 60°时，烟增强比较高。

Ozgen 等[40]在平板上分别布置顺排和交错排列的铝质易拉罐，并采用双层流体通道，试验表明可增强空气与吸热板的换热。Ho 等[41]研究了一种具有双层通道和外部热回收回路的翅片平板式集热器，流道内设有折流板，强化了流体流动与换热，但增大了流体流动阻力。Rasham 等[42]研究了采用 V 型槽吸热板的双通道逆流和双通道平行流太阳能空气集热器的热性能。结果发现，采用双通道逆流的集热器的集热效率高于双通道平行流的集热器的集热效率。贾斌广等[43]研究了加装扰流板的蛇形风道太阳能空气集热器，并采用模拟计算方法分别对上风道、下风道及双风道太阳能空气集热器的集热效率和热损失进行了分析。研究结果表明，在三种风道方式中，下风道蛇形太阳能空气集热器的平均集热效率最高，热损失最低。

Sopian 等[44]分别研究了空气通道中没有放置多孔介质和在下层通道中放置多孔介质时，双通道空气集热器的热力性能，获得没有放置多孔介质和放置多孔介质的情况下，上、下层通道深度对集热效率的影响，以及空气质量流量、太阳辐照度和温度升高对集热效率的影响，得到在下层通道中放置多孔介质，可提高集热器出口空气温度和集热效率的结论。Ramadan 等[45]研究了在集热器空气流道中填充多孔介质时，质量流量和多孔介质空隙率对集热效率的影响。Kansara 等[46]采用计算流体动力学(computional fluid dynamics，CFD)模拟和试验相结合的方法研究了内翅片和多孔介质平板太阳能集热器的集热性能。研究表明，与翅片和其他结构相比，多孔介质平板太阳能集热器的传热效果最好。当空气温度升高时，空气通道内具有多孔介质的集热器比没有装多孔介质的集热器的集热效率高 16.17%。

Eiamsa-Ard 等[47]应用 FLUENT 软件和四种不同的湍流模型，分别对具有不同高宽比和间距的矩形吸热板集热器进行了模拟。结果发现，k-ε 和 RNG k-ε 模型计算结果与实测数据最接近，且矩形吸热板结构的换热效果比光滑板提高了 1.58 倍。Saravanan 等[48]通过试验研究了交错 C 型翅片吸热板太阳能空气加热器的热性能和摩擦因数。相对间隙比为 3.8，相对高度比为 0.6 时，C 型翅片吸热板的热性能和摩擦系数分别比光滑吸热板高 2.61 倍和 5.93 倍。李彬等[49]对具有半圆形波纹结构吸热板的平板空气集热器进行了数值模拟研究。研究发现，当集热器进口空气流速为 2.0m/s 时，上、下风道空气出口温度均随着半圆半径的增大而增大，集热效率也随之增大，即增大半圆半径可以增强对空气的扰动，强化传热；当半圆半径为 30mm 时，上、下风道出口空气温度随着风道进口空气流速的增大而下降，集热效率与空气压力损失也均随之增大。

Senthil 等[50]研究了吸热板上不同含量石墨烯涂层对太阳能集热器性能的影响。由于石墨烯的存在，集热器对短波太阳辐射的吸收能力增加了约 6.1%。研究结果表明，当空气流量为 0.2kg/h 时，具有 1∶3 比例的黑色涂料和石墨烯涂层的吸收体表面的平均集热效率为 36.65%，比标准黑色涂料涂层高 6.25%，这是因为石墨烯颗粒具有较高的导热率。Naik 等[51]用低成本且具有高热吸收能力的鹅卵石材料替换传统太阳能平板集热器的吸收材料。通过研究发现，替换后集热器的吸收率和传统太阳能平板集热器差不多，但鹅卵石材料价格低且无污染。

2.2　V 型吸热板空气集热器

空气集热器是加湿除湿太阳能海水淡化工艺中的主要加热设备。空气集热器的吸热板结构直接影响被加热空气所能达到的温度，而空气温度是影响加湿效果的主要因素。由于 V 型吸热板对于入射光线具有多次吸收和反射的能力，可以提高对入射光的吸收率。此外，V 型吸热板还可以增强对流体的扰动，强化传热，提高被加热流体的温度。

2.2.1　空气集热器的基本结构

所研究的双通道空气集热器外形为长方体，长为 L，宽为 W，内置夹角为 θ 的 V 型吸热板，该集热器的截面形状如图 2-5 所示。

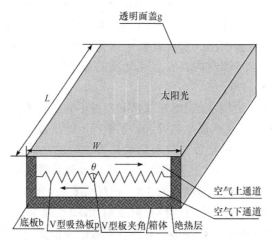

图 2-5　V 型吸热板空气集热器截面示意图

当太阳光穿过透光面盖时(一般为玻璃面盖)，照射到涂有选择性吸收涂层的 V 型吸热板上，光线经过多次吸收和反射，最终大部分被 V 型吸热板吸收并转化为热量，少部分穿过透光面盖返射回天空。空气从吸热板与透光面盖之间的上层通道进入集热器，与吸热板及透光面盖进行对流换热，然后转入吸热板的下层通道，与吸热板及底板进一步换热，空气温度继续提高后，流出集热器。与此同时，由于存在温差，吸热板与透光面盖、底板之间也分别进行辐射换热。透光盖面与外界空气之间通过对流和辐射换热，将部分热量散失到大气中，总热损失系数为 U_t；底板与空气之间也同时存在着对流和辐射换热，其总热损失系数为 U_b。

当空气流动方向与 V 型沟槽同向时，称集热器的工作状态为顺流型；当空气流动方向与 V 型沟槽垂直时，称集热器的工作状态为错流型。

2.2.2 空气集热器的数值模拟

运用 FLUENT 软件，对空气处于不同流动状态，V 型吸热板处于不同结构下，双通道集热器内部的空气流场及吸热板进行数值模拟，以获得合理的空气流动状态和吸热板结构[52]。

数值模拟计算时，考虑到空气在集热器内为湍流流动状态，选用该软件中的标准 $k\text{-}\varepsilon$ 模型，并采用有限体积法，对流动区域进行整场离散求解。

1. 控制方程

在流场计算中采用的基本控制方程有质量守恒方程、动量守恒方程和能量守恒方程。

在直角坐标系中，质量守恒方程可以表示为

$$\frac{\partial \rho}{\partial t} + \nabla \cdot (\rho \boldsymbol{U}) = 0 \tag{2-1}$$

式中，ρ 为流体密度，kg/m³；t 为时间，s；∇ 为梯度算子；$\boldsymbol{U}$ 为速度矢量，m/s。

动量守恒方程为

$$\frac{\partial}{\partial t}(\rho \boldsymbol{U}) + \nabla \cdot (\rho \boldsymbol{U} \boldsymbol{U}) = -\nabla p + \nabla \cdot \tau + S_{\mathrm{M}} \tag{2-2}$$

$$\tau = \mu(\nabla \boldsymbol{U} + \nabla \boldsymbol{U}^{\mathrm{T}}) - \frac{2}{3}\delta \nabla \cdot \boldsymbol{U} \tag{2-3}$$

式中，p 为静压力，Pa；τ 为黏性应力，N/m²；S_{M} 为动量源项，N/m³；μ 为流体动力黏度，N·s/m²；上标 T 表示转置；δ 为克罗内克符号，等于 1 或 0。

能量守恒方程为

$$\rho \frac{\mathrm{d}u}{\mathrm{d}t} + p(\nabla \cdot \boldsymbol{U}) = \nabla \cdot (\lambda \nabla T) + S_{\phi} \tag{2-4}$$

式中，u 为比内能，J/kg；λ 为流体的导热系数，W/(m·K)；T 为流体的温度，K；S_{ϕ} 是黏性耗散和辐射产生的热流源项，W/m³。能量守恒方程综合考虑了导热、对流和辐射这三种换热方式的共同作用。

标准 $k\text{-}\varepsilon$ 模型的湍流动能方程(k 方程)为

$$\frac{\partial(\rho k)}{\partial t} + \frac{\partial(\rho k u_i)}{\partial x_i} = \frac{\partial}{\partial x_j}\left[\left(\mu + \frac{\mu_{\mathrm{t}}}{\sigma_k}\right)\frac{\partial k}{\partial x_j}\right] + G_{\mathrm{k}} + G_{\mathrm{b}} - \rho\varepsilon - Y_{\mathrm{M}} + S_k \tag{2-5}$$

标准 $k\text{-}\varepsilon$ 模型的耗散方程(ε 方程)为

$$\frac{\partial(\rho\varepsilon)}{\partial t}+\frac{\partial(\rho\varepsilon u_i)}{\partial x_i}=\frac{\partial}{\partial x_j}\left[\left(\mu+\frac{\mu_t}{\sigma_\varepsilon}\right)\frac{\partial\varepsilon}{\partial x_j}\right]+C_{1\varepsilon}\frac{\varepsilon}{k}(G_k+C_{3\varepsilon}G_b)-C_{2\varepsilon}\rho\frac{\varepsilon^2}{k}+S_\varepsilon$$

(2-6)

式中，u_i 为 i 方向的速度分量，m/s；μ 为分子扩散造成的动力黏度，N·s/m²；μ_t 为湍流旋涡黏度，N·s/m²；σ_k、σ_ε 分别为湍流动能 k 和耗散率 ε 对应的湍流普朗特数，$\sigma_k=1.0$，$\sigma_\varepsilon=1.3$；G_k 为由于速度梯度引起的压力源项，J；G_b 为由于浮力而引起的湍流动能 k 的产生项，J；Y_M 为湍流中脉动扩展项；S_k、S_ε 为用户定义源项，可根据不同情况确定；$C_{1\varepsilon}$、$C_{2\varepsilon}$、$C_{3\varepsilon}$ 为模型常量，分别取 $C_{1\varepsilon}=1.44$，$C_{2\varepsilon}=1.92$，$C_{3\varepsilon}=0.99$。

μ_t 可由式(2-7)确定，即

$$\mu_t=\rho C_\mu\frac{k^2}{\varepsilon}$$

(2-7)

式中，C_μ 为经验常数。

2. 网格划分

以顺流型集热器内部流场为例，采用 Gambit 软件对控制体进行了结构化六面体网格划分。为保证边界层计算的准确性，在 V 型吸热板上划分出非均匀的边界层网格，并对网格进行了加密处理，设定靠近 V 型槽边壁处的第一层网格尺寸为 0.5mm，然后网格尺寸按 1.2 的比例向外依次增大，如图 2-6 所示。在 V 型槽外，气流方向上网格采用均匀布置，每个网格间距设定为 5mm。

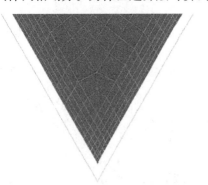

图 2-6　V 型槽内局部网格划分

3. 边界条件

对于 V 型吸热板，除板表面与空气间有对流换热外，板自身的内部还存在着导热，该问题属于流体和固体耦合传热问题，需要对计算域进行整场离散求解，即把不同区域中的传热过程组合起来，作为一个统一的换热过程。由于不同区域采用通用控制方程中广义扩散系数及广义源项不同，耦合界面被转化成了计算区域的内部。

在模拟计算中，由于吸热板与玻璃面盖、集热器底板之间，以及玻璃面盖、集热器底板与外界空气之间的辐射换热量较低，这些辐射换热可忽略不计。将吸热板得到有效辐照量 S 转化为源项；考虑了空气黏度对压力损失的影响，黏度值

取软件中的默认值。

单位体积发热量 $\dot{\Phi}$ 用式(2-8)计算：

$$\dot{\Phi} = \frac{I(\tau\alpha)_e A_c}{V} \tag{2-8}$$

式中，I 为太阳辐照度，W/m^2；$(\tau\alpha)_e$ 为有效透射率与有效吸收率的乘积，取 0.87；A_c 为集热器有效吸热面积，m^2；V 为吸热板的体积，m^3。

4. 控制方程求解

各控制方程的变量采用一阶离散格式，求解器采用压力-速度耦合法及 SIMPLE 算法，各松弛因子采用软件默认值，各变量的残差设置为 1×10^{-4}。

5. V 型吸热板集热器模拟计算结果

模拟计算参数取与文献[53]的试验参数相同。其中，集热器倾斜角为 10°，太阳辐照度为 $(630 \pm 50)W/m^2$，风速为 4.5m/s。空气进入集热器的温度为 312K，集热器边框及底部设为绝热状态。吸热板长 L 为 1.9m，宽 W 为 0.7m，V 型板高度为 5cm，吸热板的材料为不锈钢，厚度为 1mm，V 型夹角为 60°，空气进口的流通面积为 $17.5 \times 10^{-3}m^2$。参照文献[54]中的公式，取玻璃面盖与外界空气的对流换热系数近似为 $10W/(m^2 \cdot K)$。

(1) 顺流型集热器的模拟计算结果。在太阳辐照度不变的情况下，若集热器进口空气质量流量 M 增大，则出集热器的空气温度 t_o 降低。当 $M = 0.01kg/s$ 时，$t_o \approx 70℃$；当 $M = 0.056kg/s$ 时，$t_o \approx 52℃$。模拟计算值略大于试验值，其最大误差为 8.2%，平均误差为 5.2%。

当太阳辐照度由 $400W/m^2$ 上升至 $900W/m^2$ 时，空气进出集热器的温差由 7.7℃升高至 18.8℃，即空气出集热器的温度随着太阳辐照度的增加而增大。在此条件下，计算值与试验值之间的最大误差为 5.2%，平均误差为 4.3%。

(2) 错流型与顺流型集热器计算结果的比较。为比较空气流动方向与 V 型槽呈交错流动状态时集热器的性能与顺流状态时性能的差别，模拟计算中保持吸热板的结构参数、材料及集热器的边界条件等不变，仅改变空气的流动方向。

在质量流量为 0.031kg/s、辐照度为 $600W/m^2$ 时，模拟计算得到的温度场(图 2-7，图 2-8)表明，顺流型集热器中吸热板的温度较高。说明在其他条件相同时，顺流型吸热板与空气之间的换热效果比错流型吸热板差。

模拟计算所得速度场的分布表明，错流状态下，V 型槽内形成了涡流，从而对空气流扰动增强，换热得到强化，但同时也使流体进、出集热器的压降较顺流时增加了 3Pa。

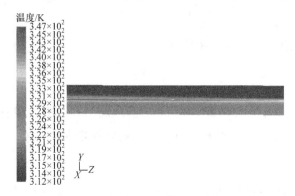

图 2-7　顺流型集热器中心截面温度场(见彩图)

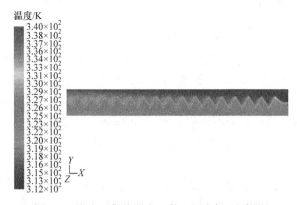

图 2-8　错流型集热器中心截面温度场(见彩图)

不同太阳辐照度下，空气进、出集热器温度变化的模拟计算结果表明，错流型集热器温度升高的程度大于顺流型，这间接表明错流型的集热效率高于顺流型。

(3) 不同 V 型吸热板夹角 θ 的模拟计算结果。在其他条件不变时，改变 θ 进行模拟计算，结果显示，θ 越大，空气出集热器的温度越低。当 θ 由 60°增加到 120°时，空气的出口温度减少约 9K。其原因是，θ 越大，V 型吸热板表面越平缓，对流过其表面的气流扰动越小，换热效果相对越差；与此同时，随着 θ 的增大，吸热板在集热器有限的长度和宽度范围内，其换热面积减少，也不利于空气与吸热板之间的充分换热。

在相同条件下，空气进、出集热器的压降随着 θ 的增大而减小。当 θ 由 60°增加为 120°时，压降降低约 1.4Pa。这是因为 θ 越大，V 型吸热板对空气的流动阻力越小。

总之，增大 V 型吸热板夹角 θ，空气出集热器的温度明显降低，而进、出口压差降低并不显著，即增大 θ 不利于提高空气的加热温度。根据计算结果，并考虑 V 型吸热板生产加工，建议实际应用中取 θ 为 30°~60°。

(4) 不同 V 型吸热板高度的模拟计算结果。空气在 V 型吸热板集热器中呈错流流动状态时，加热效果好，但流体压降也相应增大。为减小压降，在吸热板总发热量相同，其他边界和初始条件不变的情况下，将 V 型吸热板尖角分别削减总高度的 10%~60%，依次进行模拟计算，得到如下结果。

集热器空气出口温度降低。随着 V 型吸热板尖角被削减，空气出集热器的温度随之降低。其原因是 V 型吸热板尖角被削减，其表面趋于平缓，表面形状对于流动空气的扰动减小，空气的对流传热系数随之减小；同时，V 型吸热板尖角被削减后，吸热板上、下两侧的空气流道宽度随之增大，空气流速相对降低，传热系数也随之降低；V 型吸热板尖角被削减，吸热板换热表面积随之减小，传热量降低，计算结果见图 2-9。由图 2-9 可知，V 型吸热板尖角被削减高度为 10%时，集热器出口空气温度由 340K 减小到约 338K，温度降低约 2K。当 V 型吸热板尖角高度被削减 10%时，空气进、出口压降下降明显，约为 1.1Pa。随着 V 型吸热板尖角高度削减比例的增加，吸热板表面趋于平缓，压降下降变缓。当 V 型吸热板尖角削减高度从 10%增到 60%时，压降仅下降 0.8Pa。

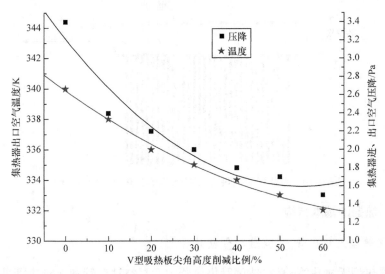

图 2-9 集热器出口空气温度及进、出口空气压降随 V 型吸热板高度的变化

以上模拟计算值与试验值之间存在一定的误差。误差主要来源于试验误差，计算中设定的有效辐照度、空气与面盖的换热系数等与真实值有差别，以及计算中忽略辐射换热所导致的误差。

综合来说，Ｖ型吸热板空气集热器在空气错流流动时，其传热效果比顺流流动时好；增大Ｖ型吸热板夹角 θ，空气出集热器的温度明显降低，而进、出口压降减小并不显著；将 Ｖ 型吸热板板尖角高度削减 10%，可使空气流动阻力明显下降，而对空气加热效果影响不大。因此，设计该集热器时，建议采用错流状态，并将Ｖ型吸热板尖角高度适当削减，但 θ 不易取大，以小于 60°为宜。

2.3　聚热型无机热管-真空玻璃管集热器

聚热型无机热管-真空玻璃管集热器由真空管、无机热管及加热箱组成。其内部被加热的工质可以是空气，也可以是水。图 2-10 为聚热型无机热管-真空玻璃管集热器结构示意图。聚热型无机热管-真空玻璃管集热器的工作原理是真空管内玻璃管上的选择性涂层将吸收的大部分太阳能转化成热能，热能经导热铝翼传给无机热管，无机热管能够瞬时将热量传递到加热箱加热空气。为了强化加热箱内热管与空气之间的换热，在热管外加装翅片。被加热的空气可用于干燥等工艺过程。聚热型无机热管-真空玻璃管集热器的主要优点是运行温度和集热效率较高，热损失少，承压能力大，耐热冲击性能较好。

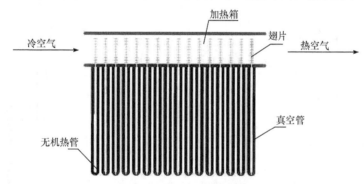

图 2-10　聚热型无机热管-真空玻璃管集热器结构示意图

2.3.1　集热器的基本结构

1. 聚热型无机热管-真空玻璃管集热管

在聚热型无机热管-真空玻璃管集热器中，真空玻璃管和无机热管是核心集热元件和导热元件。真空玻璃管由内部吸热涂层和内外两层玻璃管构成，内、外层玻璃管之间为真空夹层(夹层内压强 $P \leqslant 5 \times 10^{-2}$Pa)。当太阳光照射到内层玻璃外表面上的选择性吸收涂层时，光子撞击涂层，使太阳能被吸收并转化为热能。由于内、外层玻璃管之间是真空状态，几乎不存在导热和对流热交换。选择性吸收涂层具有极低的长波发射率，其半球发射率 $\leqslant 0.09$，很大程度上降低了真空夹层内的辐射热交换。

无机热管是一种高效传热元件，其传热能力远超过一般热管。该种热管中装有少量的由多种无机物组成的混合工质，其传热速度很快，在极短时间可使热管轴向达到近似等温。

将无机热管和真空玻璃管结合起来，制成聚热型无机热管-真空玻璃管集热器，可以很好地发挥其各自的优点。聚热型无机热管-真空玻璃集热管结构如图 2-11 所示，由无机热管、导热铝翼、内层玻璃管和外层玻璃管组成，导热铝翼紧贴着内层玻璃管的内壁面，用于将玻璃管收集的太阳能传导给热管，并固定热管。

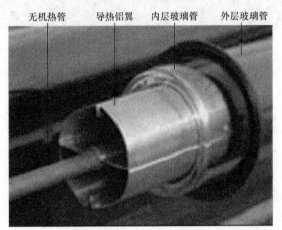

图 2-11　聚热型无机热管-真空玻璃集热管结构

2. 空气加热箱

空气加热箱主要用途是将空气由室温加热到所需的温度。无机热管将吸热涂层吸收的热量导入到空气加热箱中。无机热管安装方式是将一端插入真空管中，另一端嵌套翅片，单根无机热管翅片如图 2-12 所示，把翅片管安装到空气加热箱如图 2-13 所示。空气加热箱工作原理是空气从加热箱的一端进入，在横掠翅片管时被加热至所需温度以供使用。翅片不仅增加换热面积，强化了传热，还可以使空气加热得更加均匀。同一位置上翅片基本在一条直线上，目的是增加翅片的同时尽量减少对空气的阻力。

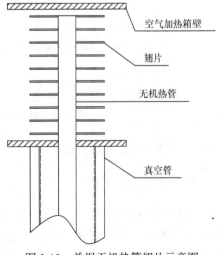

图 2-12　单根无机热管翅片示意图

图 2-13　翅片管与空气加热箱

采用不锈钢制作加热箱。为了使空气均匀地横向流动掠过翅片管，在空气加热箱入口处预留一段气体缓冲区，起到均匀分布气体的作用。空气加热箱外部用隔热材料进行保温，以减少空气加热箱向周围环境散热。

铜质翅片的剖面图如图 2-14 所示，翅片的厚度为 0.4mm，呈圆形。翅片结构既起到强化传热的作用，又保证了空气流动的均匀性和稳定性，采用导热系数较高的紫铜作为翅片材料。对圆形翅片打孔，采用嵌套的方法进行安装。采用冲压的方法对铜片打孔，冲压能够形成一个凸面，这样不仅能够使翅片与无机热管垂直嵌套，而且增大了与无机热管的接触面积，强化了无机热管与翅片之间的传热。

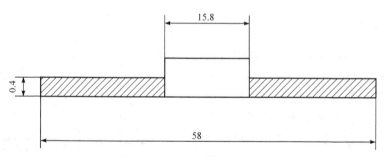

图 2-14　铜质翅片的剖面图(单位：mm)

2.3.2　集热性能的理论分析

1. 集热器换热网络

聚热型无机热管-真空玻璃管集热器在运行时，内层玻璃管的吸热表面实际吸收的太阳能大部分转变成集热器内被加热流体获得的有效能量，少部分能量散失到环境中。采用换热网络图能够清晰地表示集热器的传热关系。聚热型无机热管-真空玻璃管集热器的换热网络图如图 2-15 所示。

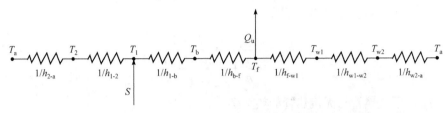

图 2-15 聚热型无机热管-真空玻璃管集热器的换热网络图

图 2-15 中，T_a 为环境温度，K；T_1、T_2 分别为内层和外层玻璃管的温度，K；T_b 为无机热管的温度，K；T_f 为被加热气流的平均温度，K；T_{w1}、T_{w2} 分别为空气加热箱的内、外壁温度，K；$1/h_{2\text{-}a}$ 为外层玻璃管与周围环境间考虑自然对流和辐射换热的热阻，$[\text{W}/(\text{m}^2 \cdot \text{K})]^{-1}$，$h_{2\text{-}a} = 5.7 + 3.8v$，$v$ 为风速[54]，m/s；$1/h_{1\text{-}2}$ 为内、外层玻璃管之间的辐射换热热阻，$[\text{W}/(\text{m}^2 \cdot \text{K})]^{-1}$；$1/h_{1\text{-}b}$ 为内层玻璃通过铝翼无机热管间的导热热阻，$[\text{W}/(\text{m}^2 \cdot \text{K})]^{-1}$；$1/h_{b\text{-}f}$ 为加热箱内的气流与热管间的对流换热热阻，$[\text{W}/(\text{m}^2 \cdot \text{K})]^{-1}$；$1/h_{f\text{-}w1}$ 为加热箱内的气流与加热箱内壁的对流换热热阻，$[\text{W}/(\text{m}^2 \cdot \text{K})]^{-1}$；$1/h_{w1\text{-}w2}$ 为加热箱内、外壁的导热换热热阻，$[\text{W}/(\text{m}^2 \cdot \text{K})]^{-1}$；$1/h_{w2\text{-}a}$ 为加热箱外壁与周围环境间的对流换热热阻，$[\text{W}/(\text{m}^2 \cdot \text{K})]^{-1}$；$Q_u$ 为加热箱内被加热流体的有效得热量，W；S 为内玻璃管的吸热表面实际吸收的太阳能，W/m^2。

2. 集热性能参数的数学表达

1) 内、外层玻璃管之间的热交换

内、外层玻璃管之间的环形空间为高真空区，其间的换热方式主要为辐射换热。因为真空管内玻璃管是凸面结构，此时内玻璃管辐射能全部落到外玻璃管上，所以内玻璃管表面 1 对外玻璃管表面 2 的角系数 $X_{1,2}$ 为 1。假定玻璃表面为漫射灰表面，根据辐射换热原理，内、外层玻璃管之间的净辐射换热量 $Q_{1\text{-}2}$ 可表示为[55]

$$Q_{1\text{-}2} = \frac{A_1 \sigma (T_1^4 - T_2^4)}{\dfrac{1}{\varepsilon_1} + \dfrac{A_1}{A_2}\left(\dfrac{1}{\varepsilon_2} - 1\right)} \tag{2-9}$$

式中，A_1 和 A_2 分别为内、外层玻璃管的表面积，m^2；T_1 和 T_2 分别为内、外层玻璃管的温度，K；ε_1 和 ε_2 分别为内、外层玻璃管的发射率；σ 为斯特藩-玻尔兹曼常量，$5.67 \times 10^{-8} \text{W}/(\text{m}^2 \cdot \text{K}^4)$。

若用内、外层玻璃管之间的换热系数 $h_{1\text{-}2}$ 表示 $Q_{1\text{-}2}$，则为

$$Q_{1\text{-}2} = A_1 h_{1\text{-}2}(T_1 - T_2) \tag{2-10}$$

式(2-9)、式(2-10)联合求解得

$$h_{1\text{-}2} = \frac{\sigma(T_1 + T_2)(T_1^2 + T_2^2)}{\dfrac{1}{\varepsilon_1} + \dfrac{A_1}{A_2}\left(\dfrac{1}{\varepsilon_2} - 1\right)} \tag{2-11}$$

2) 内层玻璃管与无机热管的热交换

内层玻璃管与无机热管之间通过铝翼导热，换热量 $Q_{1\text{-}b}$ 可表示为

$$Q_{1\text{-}b} = A_L \frac{\lambda_L}{\delta}(T_1 - T_b) \tag{2-12}$$

式中，$Q_{1\text{-}b}$ 为内层玻璃管与无机热管的换热量，W；λ_L 为铝翼材料的导热系数，W/(m·K)；δ 为铝翼厚度，m；A_L 为铝翼的有效换热面积，m^2。

$Q_{1\text{-}b}$ 又可以表示为

$$Q_{1\text{-}b} = A_1 h_{1\text{-}b}(T_1 - T_b) \tag{2-13}$$

可求得真空玻璃管内表面到无机热管外表面的换热系数 $h_{1\text{-}b}$ 为

$$h_{1\text{-}b} = \frac{A_L}{A_1} \frac{\lambda_L}{\delta} \tag{2-14}$$

3) 外层玻璃与周围环境的换热

外层玻璃管与周围环境换热方式为对流换热和辐射换热，其换热量 $Q_{2\text{-}a}$ 可表示为[56]

$$Q_{2\text{-}a} = A_2 h_{2\text{-}a}(T_2 - T_a) \tag{2-15}$$

式中，$h_{2\text{-}a}$ 为综合考虑外层玻璃管与周围环境间的对流和辐射换热的换热系数，W/(m^2·K)。

视内层与外层玻璃管之间、外层玻璃管与周围环境之间均为稳态传热，则：

$$Q_{1\text{-}2} = Q_{2\text{-}a} = Q_t \tag{2-16}$$

式中，Q_t 为总传热量，W。

以对流换热方程的形式表示式(2-16)，可得

$$A_1 h_{1\text{-}2}(T_1 - T_2) = A_2 h_{2\text{-}a}(T_2 - T_a) = A_1 U_t(T_1 - T_a) \tag{2-17}$$

式中，U_t 为集热管的热损失系数。

由式(2-17)中的三个等式联解，得 U_t 为

$$U_t = \frac{1}{\dfrac{1}{h_{1\text{-}2}} + \dfrac{A_1}{A_2 h_{2\text{-}a}}} \tag{2-18}$$

4) 翅片管与空气换热

在空气加热箱中，翅片无机热管与空气之间进行强制对流换热。由于无机热管传热速度很快，整个无机热管可视为温度均一，加热箱中空气与翅片无机热管的换热量 Q_a 可表示为

$$Q_a = A_c h_{b\text{-}f} (T_b - T_f) \tag{2-19}$$

式中，A_c 为翅片管换热面积，m^2；T_f 为气流的平均温度，K；$h_{b\text{-}f}$ 为对流换热系数，$W/(m^2 \cdot K)$。

5) 空气加热箱热损失

空气加热箱的热损失 $U_{e\text{-}a}$ 是通过加热箱表面向周围环境散失的热量。$U_{e\text{-}a}$ 与保温材料的导热系数、保温层厚度和加热箱表面积等因素有关，根据文献[54]提供的关系式，$U_{e\text{-}a}$ 可表示为

$$U_{e\text{-}a} = \frac{A_0 \lambda_e}{\delta_0} \tag{2-20}$$

式中，A_0 为空气加热箱表面积，m^2；λ_e 为保温材料的导热率，$W/(m \cdot K)$；δ_0 为保温层的厚度，m。

将空气加热箱热损失系数 $U_{e\text{-}a}$ 折合到单位吸热面积 A_1 上，得到折合后的热损失系数 U_e：

$$U_e = U_{e\text{-}a} / A_1 \tag{2-21}$$

6) 集热器的热损失系数

整个集热器的热损失系数 U_L 可表示为集热管的热损失系数 U_t 与折合后的加热箱的热损失系数 U_e 之和，即

$$U_L = U_t + U_e \tag{2-22}$$

7) 集热器瞬时集热效率表达式

集热器的瞬时集热效率 η 是指一定时间内集热器的有效得热量 Q_u 与入射在集热器表面上的太阳辐照度之比，其数学表达式为

$$\eta = \frac{\int Q_u \mathrm{d}\tau}{A_g \int G \mathrm{d}\tau} \tag{2-23}$$

式中，A_g 为真空管外玻璃管的有效采光面积，m^2；G 为太阳辐照度，W/m^2；τ 为时间，s。

由能量平衡方程可得真空管内工质的有效得热量为

$$Q_u = A_g G (\tau\alpha)_e - A_1 U_L (T_m - T_a) \tag{2-24}$$

式中，A_1 为吸热体的表面积，即内玻璃管的表面积，m^2；T_m 为吸热体的平均温

度，K。

根据文献[57]所得结论，考虑漫反射板的作用、20%的散射光以及罩玻璃管对不同入射角光线的折射不同，真空管外玻璃管的有效采光面积和吸热体表面积满足 $A_g = 1.43A_l$，将该关系与式(2-24)一起代入式(2-23)，得

$$\eta = \frac{A_l}{A_g}\left[1.43(\tau\alpha)_e - U_L\frac{T_m - T_a}{G}\right] \tag{2-25}$$

8）集热器热迁移因子

在式(2-25)中，若用被加热流体在集热器进口处的温度 $T_{f,i}$ 来代替吸热体的平均温度 T_m 时，可以引入集热器的热迁移因子 F_R，其物理意义为集热器的实际有效得热量与假设整个吸热体表面温度等于集热器进口流体温度时的有效得热量之比。可以得出 F_R 的表达式为

$$F_R = \frac{\dot{m}c_p(T_{f,o} - T_{f,i})}{A_l[1.43G(\tau\alpha)_e - U_L(T_{f,i} - T_a)]} \tag{2-26}$$

式中，$\dot{m}$ 为集热器入口处流体的质量流量，kg/s；c_p 为流体的定压比热容，J/(kg·K)；$T_{f,o}$ 为集热器出口处的流体温度，K；$T_{f,i}$ 为集热器入口处的被加热流体的温度，K；T_a 为环境温度，K。

对式(2-26)进行整理和变形可得

$$F_R = \frac{\dot{m}c_p}{A_l U_L}\left[1 - \frac{1.43\dfrac{G}{U_L}(\tau\alpha)_e - (T_{f,o} - T_a)}{1.43\dfrac{G}{U_L}(\tau\alpha)_e - (T_{f,i} - T_a)}\right] \tag{2-27}$$

9）集热器的效率因子

真空管中铝翼是圆形的，如图 2-16 所示，为了对其进行数学模型化研究，将铝翼肋片化，同时吸热涂层也展开相同的形式，经过铝翼肋片化后问题就转化为传热学中的肋片问题。

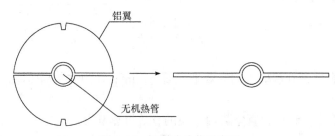

图 2-16　铝翼肋片化示意图

铝翼肋片化后可以根据 Duffie 等[58]推导出的不同结构形式集热器管板的效率

因子 F' 表达式。在使用铝翼肋片化无机热管的情况下，F' 可表示为

$$F' = \frac{1}{H_t \left\{ \dfrac{1}{(H_t - d)F + d} + \dfrac{U_L}{\pi d h_e} \right\}}\tag{2-28}$$

其中，

$$F = \frac{\tanh \dfrac{m(H_t - d)}{2}}{m(H_t / d)/2}\tag{2-29}$$

式(2-29)中，

$$m = \sqrt{\frac{U_L}{\lambda_L \delta}}\tag{2-30}$$

式中，F 表示肋片效率；H_t 表示铝翼肋片化后的折合肋片宽度，m；d 表示无机热管外径，m；h_e 表示无机热管管壁与流体间的对流换热系数，W/(m^2·K)；λ_L 表示铝翼肋片材料的导热系数，W/(m·K)；δ 表示铝翼肋片的厚度，m。

2.3.3　集热性能试验

1. 空气加热箱试验

1) 试验目的

由于空气的导热系数很小，通过增大空气与热源的接触面积来强化传热，试验是在风速很小的情况下进行，通过空晒空气集热器并测量加热箱内空气、翅片等温度，分析强化传热效果。

2) 试验装置与测试方法

(1) 试验系统组成。空晒试验系统，主要是验证在没有强制对流换热的情况下，空气加热箱内换热设备的换热情况，同时也验证真空管的集热效果等。试验系统主要包括无后盖的空气加热箱、测试仪表等。

(2) 测量参数及仪表。系统测量参数包括环境温度、环境风速、太阳辐照度、无机热管温度、翅片不同位置的温度。测量仪表包括太阳能辐照仪、热线式风速仪、多通道巡检仪和热电偶温度计等。

太阳能辐照仪是用来测量太阳辐照度的仪器。试验采用泰仕 TES-1333，主要参数：温度范围为 0～50℃；角度准确性为余弦校正小于 5%(角度小于 60°时)；准确度为±10W/m^2。

热线式风速仪是一种测速仪器，也可以用来测量流体的温度或密度。其工作原理是将一根通电加热的细金属丝(即热线)置于气流中，热线在气流中的散热量与流速有关，而散热引起的热线温度变化会导致电阻变化，从而使流速信号转变

成电信号。试验中采用的热线式风速仪的型号是泰仕 TES-1341，其速度测量范围为 0.1～30.0m/s，分辨率为 0.01m/s。

热电偶温度计的测量原理是将两种不同材料的导体两端连接成回路，当两个接合点的温度不同时，回路中就会产生电动势，该电动势的方向和大小与两个接合点的温差有关，这种现象称为热电效应。测量时，测量介质温度的一端称为工作端(或测量端)，另一端称为冷端(或补偿端)。冷端与配套显示仪表连接，显示仪表会指出热电偶所产生的热电势。根据热电势与温度的对应关系，可获得所测量的温度。

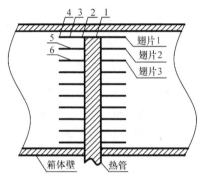

图 2-17　无机热管翅片管测试点分布

(3) 测试方法和步骤。集热器共由 16 根真空管组成，试验前对集热器进行编号。用仪表测量空气温度、空气压力、太阳辐照度等环境参数。采用热电偶温度计测量翅片和热管的温度，其测试点如图 2-17 所示。测试点 1 为热管温度 t_r，测试点 2～4 分别为翅片 1 温度 t_{c2}、t_{c3}、t_{c4}，测试点 5 为翅片 2 温度 t_{c5}，测试点 6 为翅片 3 温度 t_{c6}。

集热器内空气温度由集热器中第 8 根管与第 9 根管之间的位置测得。

3) 试验数据与分析

(1) 太阳辐照度的变化。采用不同时间多次测量的方式测试太阳辐照度，试验地点在西安市内，间隔一个小时测量一次试验数据。将测量数据拟合成曲线，如图 2-18 所示。由图可以看出一天内太阳辐照度的变化情况，7:00～11:00 太阳辐照度逐渐增大，11:00～17:00 太阳辐照度逐渐减小。

(2) 无机热管与翅片温度的变化关系。4 月 6 日，在西安市内，对图 2-17 所示各测试点的温度进行测量，并将测试温度随时间的变化拟合成曲线，如图 2-19 所示。由图 2-19 可见，t_r、t_{c2}、t_{c3} 和 t_{c4} 按高低顺序排列分别为 $t_r > t_{c2} > t_{c3} > t_{c4}$，符合导热原理；$t_r$ 温度最高，这是由于热量是由热管传递给翅片的；t_r 和 t_{c2} 温度相差很小，说明无机热管和翅片之间的接触热阻很小；从图中还可以看出，t_{c2}、t_{c3} 和 t_{c4} 之间的温差很小，说明整个翅片可以近似认为处于等温状态。翅片的存在增大了换热面积，并有助于强化传热。

(3) 翅片温度与加热箱空气温度的变化关系。对环境温度、翅片温度和加热箱空气温度随时间的变化进行测量，并拟合成曲线，如图 2-20 所示。将图 2-20 与图 2-18 比较，可以得出，太阳辐照度和加热箱中空气温度、翅片温度的变化趋势相同，因此可以认为无机热管能将玻璃真空管吸热涂层吸收的热量瞬时传给翅片，翅片增大了无机热管与空气的接触面积，同时增加了对气流的扰动，起到强化传热的作用。图 2-20 也证明了聚热型无机热管-真空玻璃管集热器热惯性较小。从图 2-20 可知，加热箱中的空气温度比环境温度要高很多，说明翅片管换热效果十分明显。

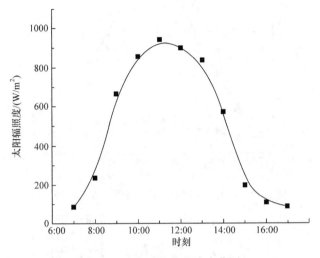

图 2-18 一天太阳辐照度变化图

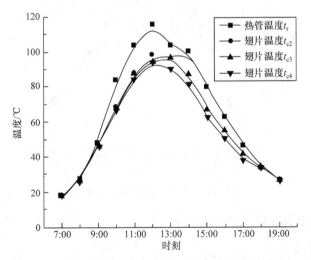

图 2-19 无机热管及翅片 1 上各点温度随时间变化关系图

(4) 翅片间温度变化关系。分别测量如图 2-17 中翅片 1、翅片 2 和翅片 3 上各测试点温度 t_{c3}、t_{c5}、t_{c6}，并将试验所得温度随时间变化的关系拟合成曲线，如图 2-21 所示。由图 2-21 可见，翅片 1~3 的温度依次增大，这是因为翅片 1 直接与环境空气进行对流换热；翅片 2 和翅片 3 之间的温差很小，说明无机热管的导热系数大，使整个热管处于等温状态。

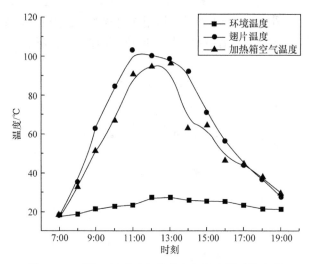

图 2-20　环境、翅片及加热箱空气温度随时间变化

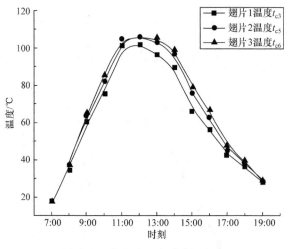

图 2-21　各翅片温度随时间变化

2. 空气集热器性能试验

1) 试验目的

验证空气集热器性能的主要标准是集热效率，集热效率主要取决于太阳辐照度、真空管吸热涂层、环境温度、保温层和加热箱内换热结构等。本节采用聚热型无机热管-真空玻璃管集热器加热空气。在真空管物理结构已知的情况下，对空气加热器内的换热结构进行设计，是提高空气集热器集热效率的主要途径之一。在有风机情况下，测量集热器出口温度、压力、流量等参数，计算瞬时集热效率。

2) 试验装置与测试方法

(1) 试验系统组成。空气集热器瞬时集热效率试验系统主要由风机、集热器、管路、测试仪表等组成。

(2) 测量参数及仪表。系统测量参数包括环境温度、环境风速、太阳辐照度、管道流量、空气加热箱前后温度、空气流量、空气压力、空气加热温度、空气湿度和水温等。流量测量参数主要是风机输出管线下游的空气流量；压力测量参数包括大气压、风机出口空气压力和空气加热箱出口空气压力等；温度测量参数主要包括环境空气温度、风机出口温度、加热器出口空气温度、保温层温度、加热箱壁温和真空管外玻璃管温度；湿度测量参数主要包括环境空气湿度、加热器出口空气湿度。测量仪表包括皮托管流量计、压力传感器、数字式湿度计、数字式热电偶温度计和太阳能辐照仪等。空气集热器瞬时集热效率测试系统如图 2-22 所示。

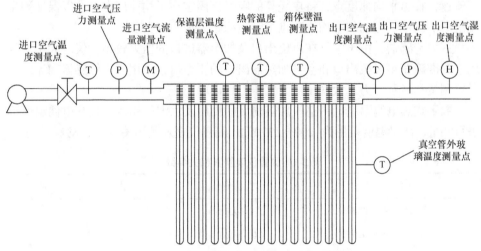

图 2-22　空气集热器瞬时集热效率测试系统

皮托管流量计：L 型皮托管由两根不同直径的不锈钢同心管子套接而成，内管直端尾接头是全压管，外管侧接头是静压管。指向杆与测杆头部方向一致，使用时将测头对准来流方向，测量空气流速不超过 40m/s。

根据伯努利方程可获得流体中某一点流速的表达式：

$$u = K\sqrt{2P/\rho} \tag{2-31}$$

式中，u 为风速，m/s；K 为皮托管系数，L 型皮托管系数通常为 0.99～1.01，本试验取 1.0；P 表示通过皮托管测得的动压，Pa；ρ 表示流体密度，kg/m³。

采用皮托管流量计测量管道截面流体的流速时，由于截面上流体的流速分布不均匀，要将皮托管进口放在管道截面的平均流速处，或者在管道截面上多测量几点求平均流速。根据平均风速 u，可以计算风量 M_v，即

$$M_v = 3600uF \tag{2-32}$$

式中，M_v 表示风量，m^3/h；F 表示管道截面积，m^2。

测量时要正确选择测量点断面，确保测点处于气流流动平稳的直管段。测量断面距离来流方向的管头、阀门和变径异形管等局部构件要大于 4 倍的管道直径。距离下游方向的局部弯头、变径结构应大于 2 倍的管道直径。测量时皮托管不要靠近管壁。皮托管直径的选择原则是与被测管道直径之比不大于0.02，以免产生干扰，使误差增大。测量点插入孔处应避免漏风，防止该断面上气流干扰。

由于试验范围内空气的流动速度不高，Re 仅为 1500 左右，空气流动状态属于层流流动，气体流速在圆管截面上呈弹状分布，中心速度最大，壁面速度为零。将皮托管在安装点位置沿某一圆管直径等间距移动，测量直径线上多点的空气流速，找出平均速度点，将皮托管的吸气口固定在平均速度点上，以保证测量流量的准确性。实测的平均流速点与管边缘距离为 1/3 管径长。

压力传感器：由于空气在风机出口及加湿器进口的压力较小，仅略大于大气压，为准确获得风机出口和空气加热器出口的压力值，采用压力传感器和无纸记录仪测量和显示压力。大气压用大气压力计读取。

数字式热电偶温度计：空气加热前后的温度及水温采用数字式热电偶温度计进行测量，测量温度范围为 –200～1370℃。测量仪表及其相关参数如表2-1所示。

表 2-1　测量仪表及其相关参数

仪表名称	量程	精度/%	数量
压力传感器 HTY801	0～0.5MPa	±0.5	2
湿度传感器 WG200D	0.0%～100%RH	±0.5	1
CENTER-309 数字式热电偶温度计	–200～1370℃	±0.1	1
XM400B 无纸记录仪	8 通道	±0.2	1

(3) 测试方法和步骤。为测量聚热型无机热管-真空玻璃管集热器的瞬时集热效率，用测量仪表测量空气温度、空气压力、空气湿度和太阳辐照度等环境参数；运用多通道数显仪采集温度、压力、湿度信号，对试验系统各个测试点参数进行测量。

3) 试验数据与分析

将上述试验数据代入式(2-33)，可计算出试验瞬时集热效率 η_{test} 为

$$\eta_{test} = \dot{m}c_p(T_{f,o} - T_{f,i})/(A_c G) \tag{2-33}$$

式中，$T_{f,o}$ 为集热器出口处流体温度，K；$T_{f,i}$ 为集热器入口处流体温度，K；A_c 为集热器面积，m^2；G 为太阳辐照度，W/m^2。

10 月 17 日在西安市内，根据图 2-22 测试点测试，将如表 2-2 所示的试验数据代入式(2-33)，定义过余温度 $T^* = \dfrac{T_{f,i} - T_a}{G}$，求出试验瞬时集热效率 η，如图 2-23 所示。

$$\eta = 0.68 - 7.3T^* \tag{2-34}$$

表 2-2　空气集热器瞬时效率数据

T_a/K	$T_{f,i}$/K	$T_{f,o}$/K	$\dot{m}$/(10^{-2} kg / s)	G/(W/m²)	瞬时集热效率 η/%
295.8	297.5	368.0	1.72	1103.0	66.1
290.0	297.0	365.3	1.60	1015.0	67.5
294.1	300.6	370.0	1.43	928.0	64.4
294.6	299.6	365.4	1.61	1020.0	62.5
292.8	304.5	368.3	1.65	1092.0	58.1
294.0	299.3	358.2	1.66	970.0	60.8
293.6	302.6	363.4	1.25	750.0	61.4

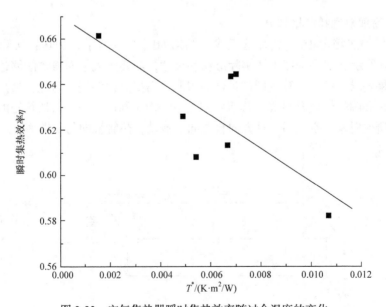

图 2-23　空气集热器瞬时集热效率随过余温度的变化

2.3.4 加热箱的数值模拟

加热箱的作用是将空气由室温加热到所需温度，由于空气的导热系数很小，仅为 0.023W/(m·K)，为了快速加热空气，常采用强化传热的方式。本小节采用翅片管强化传热的方式加热空气，用 FLUENT 软件对温度场和速度场进行数值模拟计算，以优化加热箱换热结构。

1. FLUENT 软件在加热箱模拟中的应用

首先，将试验数据作为模拟计算的边界条件，对比模拟结果与试验结果，证明数值模型可以模拟空气加热器的换热和流动。其次，运用 FLUENT 软件模拟试验以优化出最佳换热结构。最后，运用数值模拟预测加热箱出口空气能够达到的温度，以及加热器中温度场和速度场的分布。

采用 FLUENT 软件进行模拟计算。在求解中，根据具体问题的特点来选用湍流模型，选择的原则是精度高、应用简单、节省时间，同时也具有通用性。据此，本次模拟计算选用通用性比较好的标准 k-ε 模型，它适合完全湍流的流动过程模拟。

2. 数值模拟

1) 物理模型和网格划分

空气加热箱由 16 个翅片管组成，结构如图 2-13 所示，加热箱实际尺寸如图 2-24 所示。如果按照箱体实际形状和尺寸，需要画大量网格才能够达到实际计算结果要求。由于计算机硬件条件的限制，需要对模型进行简化，加热箱是由圆形翅片和圆柱体热管组成，其前后和上下结构对称性，因此取加热箱的四分之一作为研究对象。空气沿 x 轴方向自左向右流动，热管轴向与 y 轴平行。

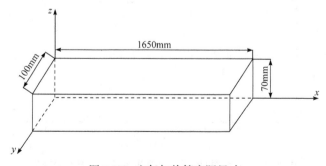

图 2-24 空气加热箱实际尺寸

划分网格时采用生成速度快，质量好的结构性网格，为了清晰地看到网格情况，取加热箱对称面上的局部网格如图 2-25 所示。计算中采用了 3 套网格对同一参数进行了计算，网格数分别为 100 万、200 万和 300 万。计算结果表明，采用不同网格数得到的计算结果一致，其误差均不超过 1%，可以认为，计算结果与网格数无关，最终取 200 万网格模型作为结果。

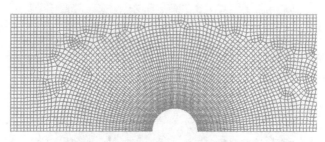

图 2-25　加热箱对称面上的局部网格

2）边界条件设定及模拟计算

空气加热箱的边界条件按照 2.3.3 小节所测量的试验数据进行设定，进口速度为 1.39m/s，进口温度为 302.6K；出口选择自由流出；翅片数量与试验数量相同，数量为 10 个，翅片管采用等热流量，其具体计算如下。

单根真空管供给空气的热量 Q_1 为

$$Q_1 = A_g \cdot G \cdot \eta \tag{2-35}$$

式中，A_g 为真空管有效采光面积，m^2；η 为真空管的集热效率。

翅片管的平均热流密度 $\varPhi_1$ 为

$$\varPhi_1 = Q_1 / A_f \tag{2-36}$$

式中，A_f 为翅片管面积，m^2。

通过式(2-35)和式(2-36)计算得出翅片管的平均热流密度是 956W/m^2。

空气加热箱模拟迭代流程如图 2-26 所示。根据边界条件、空气进口温度、进口速度和翅片管热流量，通过 FLUENT 软件模拟计算加热箱温度分布和出口温度，当计算结果与试验测量结果 363.25K 一致时，说明该数值模拟结果是正确的，否则重新进行计算。

3）空气加热箱模拟计算结果

通过 FLUENT 软件计算得出口截面 y=1650mm 处的平均温度为 375.15K，与试验测量值 363.25K 进行对比，误差为 13.2%，

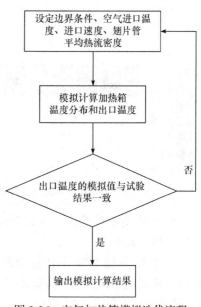

图 2-26　空气加热箱模拟迭代流程

符合模拟计算误差小于 20%的要求。从图 2-27 可以看出，空气加热箱出口截面中心温度最高，向外温度逐渐降低，符合实际情况。

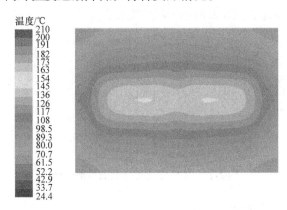

图 2-27　空气加热箱出口截面温度云图(见彩图)

图 2-24 所示的加热箱内，$z = 35$mm 截面的温度云图如图 2-28 所示。分析云图可知，空气温度随着翅片个数增加，温度不断升高，同时空气的温度增加梯度不断减小，最终温度趋于一个稳定值。

图 2-29 为加热箱内 $y = 13.5$mm 截面的温度云图，可以看出空气温度随着翅片管增多不断升高，且空气的温度梯度不断减小。

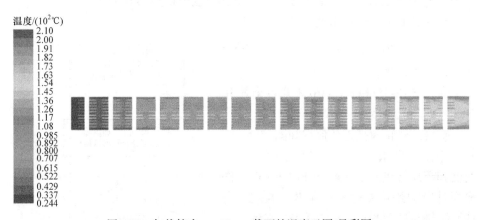

图 2-28　加热箱内 $z = 35$mm 截面的温度云图(见彩图)

图 2-30 为加热箱内 $y = 13.5$mm 截面的速度云图，可以看出翅片迎风面的速度比背风要高很多。

图 2-30 和图 2-31 分析得出翅片迎风面的速度比背风面要高很多，从这一点可以分析得出翅片的迎风面温度比背风面要低，这一结论也可以从翅片管温度云图，即图 2-32 和图 2-33 得出。

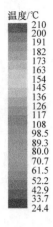

图 2-29　加热箱内 $y = 13.5$mm 截面的温度云图(见彩图)

图 2-30　加热箱内 $y = 13.5$mm 截面的速度云图(见彩图)

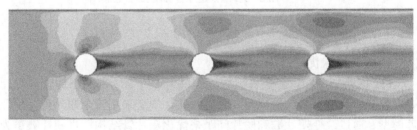

图 2-31　加热箱内 $y = 13.5$mm 截面局部放大的速度云图(见彩图)

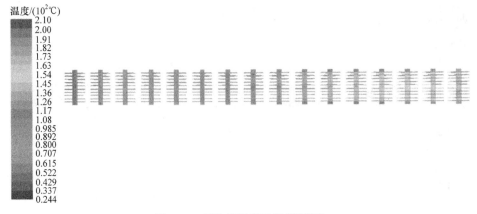

图 2-32　翅片管温度云图(见彩图)

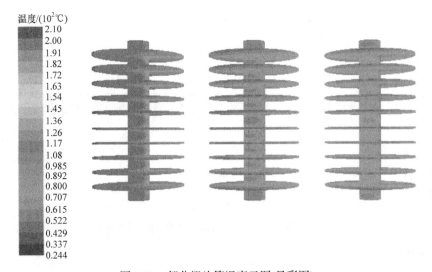

图 2-33　部分翅片管温度云图(见彩图)

3. 翅片管的结构优化和分析

1) 模拟试验优化翅片管结构

(1) 网格划分和边界条件设置。如果模拟计算全部的翅片管，对计算机硬件要求较高，且进行多次模拟需要大量时间，于是采用三个翅片管为模拟计算的物理模型。通过改变翅片数和翅片间距来优化翅片管结构，当翅片数量为 0~4 个时，出口截面上的空气温差很大，因此模拟翅片数量取 4 个以上。边界条件设置根据式(2-35)、式(2-36)计算不同翅片下的热流量。表 2-3 为不同翅片数下单个翅片管面积、翅片间距及热流密度。

表 2-3　不同翅片数下单个翅片管面积、翅片间距及热流密度

翅片数/个	单个翅片管面积/(10^{-2}m²)	翅片间距/(10^{-3}m)	热流密度/(W/m²)
6	3.02	14.2	1589
8	4.01	11.1	1196
10	5.00	9.0	956
12	6.00	7.7	800
14	6.99	6.6	686
16	7.98	5.8	601

(2) 模拟试验结果分析。采用与上述相同的方式对不同翅片数下的加热箱进行数值模拟计算，通过 FLUENT 软件提取加热箱进、出口压力值，计算加热箱进、出口压降，将不同进口速度下的压降拟合成曲线，如图 2-34 所示。从图 2-34 中可以得出，在相同速度下翅片数越多压降就越大，消耗电能就越大；在相同翅片数下，进口速度越大，压降也越大。因此，要在条件允许的情况下，尽可能减少翅片数，采用较低的风速。

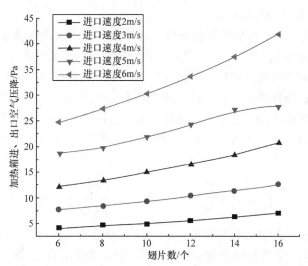

图 2-34　加热箱进、出口空气压降与翅片数的关系

　　通过 FLUENT 软件提取加热箱出口空气温度，将不同加热箱进口速度下出口空气温度与翅片数拟合出曲线，如图 2-35 所示。分析可得，翅片数由 6 个增加到 8 个时，空气出口温度升高；翅片数由 8 个增加到 14 个时，空气出口温度变化不大；当翅片数由 14 个增加到为 16 个时，空气出口温度反而下降，这也说明了并不是翅片数越多越好；出口空气温度随着进口速度增大而降低。从图 2-35 中可以看出，温度升高幅度不大，主要是计算翅片管的数量为 3 个较少，如果采

用实际试验的 16 个翅片管，温差会十分明显。

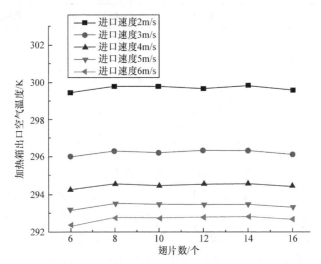

图 2-35　不同加热箱进口速度下出口空气温度与翅片数的关系

2) 场协同优化翅片管结构

(1) 场协同原理。过增元教授在研究对流换热时，重新审视了速度矢量和温度梯度夹角对对流传热的影响，在此基础上提出了换热强化的场协同理论[59]。该理论可以解释现有的一切对流换热和传热问题，还能指导发展新的换热技术。场协同理论分析强化传热方法与传统的理论有很大的不同，本小节采用场协同理论分析空气加热箱中翅片管结构的传热效果以及运用场协同原理优化翅片数。

把能量守恒方程中的对流项看作源项，可以将换热等同为具有内热源的导热问题，将质量守恒方程两边在积分域中进行积分，可得[59]

$$\int_0^{\delta_x} \rho c_p \left(u\frac{\partial T}{\partial x} + v\frac{\partial T}{\partial y} \right) \mathrm{d}y = -\lambda \frac{\partial T}{\partial y}\bigg|_{\mathrm{w}} = q_{\mathrm{w}}(x) \tag{2-37}$$

式中，δ_x 为在 x 处的热边界层厚度，m；ρ 为流体密度 kg/m³；c_p 为流体的定压比热容，J/(kg·K)；T 为流体温度，K；u 和 v 分别为流体在 x 和 y 方向的速度分量，m/s；λ 为流体介质的导热系数，W/(m·K)；$q_{\mathrm{w}}(x)$ 为 x 处的壁面热流密度，W/m²。

把式(2-37)第一个等号左边的对流项改写成矢量形式，即

$$\int_0^{\delta_x} \rho c_p (\boldsymbol{U} \cdot \nabla T)\mathrm{d}y = -\lambda \frac{\partial T}{\partial y}\bigg|_{\mathrm{w}} = q_{\mathrm{w}}(x) \tag{2-38}$$

式中，$\boldsymbol{U}$ 是流体的速度矢量，m/s；∇T 为流体温度梯度，K/m。

在速度矢量的表达式中引入流体温度 T_∞ 和流体速度 $\boldsymbol{U}_\infty$，从而得到无因次

变量。

$$\bar{U} = \frac{U}{U_\infty}, \quad \nabla\bar{T} = \frac{\nabla T}{(T_\infty - T_{\mathrm{w}})/\delta}, \quad \bar{y} = \frac{y}{\delta}, \quad T_\infty > T_{\mathrm{w}} \tag{2-39}$$

式中，T_{w} 为壁面温度，K；δ 为边界层厚度，m。

将式(2-39)代入式(2-38)中，整理得

$$Re_x Pr \int_0^1 (\bar{U} \cdot \nabla\bar{T})\mathrm{d}\bar{y} = Nu_x \tag{2-40}$$

式中，Re_x 为 x 处的雷诺数；Pr 为普朗特数；Nu_x 为 x 处的努塞尔数。

式(2-40)中被积分因子可以写成：

$$\bar{U} \cdot \nabla\bar{T} = |\bar{U}||\nabla\bar{T}|\cos\beta \tag{2-41}$$

式中，β 为速度矢量和热流矢量的夹角，即协同角。

可以从式(2-40)和式(2-41)看出，强化传热的途径有三种，即用增加流速、缩小管道直径等方法来提高雷诺数；增加流体的定压比热容或黏度等方法来提高普朗特数；增加无因次积分 $\int_0^1 (\bar{U} \cdot \nabla\bar{T})\mathrm{d}\bar{y}$ 的方法来强化传热，该无因次积分不仅与速度矢量和温度梯度的绝对值相关，还取决于两者之间夹角。在速度矢量和温度梯度一定的条件下，减小速度矢量与温度梯度之间的夹角($\beta<90°$)，可以增大 Nu，达到强化传热的目的。

在设计换热设备的强化传热时，翅片得到广泛的应用。翅片在强化传热中的主要作用是增大传热面积[60]，增强对流体的扰动，从而减小热阻，因此翅片也常称为扩展面积。通过场协同理论分析可知，翅片除了具有增大换热面积的作用之外，还可以通过减小速度矢量和温度梯度之间的夹角进行强化传热。

(2) 用户自定义函数 UDF。用户自定义函数 UDF 是 FLUENT 软件提供的一个用户接口，用户可以通过它与 FLUENT 软件的内部数据进行交流，从而解决一些标准 FLUENT 模块不能解决的问题。在分析场协同理论对翅片强化传热问题时，需要计算场协同角，实际在 FLUENT 软件中并不存在场协同角。

(3) 模拟计算结果。场协同角(简称协同角)变化最激烈的范围是翅片管表面处空气域，翅片管外表面即为空气与翅片管的接触面，通过研究接触面的协同角以优化翅片结构。从 FLUENT 软件中导出翅片管外表面协同角，并求出协同角的平均值，在不同空气进口速度下，协同角与翅片数的关系如图 2-36 所示。

通过对图 2-36 分析可得，翅片数越少协同角越小，前面已经提到协同角越小，强化换热效果越好；进口速度越大协同角越小，场的协同性就越好，因而能进一步强化换热，而这一结论与宋富国等[60]关于翅片协同角的结论是相反的，主要由于本小节给的是定热流量为边界条件，而宋富国等给的边界条件则是恒

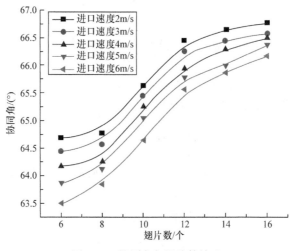

图 2-36　协同角与翅片数关系

壁温，即是由边界条件不同引起的。

　　综上所述，由场协同理论得出的翅片数越少协同角越小，强化传热效果越好。单从场协同角度分析，翅片越少对换热越有利；同时翅片数越少加热箱进口压差也越小，耗能也就越小；但是翅片数越少，换热面积也越小，换热也越差；综合加热箱出口温度、压降及场协同理论得出翅片最佳数量为 8 个。

2.4　非金属管式平板集热器

　　非金属管式平板集热器是指用塑料等非金属材料替代金属材料制作集热器的集热管，以降低集热器的重量，节省材料成本，减少集热管路腐蚀，提高集热器与建筑的结合性。非金属管式平板集热器在太阳能热利用领域具有很大的应用潜力。早在 20 世纪 80 年代，已有研究者提出非金属太阳能集热器的概念。近年来，随着太阳能集热器在建筑一体化用量的增加，非金属太阳能集热器又被重新重视和研究。新研制的非金属集热管采用高分子聚合物材料制作[61]，替代普通塑料，研究重点集中在集热器的结构参数优化和集热性能提高方面。2014 年，Carlsson 等[62]采用聚合物材料制作太阳能集热管，将其应用到太阳能加热系统中，并与传统平板集热器和真空管集热器的使用周期进行对比，结果显示，采用聚合物材料制作的集热器对气候和环境的适应效果最佳。

　　本节以平板集热器的效率因子 F' 及热迁移因子 F_R 的表达式为基础[54]，推导出非金属管式平板集热器的 F' 及 F_R 的表达式，并对影响 F_R 的主要因素和规律进行分析；设计、制作非金属管式平板集热器，并对集热器的瞬时集热效率进行测量；以试验测得的瞬时集热效率为样本，建立预测集热器出口热流体温度 $T_{f,o}$ 的 BP(back propagation)神经网络模型。

2.4.1 结构参数对热迁移因子的影响

由能量平衡关系可知，集热管内被加热流体的有效得热量 Q_u 等于集热管获得的太阳辐照量减去其向环境的散热量，即

$$Q_u = A_c S - A_c U_L (T_{p,m} - T_a) \qquad (2\text{-}42)$$

式中，A_c 为集热器采光面积，m^2；S 为单位吸热面上接收到的太阳辐照度，W/m^2；U_L 为集热器对于环境的总热损失系数，$W/(m^2 \cdot K)$；$T_{p,m}$ 为集热面的平均温度，K；T_a 为环境温度，K。

式(2-42)中，由于集热面的平均温度 $T_{p,m}$ 不易通过测量或计算获得，而进入集热器的流体温度 $T_{f,i}$ 却容易测得，因此在式(2-42)中，用 $T_{f,i}$ 替代 $T_{p,m}$，同时引入热迁移因子 F_R 作为修正系数，则式(2-42)可表示为

$$Q_u = A_c F_R \left[S - U_L \left(T_{f,i} - T_a \right) \right] \qquad (2\text{-}43)$$

在平板集热器单根集热管的长度方向取微元体，通过建立微元体的能量平衡微分方程，再结合边界条件求解，可以得到 F_R 的表达式为[54]

$$F_R = \frac{\dot{m} c_p}{A_c U_L} \left[1 - e^{-A_c U_L F'/(\dot{m} c_p)} \right] \qquad (2\text{-}44)$$

式中，$\dot{m}$ 为集热管中工质的质量流量，kg/s；c_p 为工质的定压比热容，$kJ/(kg \cdot K)$；F' 为平板集热器的效率因子[54]，考虑到壁面热阻的影响，F' 可表示为

$$F' = \cfrac{\cfrac{1}{U_L}}{W \left\{ \cfrac{1}{U_L \left[D_o + (W - D_o) \eta_f \right] + \cfrac{1}{c_b} + \cfrac{1}{\pi D_i h_{f,i}} + \cfrac{\ln(D_o / D_i)}{2\pi k}} \right\}} \qquad (2\text{-}45)$$

式中，c_b 为集热管、板在焊接处的导热系数，$W/(m \cdot K)$，$c_b = K_b b / \gamma$，其中 K_b 为焊接材料的导热系数，$W/(m \cdot K)$，b 为焊接处的平均宽度，m，γ 为焊接处的平均厚度，m；D_i、D_o 分别为集热管内、外径，m；W 为集热管的管间距，m；η_f 为集热管的翅效率；$h_{f,i}$ 为集热管壁与管内流体间的对流换热系数，$W/(m^2 \cdot K)$；k 为集热管壁材料的导热系数，$W/(m \cdot K)$。

从式(2-45)可知，集热板管间距 W 和管外径 D_o 是影响效率因子 F' 的关键参数。对于由高导热系数制成的集热管，集热管壁的导热热阻项通常可忽略。

　　为了对采用不同非金属管壁材料时的 F_R 进行比较，取 3 种不同铝塑管壁材料，其导热系数 k 分别为 0.869W/(m·K)、1.811W/(m·K)、3.743W/(m·K)。此外，取集热管外径 D_o 为 10mm，管内径 D_i 为 7mm，管壁厚 δ 为 1.5mm，管长 L 为 1m，工质水的质量流量 $\dot{m}$ 为 0.01kg/s，平均太阳辐照度 I 为 800W/m²，集热器总热损失系数 U_L 为 8W/(m²·K)，管内对流换热系数 $h_{f,i}$ 为 300W/(m²·K)，水进入集热器的温度 $T_{f,i}$ 为 288.15K，环境温度 T_a 为 293.15K。

　　由式(2-45)计算得到不同材料导热系数下 F_R 随 W 的变化关系如图 2-37 所示[63]。由图 2-37 可知，随着管间距 W 的减小，F_R 逐渐增加；相同 W 下，管壁导热系数 k 越大，F_R 越高；当 W 趋近于 D_o 时，F_R 趋近于最大值，翅效率 η_f 趋近于 1，此时集热器的管-板式集热结构退化为密排管束结构，材料的导热系数 k 对 F_R 的影响很小，此时即使采用导热系数 k 很小的非金属材料替代金属材料，其 F_R 值及集热性能几乎无差别。

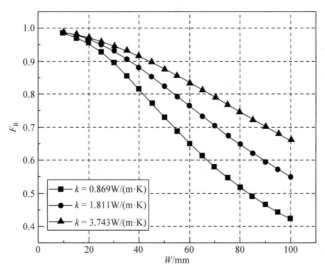

图 2-37　不同材料导热系数下 F_R 随 W 的变化

　　以 5mm 为间距，分别取 D_o = 10mm、15mm、20mm、…、60mm，管壁厚 δ = 3mm，通过式(2-44)和式(2-45)计算得到 F_R 随 D_o 的变化如图 2-38 所示。从式(2-45)及分析可知，D_o 对管内对流换热热阻及管壁导热热阻都有影响。D_o 增大时，管内对流换热热阻减小，而管壁导热热阻增大。式(2-44)中，D_o 对 F_R 的影响隐含在 F' 中，而 F_R 与 F' 是指数关系，因此在图 2-38 中，随着 D_o 的增大，F_R 是先增大而后逐渐减小的。

2.4.2　非金属管式平板集热器性能测试

　　根据图 2-37 的结论，选用导热系数小的聚乙烯铝塑管材制作集热管束，在

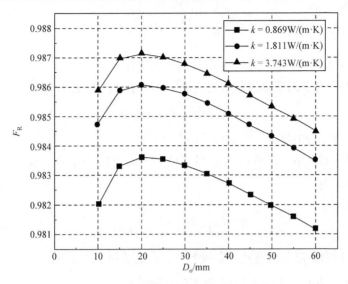

图 2-38　不同材料导热系数下 F_R 随 D_o 的变化

管束外表面喷涂选择性吸收涂层。非金属管式平板集热器结构示意图见图 2-39。

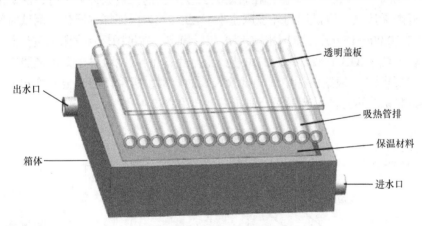

图 2-39　非金属管式平板集热器结构示意图

1. 试验系统

"准稳态法"是室外测试集热器热性能的基本方法[64]，要求集热器进、出口温差随晴天太阳辐照度的变化足够缓慢[65-66]。国标《太阳能集热器热性能试验方法》(GB/T 4271—2007)[67]中规定了平板集热器的测试条件和方法。

在热平衡状态下，集热器中工作介质的有效得热量 Q_u 与集热器总散热损失之和等于集热器吸收的总能量。集热器瞬时集热效率 η 是指在微小时间段内，集热器中工质的有效得热量 Q_u 与照射到集热器上表面的太阳辐照量 $A_c G_T$ 之比。

$$\eta = \frac{Q_\mathrm{u}}{A_\mathrm{c} G_\mathrm{T}} \times 100\% \tag{2-46}$$

式中，G_T 为集热器倾斜表面上接收到的太阳辐照度，$\mathrm{W/m^2}$。

根据工质进、出集热器前后的能量平衡关系，Q_u 可表示为

$$Q_\mathrm{u} = \dot{m} c_p (T_\mathrm{f,o} - T_\mathrm{f,i}) \tag{2-47}$$

式中，$T_\mathrm{f,i}$、$T_\mathrm{f,o}$ 为工质进、出集热器的温度，K。

由于 $S = G_\mathrm{T} (\tau\alpha)_\mathrm{e}$，将此关系与式(2-43)和式(2-46)结合，经过整理和变换后，η 可表示为[55]

$$\eta = F_\mathrm{R} \left[(\tau\alpha)_\mathrm{e} - U_\mathrm{L} \frac{T_\mathrm{f,i} - T_\mathrm{a}}{G_\mathrm{T}} \right] \tag{2-48}$$

式中，$(\tau\alpha)_\mathrm{e}$ 为集热器的有效透射吸收率，在试验范围内，视 $(\tau\alpha)_\mathrm{e}$ 和 U_L 不随时间发生变化，则 η 与 $(T_\mathrm{f,i} - T_\mathrm{a})/G_\mathrm{T}$ 近似为直线关系。

试验过程中，要求集热器采光面上的太阳辐照度不低于700W/m²，环境风速不高于 4m/s。因此，本试验选在晴朗无云及少云的天气条件下进行，测试地点周围开阔无遮挡，测试期间环境风速小于 2m/s，为保证样本质量，测试时间段选择在 10:00～15:00，此时太阳辐照度相对稳定，满足国标《太阳能集热器热性能试验方法》(GB/T 4271—2007)中规定的准稳态测试试验对于太阳辐照度的变化范围要求[56]。根据国标中闭式试验系统的要求，所设计的非金属管式平板集热器试验系统示意图及装置图分别如图 2-40 和图 2-41 所示。

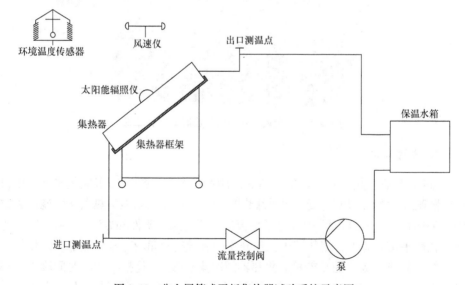

图 2-40　非金属管式平板集热器试验系统示意图

图 2-41　非金属管式平板集热器试验系统装置图

2. 试验结果及分析

试验中，集热器正面朝南放置，分别在不同工质质量流量 $\dot{m}$ 下进行瞬时集热效率 η 的测量，每隔 3min 记录一组试验数据。当 $\dot{m} = 0.165$kg/s 时，部分测量值见表 2-4 所示。

表 2-4　非金属管式平板集热器的性能测量值

时刻	$T_{f,i}$/K	$T_{f,o}$/K	G_T/(W/m²)	T_a/K
14:53	310.0	310.8	813	308.0
14:56	311.1	311.8	830	307.9
14:59	311.7	312.5	813	308.0
15:02	312.1	312.8	810	307.7
15:05	312.8	313.5	820	307.8
15:34	317.8	318.5	850	307.5
15:36	318.3	318.8	720	307.3
15:39	318.4	319.0	754	307.4
15:42	318.6	319.2	780	307.4

利用式(2-47)、式(2-48)可计算每组数据对应的有效得热量 Q_u 和 η。

定义过余温度 T^* 为

$$T^* = \frac{T_{f,i} - T_a}{G_T} \tag{2-49}$$

试验所得的 η 曲线如图 2-42 所示。图 2-42 中拟合曲线的数学表达式为

$$\eta = 0.627 - 9.691T^* \tag{2-50}$$

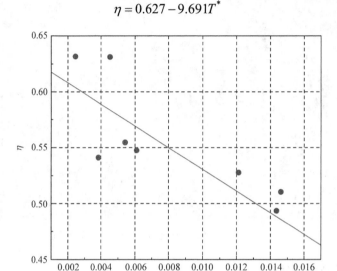

图 2-42　非金属管式平板集热器瞬时集热效率随过余温度变化关系

由图 2-42 可知，随着过余温度 T^* 的增大，非金属平板集热器瞬时集热效率 η 逐渐降低，即热损失越来越大，这与金属平板集热器的 η 随 T^* 的变化趋势一致。

比较式(2-48)与式(2-50)可知，图 2-42 的截距 $F_R(\tau\alpha)_e$ 为 0.627，试验采用的透明面盖的透射率 τ 为 0.92；考虑涂料喷涂过程的不均匀性，以及集热管表面粗糙度等因素，取选择性吸收涂层的吸收率为 0.88。参考文献[54]计算得，有效透射-吸收率 $(\tau\alpha)_e = 0.85$。于是计算得 $F_R \approx 0.738$；η 拟合直线斜率的绝对值 $F_R U_L = 9.691$，由 F_R 可算出 $U_L = 13.1 \mathrm{W/(m^2 \cdot K)}$。在图 2-42 的试验范围内，得到平均集热效率 $\bar{\eta}$ 为 0.54。

此外，在质量流量 $\dot{m}$ 分别为 0.134kg/s、0.095kg/s 时进行试验，试验数据的处理方式与表 2-4 类似，即先得出每组数据的瞬时集热效率及其过余温度，再将上述数据进行线性拟合，得到拟合表达式。不同质量流量下得到的 η 随 T^* 的变化关系如图 2-43 所示，由图可知，质量流量越大，相同 T^* 下，η 越大，对应的 F_R 越大，即总散热损失相对越低。

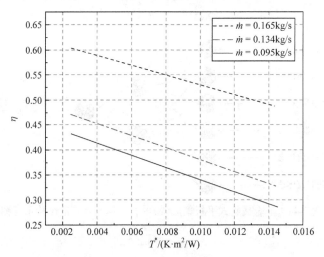

图 2-43　不同质量流量下非金属管式平板集热器瞬时集热效率随过余温度的变化

2.4.3　集热器出口流体温度的神经网络预测

人工神经网络是一个由大量简单的处理单元来模拟人脑神经系统进行学习和数学处理的网络模型，现已在能源动力等领域中有广泛应用[68-71]。

BP 神经网络是一种按照误差逆向传播算法训练的神经网络，通常由输入层、隐含层和输出层神经元构成。样本信息通过输入层引入模型，经过隐含层计算后正向传递至输出层，误差则通过逆向传播不断修正每一层的连接权值及阈值。BP 神经网络具有结构简单、计算量小等优点，是应用最广泛的人工神经网络。

1. BP 神经网络

本小节采用非金属管式平板集热器性能试验获得的 132 组数据，从中随机选取 105 组作为训练数据集，进行 BP 神经网络模型训练，剩余的 27 组数据作为测试数据集，用于泛化能力分析。所谓泛化能力，即对训练数据集中不存在的新样本的适应能力，是对模型性能评价的重要指标。

根据非金属管式平板集热器的理论分析及试验结果，选择 BP 神经网络模型输入层的特征参数是云形、太阳辐照度、环境风速、环境温度、集热器进口流体温度和速度 6 个参数；输出层神经元特征变量设置一个，即集热器出口流体温度 $T_{f,o}$。非金属管式平板集热器 BP 神经网络计算的结构示意图如图 2-44 所示。

由于中间隐含层神经元数量选择得较少会使得预测误差较大；数量选择较多，则会消耗太多的计算资源，并易引发“过拟合”等问题。因此，隐含层神经元数量的选择通常是进行多次试算，综合考虑计算精度、计算量，同时还要考虑泛化误差。此外，许多学者使用一组用于计算隐含层神经元数量[72]的经验公式，即

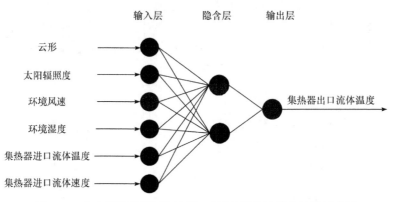

图 2-44　非金属管式平板集热器 BP 神经网络计算的结构示意图

$$m = \sqrt{n+l} + a \qquad (2\text{-}51)$$

$$m = \log_2 n \qquad (2\text{-}52)$$

$$m = \sqrt{n \cdot l} \qquad (2\text{-}53)$$

式中，m 为隐含层节点数量；n 为输入层节点数量；l 为输出层节点数量；a 为
1～10 的随机整数。由于输入层神经元数量为 6，输出层神经元数量为 1，则由
式(2-51)～式(2-53)可知，隐含层神经元数范围为 2～12。最后，结合多次试算，
确定合适的隐含层神经元数。

2. 泛化性能分析

通过增加迭代步数可降低测试误差，以训练集均方误差为参考。测试得知，
在计算的开始阶段训练误差下降梯度较大，当达到 200 步后下降逐渐变缓，在达
到 1400 步后，增加迭代步数对于训练误差的降低收益不大。

如图 2-45 所示，利用"试算法"，改变学习率及训练次数，得出在隐含层神
经元数量为 2，学习率为 0.25，相对最小的测试均方误差 1.310×10^{-5}。

神经网络模型部分预测值与试验值的对比如图 2-46 所示。根据对比可以得
出，在该模型参数下的泛化误差为 0.18，即预测精度为 0.82。

通过非金属管式平板集热器结构参数对热迁移因子 F_R 影响规律的分析，得
出随着管间距 W 的增大，F_R 逐渐降低；管外径 D_o 增大时，对流换热热阻减小，
而管壁导热热阻增大，二者相互影响，使得随着 D_o 的增大 F_R 先增大后降低，在
本节的研究参数条件下，极值出现在管外径为 20mm 处；通常条件下，当结构参
数相同时，非金属材料的导热系数越高，对应的 F_R 越大，而当 W 趋近于 D_o 时，
F_R 趋近最大，此时集热管导热系数对 F_R 的影响甚微。

在"准稳态"测试条件下测量了非金属管式平板集热器的瞬时集热效率，当
工质质量流量 $\dot{m}$ 为 0.165kg/s 时，得出 F_R 约为 0.738，平均集热效率 $\bar{\eta}$ 为 0.54。

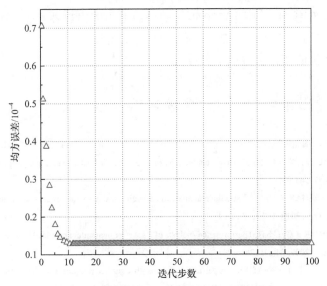

图 2-45　训练数据均方误差随迭代步数的变化

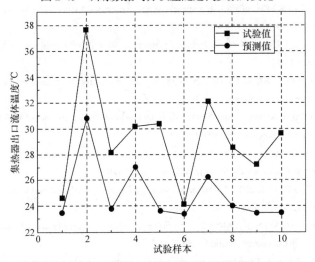

图 2-46　神经网络模型部分预测值与试验值的对比

工质流量增高，流体与集热管的对流换热增强，则集热器的 F_R 及 $\bar{\eta}$ 越高。

　　基于非金属管式平板集热器瞬时集热效率测量试验数据，训练得到关于集热器流体出口温度预测的 BP 神经网络模型，其中输入层、隐含层和输出层神经元数量分别为 6、2 和 1，当学习率为 0.25 时，最终均方误差为 1.310×10^{-5}，准确度为 0.82。

　　以低导热系数的塑料管制作管式平板集热器为例，每平方米的生产成本约为 400 元，而传统金属平板集热器每平方米的生产成本约为 500 元。据中国太阳能热利用产业联盟统计，中国 2020 年新增平板太阳能集热器 695.4 万 m²，若全部以塑料管制作的管式平板集热器替代传统金属集热器，全年可节省生产成本近 7 亿元，经济价值和社会价值十分可观。

参 考 文 献

[1] 谢文韬. 菲涅尔太阳能集热器集热性能研究与热迁移因子分析[D]. 上海: 上海交通大学, 2013.

[2] PRASAD K, MULLICK S C. Heat transfer characteristics of a solar air heater used for drying purposes[J]. Applied Energy, 1983, 13(2): 83-93.

[3] HEYDARI A, MESGARPOUR M. Experimental analysis and numerical modeling of solar air heater with helical flow path[J]. Solar Energy, 2018, 162: 278-288.

[4] KUMAR S, SAINI R P. CFD based performance analysis of a solar air heater duct provided with artificial roughness[J]. Renewable Energy, 2009, 34(5): 1285-1291.

[5] DAS B, MONDOL J D, DEBNATH S, et al. Effect of the absorber surface roughness on the performance of a solar air collector: An experimental investigation[J]. Renewable energy, 2020, 152: 567-578.

[6] PRASAD B N, SAINI J S. Effect of artificial roughness on heat transfer and friction factor in a solar air heater[J]. Solar Energy, 1988, 41(6): 555-560.

[7] PRASAD B N, SAINI J S. Optimal thermo hydraulic performance of artificially roughened solar air heaters[J]. Solar Energy, 1991, 47(2): 91-96.

[8] GUPTA D, SOLANKI S C, SAINI J S. Heat and fluid flow in rectangular solar air heater ducts having transverse rib roughness on absorber plates[J]. Solar Energy, 1993, 51(1): 31-37.

[9] VERMA S K, PRASAD B N. Investigation for the optimal thermo hydraulic performance of artificially roughened solar air heaters[J]. Renewable Energy, 2000, 20(1): 19-36.

[10] SAHU M M, BHAGORIA J L. Augmentation of heat transfer coefficient by using 90 broken transverse ribs on absorber plate of solar air heater[J]. Renewable Energy, 2005, 30(13): 2057-2073.

[11] GUPTA D, SOLANKI S C, SAINI J S. Thermo hydraulic performance of solar air heaters with roughened absorber plates[J]. Solar Energy, 1997, 61(1): 33-42.

[12] MULUWORK K B, SAINI J S, SOLANKI S C. Studies on discrete rib roughened solar air heaters[C]. Proceedings of National Solar Energy Convention, Roorkee, 1998: 75-84.

[13] PATEL S S, LANJEWAR A. Experimental analysis for augmentation of heat transfer in multiple discrete V-patterns combined with staggered ribs solar air heater[J]. Renewable Energy Focus, 2018, 25: 31-39.

[14] MULUWORK K B. Investigations on fluid flow and heat transfer in roughened absorber solar heaters[D]. Roorkee: Indian Institute of Technology, 2000.

[15] JIN D X, ZHANG M M, WANG P, et al. Numerical investigation of heat transfer and fluid flow in a solar air heater duct with multi V-shaped ribs on the absorber plate[J]. Energy, 2015, 89(10): 178-190.

[16] MOMIN A, SAINI J S, SOLANKI S C. Heat transfer and friction in solar air heater duct with V-shaped rib roughness on absorber plate[J]. International Journal of Heat and Mass Transfer, 2002, 45(16): 3383-3396.

[17] SINGH S, CHANDER S, SAINI J S. Thermo-hydraulic performance due to relative roughness pitch in V-down rib with gap in solar air heater duct—Comparison with similar rib roughness geometries[J]. Renewable and Sustainable

Energy Reviews, 2015, 43: 1159-1166.

[18] KANTRAVI R, SAINI R P. Nusselt number and friction factor correlations for forced convective type counter flow solar air heater having discrete multi V shaped and staggered rib roughness on both sides of the absorber plate[J]. Applied Thermal Engineering, 2018: S135943111734989X.

[19] KARWA R. Experimental studies of augmented heat transfer and friction in asymmetrically heated rectangular ducts with ribs on the heated wall in transverse, inclined, V-continuous and V-discrete pattern[J]. International Communications In Heat and Mass Transfer, 2003, 30(2): 241-250.

[20] TANDA G. Heat transfer in rectangular channels with transverse and V-shaped broken ribs[J]. International Journal of Heat and Mass Transfer, 2004, 47(2): 229-243.

[21] AHARWAL K R, GANDHI B K, SAINI J S. Experimental investigation on heat-transfer enhancement due to a gap in an inclined continuous rib arrangement in a rectangular duct of solar air heater[J]. Renewable Energy, 2008, 33(4): 585-596.

[22] VARUN, SAINI R P, SINGAL S K. Investigation of thermal performance of solar air heater having roughness elements as a combination of inclined and transverse ribs on the absorber plate[J]. Renewable Energy, 2008, 33(6): 1398-1405.

[23] SHARMA S K, KALAMKAR V R. Experimental and numerical investigation of forced convective heat transfer in solar air heater with thin ribs[J]. Solar Energy, 2017, 147: 277-291.

[24] SAINI S K, SAINI R P. Development of correlations for Nusselt number and friction factor for solar air heater with roughened duct having arc-shaped wire as artificial roughness[J]. Solar Energy, 2008, 82(12): 1118-1130.

[25] THAKUR D S, KHAN M K, PATHAK M. Solar air heater with hyperbolic ribs: 3D simulation with experimental validation[J]. Renewable Energy, 2017, 113: 357-368.

[26] LEE D H, RHEE D, KIM K M, et al. Detailed measurement of heat/mass transfer with continuous and multiple V-shaped ribs in rectangular channel[J]. Energy, 2009, 34(11): 1770-1778.

[27] KARWA R, SOLANKI S C, SAINI J S. Heat transfer coefficient and friction factor correlations for the transitional flow regime in rib-roughened rectangular ducts[J]. International Journal of Heat and Mass Transfer, 1999, 42(9): 1597-1615.

[28] KARWA R, SOLANKI S C, SAINI J S. Thermo-hydraulic performance of solar air heaters having integral chamfered rib roughness on absorber plates[J]. Energy, 2014, 26(2): 161-176.

[29] LAYEK A, SAINI J S, SOLANKI S C. Second law optimization of a solar air heater having chamfered rib-groove roughness on absorber plate[J]. Renewable Energy, 2007, 32(12): 1967-1980.

[30] BHAGORIA J L, SAINI J S, SOLANKI S C. Heat transfer coefficient and friction factor correlations for rectangular solar air heater duct having transverse wedge shaped rib roughness on the absorber plate[J]. Renewable Energy, 2002, 25(3): 341-369.

[31] BARIK A K, MOHANTY A, SENAPATI J R, et al. Constructal design of different ribs for thermo-fluid performance enhancement of a solar air heater (SAH)[J]. International Journal of Thermal Sciences, 2020, 160: 106655.

[32] WANG D, LIU J, LIU Y, et al. Evaluation of the performance of an improved solar air heater with "S" shaped ribs with gap[J]. Solar Energy, 2020, 195: 89-101.

[33] KARIM M A, HAWLADER M. Development of solar air collectors for drying applications[J]. Energy Conversion and Management, 2004, 45(3): 329-344.

[34] 袁旭东, 田玫, 黄素逸. V 型太阳能空气集热器热过程的数值模拟[J]. 华中科技大学学报, 2001, 29(10): 86-89.

[35] REDDY J, DAS B, JAGADISH, et al. Energy, exergy, and environmental (3E) analyses of reverse and cross-corrugated

trapezoidal solar air collectors: An experimental study[J]. Journal of Building Engineering, 2021, 41: 102434.

[36] SAINI R P, VERMA J. Heat transfer and friction factor correlations for a duct having dimple-shape artificial roughness for solar air heaters[J]. Energy, 2008, 33(8): 1277-1287.

[37] BOPCHE S B, TANDALE M S. Experimental investigations on heat transfer and frictional characteristics of a turbulator roughened solar air heater duct[J]. International Journal of Heat and Mass Transfer, 2009, 52(11-12): 2834-2848.

[38] SHETTY S P, MADHWESH N, VASUDEVA KARANTH K. Numerical analysis of a solar air heater with circular perforated absorber plate[J]. Solar Energy, 2021, 215: 416-433.

[39] GUPTA M K, KAUSHIK S C. Performance evaluation of solar air heater having expanded metal mesh as artificial roughness on absorber plate[J]. International Journal of Thermal Sciences, 2009, 48(5): 1007-1016.

[40] OZGEN F, ESEN M, ESEN H. Experimental investigation of thermal performance of a double-flow solar air heater having aluminium cans[J]. Renewable Energy, 2009, 34(11): 2391-2398.

[41] HO C D, YEH H M, CHENG T W, et al. The influences of recycle on performance of baffled double-pass flat-plate solar air heaters with internal fins attached[J]. Applied Energy, 2009, 86(9): 1470-1478.

[42] RASHAM A M, AL-BAKRI B A R. Thermal performance of double-pass counter flow and double-parallel flow solar air heater with V-grooved absorber plate[C]. London: IOP Conference Series: Materials Science and Engineering, 2021, 1076: 012081.

[43] 贾斌广, 李晓, 刘芳, 等. 蛇形太阳能空气集热器流道布置的优化分析[J]. 可再生能源, 2019, 245(1): 34-39.

[44] SOPIAN K, SUPRANTO, DAUD W, et al. Thermal performance of the double-pass solar collector with and without porous media[J]. Renewable Energy, 1999, 18(4): 557-564.

[45] RAMADAN M, EL-SEBAII A A, ABOUL-ENEIN S, et al. Thermal performance of a packed bed double-pass solar air heater[J]. Energy, 2007, 32(8): 1524-1535.

[46] KANSARA R, PATHAK M, PATEL V K. Performance assessment of flat-plate solar collector with internal fins and porous media through an integrated approach of CFD and experimentation[J]. International Journal of Thermal Sciences, 2021, 165: 106932.

[47] EIAMSA-ARD S, PROMVONGE P. Numerical study on heat transfer of turbulent channel flow over periodic grooves[J]. International Communications in Heat and Mass Transfer, 2008, 35(7): 844-852.

[48] SARAVANAN A, MURUGAN M, REDDY M, et al. Thermo-hydraulic performance of a solar air heater with staggered C-shape finned absorber plate[J]. International Journal of Thermal Sciences, 2021, 168: 107068.

[49] 李彬, 王亮, 张录陆. 半圆形波纹吸热板太阳能空气集热器数值模拟[J]. 煤气与热力, 2019, 39(10): A13-A17, A23, B41-B42.

[50] SENTHIL R, KISHORE K K, ROHAN R K, JUNEJA A. Enhancement of absorptance of absorber surfaces of a flat plate solar collector using black coating with graphene[J]. Energy Sources, Part A: Recovery, Utilization, and Environmental Effects, 2021, 43(20): 2595-2608.

[51] NAIK N , SHEKAR K. Evaluation and comparison of performance of a solar pebble absorber collector with a conventional flat plate collector[J]. Materials Today: Proceedings, 2021, 52: 266-272.

[52] CHENG G, ZHANG L. Numerical simulation of solar air heater with V-groove absorber used in HD desalination[J]. Desalination and Water Treatment, 2011, 28(1-3): 239-246.

[53] KARIM M A, HAWLADER M. Development of solar air collectors for drying applications[J]. Energy Conversion and Management, 2004, 45(3): 329-344.

[54] 张鹤飞. 太阳能热利用原理与计算机模拟[M]. 2版. 西安: 西北工业大学出版社, 2004.

[55] 杨世铭, 陶文铨. 传热学[M]. 北京: 高等教育出版社, 2009.

[56] 喜文华, 魏一康, 张兰英. 太阳能实用工程技术[M]. 兰州: 兰州大学出版社, 2001.

[57] 殷志强, 唐轩. 全玻璃真空太阳集热管光-热性能[J]. 太阳能学报, 2001(1): 1-5.

[58] DUFFIE J A, BECKMAN W A. Solar Engineering of Thermal Processes[M]. New Jersey: John Wiley & Sons, 2006.

[59] 过增元, 黄素逸. 场协同原理与强化传热新技术[M]. 北京: 中国电力出版社, 2004.

[60] 宋富国, 屈治国, 何雅玲, 等. 低速下空气横掠翅片管换热规律的数值研究[J]. 西安交通大学学报, 2002, 36(9): 899-902.

[61] 吴嘉辉, 杨丽庭, 宋科明, 等. 聚合物太阳能集热材料研究进展[J]. 广东化工, 2011, 38(1): 91-93.

[62] CARLSSONA B, PERSSON H, MEIR M, et al. A total cost perspective on use of polymeric materials in solar collectors —— Importance of environmental performance on suitability[J]. Applied Energy, 2014, 125(15): 10-20.

[63] 张立琛, 王康博, 贾奕, 等. 非金属管式平板太阳能集热器研究[J]. 太阳能学报, 2022, 43(1): 497-502.

[64] 冯婧恒. 拉萨槽式太阳能集热器动态测试方法研究[D]. 唐山: 华北理工大学, 2019.

[65] 王勇, 段广彬, 丁海成, 等. 全流道式平板型太阳能集热器的试验研究与模拟分析[J]. 可再生能源, 2015, 33(12): 1762-1768.

[66] 侯宏娟, 王志峰, 杨勇平. 太阳集热器热性能测试方法研究进展[J]. 太阳能学报, 2009, 30(8): 1043-1048.

[67] 全国能源基础与管理标准化技术委员会. 太阳能集热器热性能试验方法: GB/T 4271—2007[S]. 北京: 中国标准出版社, 2008.

[68] 昝军才, 魏成才, 蒋可娟, 等. 基于 BP 神经网络的煤自燃温度预测研究[J]. 煤炭工程, 2019, 51(10): 113-117.

[69] 张霄, 钱玉良, 邱正. 基于蜻蜓算法优化 BP 神经网络的燃气轮机故障诊断[J]. 热能动力工程, 2019, 34(3): 26-32.

[70] 苏刚, 郝浩东, 席悦, 等. 遗传算法优化 BP 神经网络在太阳散射辐射估算领域的应用[J]. 天津城建大学学报, 2019, 25(2): 120-124.

[71] 黄伟, 常俊, 孙智滨. 基于 MEA-BP 神经网络的压气机特性曲线预测[J]. 重庆理工大学学报(自然科学), 2019, 33(2): 67-74.

[72] 沈花玉, 王兆霞, 高成耀, 等. BP 神经网络隐含层单元数的确定[J]. 天津理工大学学报, 2008(5): 13-15.

第 3 章　低温蒸馏法海水淡化

多效蒸馏法是一种可以多次利用水蒸气冷凝潜热的海水淡化技术，按照蒸馏温度可分为高温蒸馏和低温蒸馏两种。高温多效蒸馏工作温度在 90℃以上，系统总的传热温差大，且操作温度较高，含钙盐类化合物很容易发生沉淀，从而因结垢造成设备损坏。低温多效蒸馏(low temperature multi-effect distillation，LT-MED)的出现有效解决了高温多效蒸馏法换热器内的结垢问题。低温多效蒸馏的操作温度一般低于 70℃，可有效地减少海水中钙盐的析出量，且各效之间的传热温差小。依据多效蒸馏技术运行波动较小和能耗低的特点，可以扩大单机规模，建设大型海水淡化水厂，有效降低单位产水成本；开发新型的低成本传热元件，并使用传热性能好、耐腐蚀和抗垢材料，可降低后期运行维护成本，提高系统稳定性和经济性；与电厂共建，实现水电联产，也可与太阳能技术联合共建。

作为耗能最少的海水淡化方法之一，低温蒸馏的热源可采用太阳能或工业余热，把多个蒸发器相继串接并依次划分成若干效组。热源蒸气通入首效蒸发器，与给料海水进行换热，热源蒸气自身冷却、凝结；海水受热相变生成的二次蒸气输送至下一效组，再次加热浓缩后的海水。通过对二次蒸气的反复利用，最终可以获取到多倍于首效原蒸气量的淡化水[1]。

本章介绍低温多效蒸馏海水淡化工艺及其附属的无机热管低温蒸发-冷凝器、无机热管冷凝器、液-液气多相流引射器等部件，以及太阳能低温单效蒸馏法海水淡化及其蒸馏器面盖热损失分析。

3.1　低温多效蒸馏海水淡化的典型工艺

多效蒸馏是传统的海水淡化工艺，由于蒸发传热表面与海水接触，容易发生腐蚀和结垢，采用低温多效蒸馏海水淡化工艺有效地解决了此问题。

低压下蒸发温度低的蒸馏叫作低温蒸馏。由多个低温蒸馏单元组合而成的低温多效蒸馏，其第一效的最高蒸发温度不高于 70℃。此温度下海水中各种盐的溶解度随着温度的降低而升高，尤其以硫酸钙盐为典型，当蒸发温度降低时，蒸发表面的结垢现象减弱。同时，当蒸发温度低于 70℃时，蒸发表面盐类的结晶速率迅速降低，从而可避免或减缓设备结垢的产生。

低温多效蒸馏海水淡化技术主要有以下几方面优点[2]：

(1) 在实际操作过程中，海水的蒸发温度较低，从而阻碍或削弱装置的腐蚀和积垢。

(2) 进料海水的预处理比多级闪蒸简单，只需对进料海水使用筛网过滤和加入阻垢剂。

(3) 操作弹性大，可在设计值的 25%到 110%范围内生产淡水。

(4) 动力消耗小，可显著降低淡水生产成本。

(5) 热利用率高，随着蒸馏级数的增加，产水比可以达到 10 左右。

(6) 系统操作安全可靠。

低温多效蒸馏的工艺流程主要分为三种，即顺流、逆流和平流[2]。用于多效蒸馏系统的蒸发器类型通常有浸没管式、竖管蒸发式及横管薄膜式。根据工艺流程、工艺参数的不同，可选用不同类型的蒸发器。

图 3-1 为一种低温多效蒸馏装置的流程及结构。该装置分为五效，两组循环。前四效为热回收效，最后一效为排热效。从排热效出来的冷却海水大部分排走，小部分作为进料回到第三效和第四效在管外进行降膜蒸发，经过这三效浓缩过的盐水再打入第一和第二效继续蒸发，最后浓盐水经浓盐水泵排出。蒸馏水则是从第一效开始依次流经各效，最后由淡水泵送出[2]。

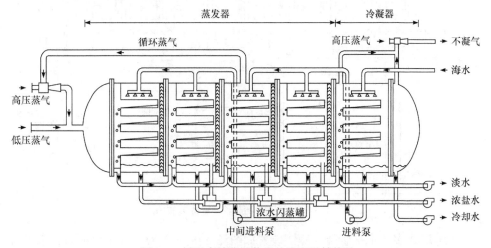

图 3-1　低温多效蒸馏装置的流程及结构[2]

目前常用的多效蒸馏装置类型有以下几种。

(1) 升膜多效蒸馏装置如图 3-2 所示，其特点是不需用泵将料液输送到上部，而是将加热蒸气的热能转化为动能，使液体上升，但是由于液柱的静压和两相流的阻力，在管的下部沸点升高较大，需要提高加热蒸气的温度和压力[2]。

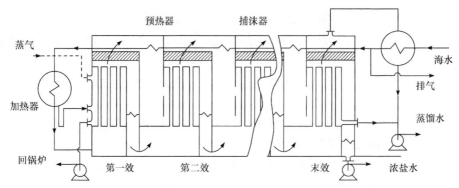

图 3-2　升膜多效蒸馏装置[2]

(2) 垂直管降膜多效蒸馏装置如图 3-3 所示，它可以控制各效盐水循环量大致相等，不受浓液因逐效浓缩而流量减少的限制，且不存在静液柱对蒸发的影响，因此对加热蒸气的温度、压力要求较低[2]。

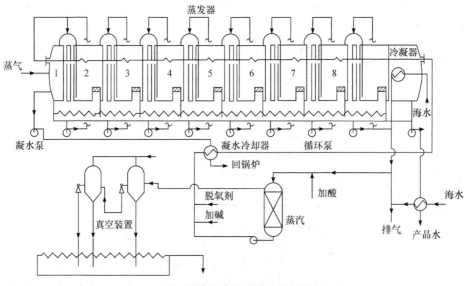

图 3-3　垂直管降膜多效蒸馏装置[2]

(3) 塔式多效水平管降膜蒸馏装置如图 3-4 所示。对于光滑管而言，水平管的传热系数是闪蒸的三倍，是竖直管蒸发装置的两倍；同时，显著降低了空间高度，增加了传热的有效温差[2]。

虽然随着新工艺、新技术的采用，低温多效蒸馏法海水淡化日益成熟，但是还存在一些问题，关键是在流体设备与新型传热设备的技术上并没有太大的突破。尤其是在传热设备上，采用传统传热元件的效率还比较低，寿命比较短。

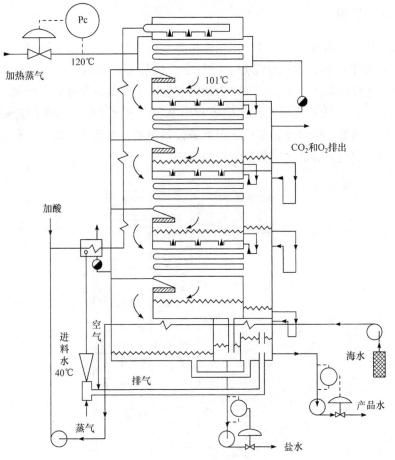

图 3-4　塔式多效水平管降膜蒸馏装置[2]

3.2　无机热管式低温多效蒸馏海水淡化工艺

　　传热元件是蒸馏法海水淡化装置中的主要部件，其传热性能直接影响装置的热利用率、产水量与外形尺寸大小。目前，蒸馏法海水淡化装置中大多使用的是光管、翅片管等传热元件，未见采用高效无机热管作为传热元件的方案。要提高装置的热利用率与产水能力、减小外形尺寸，需要采用传热能力更强的传热元件。高效无机热管是高效传热元件，它与一般热管的原理与传热效果均不相同。高效无机热管的工质由多种无机元素配成，将工质灌入管体或片状夹层内腔，经封闭抽真空而得，其传热能力(轴向达到 8600kW/m²)远高于普通热管。

3.2.1　工艺过程

无机热管是高效换热元件。采用无机热管换热时，冷、热流体只能在热管两端通过管外壁换热，根据此特点，设计了无机热管式低温多效蒸馏海水淡化装置，其工艺流程如图 3-5 所示[3]。为确定装置所需的蒸馏器效数，经过工艺计算得知：若采用二效蒸发工艺，热回收利用率和产水比较低；若采用四效蒸发工艺，第四效蒸馏器的产水量很少，但系统设备增加，操作难度增大。最终，通过比较得出，将装置设计为三效蒸发较为合理。

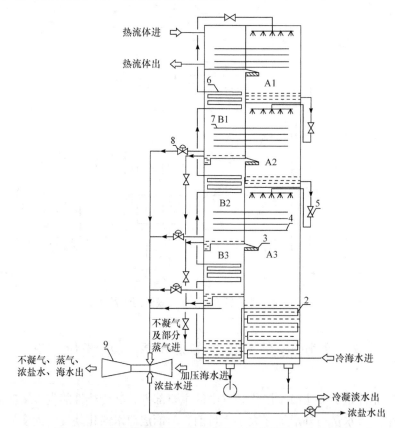

图 3-5　无机热管式低温多效蒸馏海水淡化装置工艺流程[3]

1-浓盐水排空阀；2-海水预热盘管；3-捕沫网；4-无机热管蒸发端；5-节流阀；6-海水预热蛇型盘管；7-无机热管冷凝端；8-真空度调节阀；9-多相流引射器；A-蒸发室；B-冷凝室

如图 3-5 所示，装置由上至下依次为第一、第二、第三效蒸馏器，每一效蒸馏器由蒸发室 A 和冷凝室 B 组成。在装置底部，经预处理的海水由泵输入系统中，依次被浓盐水和装置制取的淡水预热。真空泵装在第三效左端的淡水液面之上，根据装置的工作要求设定第三效的压力。每一效都装有节流阀，使每一效的压力下降一定的值，经浓盐水和冷凝淡水预热的海水自下而上依次流过每一效的蛇形盘管，由于盘管也起到了一部分冷凝作用，同时再次加热了海水，最终使得第一效的喷淋海水升高到一定温度。在第二效和第三效蒸馏器中，无机热管束的左端用于冷凝蒸发室的蒸气，称为冷凝端，无机热管束的右端用于蒸发上一效喷淋下来的海水，称为蒸发端。

在装置运行时，采用进口温度为 80℃的热流体作为热源，热流体通过无机热管将热量传给蒸发室 Al 中的无机热管，用于加热喷淋在无机热管表面的海水，使其部分蒸发，由于压力差蒸气由小孔流入第一效左端冷凝腔内，部分蒸气发生冷凝，冷凝的淡水沿蛇形管壁向下流动。同时，管内的海水吸收冷凝潜热并进行预热，其余部分蒸气与热管的冷凝端换热，冷凝成淡水，与在蛇形管上冷凝的淡水一起通过挡板处的小孔流到下一效。冷凝时蒸气释放潜热将热量传给无机热管，热量迅速从冷凝端传递到蒸发端，加热上一效喷淋下来的未被蒸发的海水，使其部分蒸发，再在压力差的作用下由小孔流入第二效左端的冷凝腔内，部分蒸气与蛇形管内海水换热，预热海水，相同的过程再次到第三效。流入到第三效的冷凝腔内的蒸气全部冷凝，将热量全部传给蛇形管内的海水。每一效的蒸气在冷凝腔里冷凝成淡水从小孔流下，最终通过泵从装置左侧的底部抽出。第三效喷淋下来的未被蒸发的浓盐水最终通过泵从装置右侧的底部抽出。该装置共有三效蒸馏器，按要求设计，产水量为 120～130kg/h。

低温多效蒸馏海水淡化装置运行时要保证系统内适当的工作压力，若压力太高，对应的蒸发温度就会比较高，不利于利用低温热源将海水加热蒸发；若压力太低，又会导致海水剧烈沸腾，蒸气中所含的盐水液滴太多，影响淡水的质量。

本装置将第三效的工作压力维持在 0.013MPa，每一效比下一效的压力高出0.003MPa，为了保持蒸馏器内合适的工作压力，还必须注意以下三点：

(1) 冷凝能力与蒸发量相匹配。如果冷凝能力下降必须有足以与蒸发量相适应的冷凝能力。如果冷凝能力下降，则会使工作压力升高，同时蒸发量过大，也会降低真空度。

(2) 真空泵应具有与装置运行相匹配的抽气能力。抽吸能力过大的真空泵会将大量蒸气抽走，影响装置的运行；而抽吸能力过小的真空泵不能及时地将蒸气抽入冷凝端，使其冷凝，会导致腔体内压力升高，产水量下降。本设计采用多相流引射器替代真空泵。

(3) 蒸馏装置要有良好的气密性。装置运行时，溶解在海水中的空气在海水蒸发过程中会释放出来，但在冷凝条件下空气无法凝结成液体，再加上装置不严密处渗漏进来的空气，因此抽取不凝气体的任务仍由真空泵完成。

3.2.2　工艺计算

1. 横管降膜冷凝和蒸发的一般理论

(1) 横管降膜冷凝。蒸气与低于所处状态下对应饱和温度的冷表面接触时，将从气态变为液态，这种现象称为冷凝。蒸气冷凝是海水淡化中经常遇到的一种相变传热过程。在管壳式热交换器中，冷凝过程通常是发生在管子的外表面上，在大多数冷凝器中，在管内接受热量的冷却介质为水。该工艺采用新型无机热管作为低温多效蒸馏器的主要换热元件，管内是一种无机超导材料。

根据冷凝液与冷表面的润湿程度，冷凝分为两种方式。第一种方式称为膜状冷凝，如果冷凝液容易润湿冷表面，则形成液膜，且在液膜上会进一步发生冷凝。冷凝潜热可以通过液膜传递到冷表面上。当单组分蒸气以此种方式进行冷凝时，研究发现，几乎全部传热热阻都集中在液膜中[4]。第二种方式称为滴状冷凝，当冷凝液不易润湿表面时，发生滴状冷凝，这时冷凝液成为附着在冷表面上的分散液滴。与膜状冷凝相比，热阻大大减小，传热系数明显增大。但后者的实现和保持比前者困难得多，因此工业上更常采用的仍是膜状冷凝。工业冷凝器通常也是根据仅发生膜状冷凝的假设而设计的。本节所讨论的低温多效蒸馏属于水蒸气在无机热管外表面的膜状冷凝情况。

(2) 横管降膜蒸发。降膜蒸发不同于沸腾，它是液体以液膜形式在横管加热表面存在，在降膜蒸发过程中，它也不受液体静压和过热区的影响，可以减小蒸发的有效驱动温度和热流量。随着热流量的增加和驱动温度的升高，传热系数还会进一步提高，横管降膜传热系数可以高达 $45kW/(m^2 \cdot K)$。

在横管降膜蒸发器的设计中，需要存在合理布置的管束间距，避免液体飞溅和偏移影响传热。因为从上层管到下层管的液体下落速度近似为 $\sqrt{2gH}$，所以增加管间距 H 能增加液膜动能，减小干燥区的形成趋势，但 H 太大会引起液体的飞溅。同时，由于蒸发空间存在横向气流的影响，下落液体会发生偏移，但液体若能撞击在邻近管上，就不会降低传热性能。

2. 主要工艺参数的确定

1) 蒸发器的总传热系数 K_e

蒸发器中使用的无机热管由紫铜制作，管内径 $d_i = 23mm$，外径 $d_o = 25mm$。由于无机热管内无明显的汽、液相转变过程，在计算中忽略热管内热阻。

换热管外蒸发端的对流换热系数 h_o 采用式(3-1)计算[6]:

$$h_o = 5.169 \times 10^{-11} \frac{\gamma g \rho_L^2 R^2}{\Delta T \mu_L} \left[\frac{\bar{\sigma}}{R} \right]^{-0.422 \Delta T^{0.53}} \times \left[1 + \frac{\sigma_{max} - \sigma_{min}}{\bar{\sigma}} \right]^{5.708} \tag{3-1}$$

式中, γ 为汽化潜热, J/kg; g 为重力加速度, 取 9.8m/s²; ρ_L 为管外蒸发端液相分量的密度, kg/m³; R 为传热管半径, 取 0.0125m; ΔT 为管外蒸发侧的温差, 取 2K; μ_L 为管外蒸发侧液相的动力黏度, kg/(m · s); $\bar{\sigma}$ 为平均液膜厚度, 查表取 0.4 × 10⁻³m; σ_{max} 为最大液膜厚度, 取 1.2 × 10⁻³m; σ_{min} 为最小液膜厚度, 取 0.2 × 10⁻³m。

由式(3-1)计算得到 h_o = 5561.5W/(m² · K)。计算表明, 由于各效之间压差不大, 由压差引起的第一、二、三效蒸馏器的蒸发端的 h_o 相对变化率小于 0.7%, 可近似认为各效 h_o 相等。

又因:

$$\frac{1}{K_e} = \frac{1}{h_o} + R_o \tag{3-2}$$

式中, R_o 为管壁污垢热阻, 取 0.86 × 10⁻⁴(m² · K)/W。将 h_o 代入式(3-2), 可计算出 K_e = 3762.1W/(m² · K)。

2) 蒸发器的热负荷 q_e

根据热平衡关系, 第一效蒸发器的热负荷 q_{e1} 为

$$q_{e1} = c_p m_1 \Delta T_1 + m_1 \gamma + c_p (m - m_1) \Delta T_1' \tag{3-3}$$

式中, m 为装置入口处的海水质量流量, kg/h; m_1 为第一效产生的蒸气产量, kg/h; ΔT_1 为第一效的温降, K; γ 为水的气化潜热, kJ/kg; $\Delta T_1'$ 为水蒸发后剩余海水被加热的温度变化量, K; c_p 为海水的定压比热容, kJ/(kg · K)。

3. 各效蒸馏器间压差对产水量的影响

假设海水进口温度、流量和热源水进口温度等保持不变, 第三效蒸馏器的工作压力为 0.013MPa, 相邻两效之间压差相等。

首先, 根据能量平衡关系计算得: 在一定压力下, 装置总产水量约为 127.0kg/h 时, 各效产水量分别约为 65.0kg/h、41.0kg/h 和 21.0kg/h。

根据以上计算结果, 可以假设: 第三效产生的 21.0kg/h 蒸气中, 有 1.0kg/h 被真空泵带走而损失, 而剩下 20.0kg/h 蒸气在蛇形管外冷凝成淡水。

依次计算相邻两效间压差取不同值时, 各效的实际产水量及总产水量。计算结果如表 3-1 所示。

表 3-1　不同压差下各效蒸馏器的产水量

| 参数 | 各效间压差ΔP/MPa | | | | | | |
| | 0.003 | | 0.004 | | 0.005 | | |
	第一效	第二效	第一效	第二效	第一效	第二效	第三效
各效压力/MPa	0.019	0.016	0.021	0.017	0.023	0.018	0.013
无机热管束冷凝产水量/(kg/h)	52.3	24.5	52.7	24.7	53.1	24.8	—
蛇形管冷凝产水量/(kg/h)	12.7	16.5	12.8	16.5	12.8	16.6	20.0
装置总产水量/(kg/h)	126.0		126.7		127.3		

由表 3-1 中的结果可知，当海水进口状态和热源温度不变时，增加相邻两效之间的压差，可使装置的总产水量略有增加。

4. 效间压差改变对蒸馏器参数的影响

当两效间压差改变时，每一效蒸馏器的工作压力和工作参数也发生改变。表 3-2 即以第一效蒸馏器为例，以蒸发压力 0.019MPa 为基准，列出了相邻两效之间取不同压差时，第一效蒸馏器在不同压力下的热负荷、产生的蒸气量，以及蒸发端无机热管表面对流换热系数的变化。

表 3-2　第一效蒸馏器的蒸发端在不同压力下的部分参数

| 参数 | 第一效压力/MPa | | |
	0.019	0.021	0.023
蒸发端热负荷/(10^5kJ/h)	1.954	1.963	1.972
热负荷的相对增加率/%	—	0.46	0.46
产生的蒸气量/(kg/h)	68.00	68.44	68.86
蒸气的相对增加率/%	—	0.65	0.61
蒸发端的 h_o/[W/(m² · K)]	5698.1	5824.1	5941.4
h_o 的相对增加率/%	—	2.2	2.0

从表 3-2 可知，随着第一效压力的增加，无机热管蒸发端表面对流换热系数增大，这是因为随着压力增加，饱和温度升高，液体的黏度下降，其在管表面的流速增加，液膜平均厚度降低；同时，随着饱和温度的升高，液体的表面张力减小，液体波动振幅增大。以上两者的共同作用使得蒸发端的换热加强。

同理，当蒸气在无机热管冷凝端冷凝时，随着压力的增加，液体黏度和液体表面张力减小，液膜厚度降低，热管表面冷凝换热系数也会增大。

3.3 无机热管低温蒸发-冷凝器

在图 3-5 所示的无机热管式低温多效蒸馏海水淡化装置中，无机热管束一端蒸发，一端冷凝。本节将对此类无机热管低温蒸发-冷凝器的传热过程进行试验研究。

3.3.1 无机热管低温蒸发-冷凝器设计

为了在负压下回收蒸气的冷凝潜热，将冷凝潜热传给待蒸发的海水，使部分海水蒸发，根据无机热管只能在管外表面进行换热的特点，初步设计了无机热管低温蒸发-冷凝器试验系统，其流程如图 3-6 所示[7]。

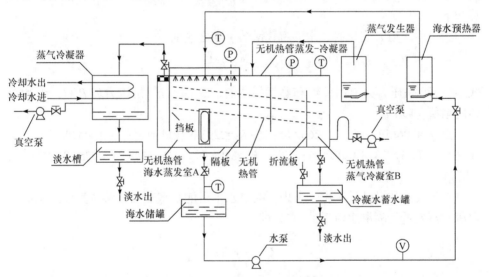

图 3-6 蒸发-冷凝器试验系统流程图[7]

试验系统主要由以下几部分组成：无机热管海水蒸发室 A、无机热管蒸气冷凝室 B、蒸气冷凝器、蒸气发生器、海水预热器、真空泵、冷凝水蓄水罐、管路及测量仪表等。

该蒸发-冷凝器中，无机热管被隔板分为两部分，较长的一端用作蒸气冷凝端，较短的一端作为海水蒸发端。在真空泵的抽吸下，由蒸气发生器产生的蒸气进入蒸气冷凝端(即无机热管内部的吸热端)，由于热管外表面温度较低，水蒸气迅速冷凝成饱和液态水，流入冷凝水蓄水罐。蒸气在冷凝过程中放出的热量通过热管传递到海水蒸发端(即无机热管内部的放热端)。在蒸发端，经过预热的海水被循环喷淋，热水在热管表面降膜蒸发产生蒸气，蒸气经过蒸气通道和除雾器，夹带的水分被脱除，沿管路进入蛇形管蒸气冷凝器中，被冷凝成淡水后进入冷凝水蓄水罐中，其热量被蛇形管中温度较低的循环水带走。

试验中，可以通过分别调节无机热管蒸气冷凝室、无机热管海水蒸发室内的真空度，蒸气发生器加热功率等参数，来改变试验系统的运行状况，分析不同工况对产水量的影响。

1. 蒸发-冷凝器的传热计算

设计计算的假设条件[8]：①由蒸气发生器产生的蒸气进入冷凝室时，处于饱和状态；②不考虑污垢热阻；③整个计算当中，忽略所有的热损失。

当蒸气冷凝室冷凝负荷 Q_c 为 3kW，蒸气冷凝室压力 P_{con} 为 0.02MPa，海水蒸发室压力 P_{eva} 为 0.015MPa 时，热管外表面的海水蒸发端和蒸气冷凝端长度计算如下。

当室内压力 P 变化时，水的汽化潜热 γ 随之改变：

$$\gamma = h^{s,v} - h^{s,l}$$

式中，$h^{s,v}$ 是压力为 P 时，饱和蒸气的焓值，kJ/kg；$h^{s,l}$ 是压力为 P 时，饱和液体的焓值，kJ/kg。

当 P=0.06MPa 时，γ=2652.85–359.84=2293.01(kJ/kg)；P = 0.04MPa 时，γ=2636.05–317.57=2318.18(kJ/kg)；P = 0.015MPa 时，γ = 2598.21 – 225.93= 2372.28(kJ/kg)。

在蒸发室的设计计算中，考虑到喷淋水不可能全部蒸发，参考其他经验值，取海水蒸发量为喷淋水流量的 1/7，即

$$Q = \frac{1}{7}\gamma \cdot \dot{m}$$

式中，Q 为蒸发室中海水蒸发时的吸热量，kW；γ 为水的汽化潜热，kJ/kg；$\dot{m}$ 为喷淋水的循环质量流量，kg/s。

由 $Q = \frac{1}{7}\gamma \times \dot{m}$ 得，$\dot{m} = \dfrac{7 \times 3000}{2372.28 \times 1000} = 0.00885$(kg/s)，若取 1h 为间隔，且产生的蒸气量能完全冷凝下来，则 1h 内的淡水产量 = 3600×0.00885 = 32(kg)。

1) 海水蒸发端、蒸气冷凝端换热系数的计算

水平管外降膜蒸发换热系数 α_{eva} 的计算采用 Sernas[9]关系式：

$$\alpha_{\mathrm{eva}} = C\lambda_{\mathrm{L}}\left(\frac{g}{\upsilon_{\mathrm{L}}^2}\right)^{\frac{1}{3}}\left(\frac{4\Gamma}{\mu_{\mathrm{L}}}\right)^{0.24}\left(\frac{\upsilon_{\mathrm{L}}}{a_{\mathrm{L}}}\right)^{0.66} \tag{3-4}$$

式中，λ_{L} 为液体导热系数，W/(m·K)；υ_{L} 为液体的运动黏度，m²/s；μ_{L} 为液体的动力黏度，kg/(m·s)；a_{L} 为液体的热扩散率，m²/s，$a_{\mathrm{L}} = \dfrac{\lambda_{\mathrm{L}}}{\rho c_p}$；$\Gamma$ 为喷淋密度，kg/(m·s)；C 为常数，当管外径 $D = 0.025\mathrm{m}$ 时，取 $C = 0.01925$[10]。

选取海水蒸发端饱和蒸气温度 $t_{\mathrm{s}} = 53.97\ ℃$，由《饱和水和饱和水蒸气热力性质表》[11]查得水在一个大气压及饱和温度下的定性参数如下。

导热系数：$\lambda_{\mathrm{L}} = 653.28\times10^{-3}\ \mathrm{W/(m\cdot K)}$；

密度：$\rho_{\mathrm{L}} = \dfrac{1}{V_{\mathrm{L}}} = \dfrac{1}{0.001014} = 986.19\ (\mathrm{kg/m^3})$；

运动黏度：$\upsilon_{\mathrm{L}} = 0.524\times10^{-6}\ \mathrm{m^2/s}$；

动力黏度：$\mu_{\mathrm{L}} = 524.4\times10^{-6}\ \mathrm{kg/(m\cdot s)}$；

热扩散率：$a_{\mathrm{L}} = \dfrac{\lambda_{\mathrm{L}}}{\rho c_p} = \dfrac{653.28\times10^{-3}\times0.001014}{4.205\times10^3} = 0.157\times10^{-6}\ (\mathrm{m^2/s})$。

假设无机热管海水蒸发端长度为 $l_{\mathrm{eva}} = 0.45\mathrm{m}$，则喷淋密度为

$$\Gamma = \frac{32}{2\times3\times0.45\times3600} = 0.0033[\mathrm{kg/(m\cdot s)}]$$

将以上参数数值代入式(3-4)可计算出：

$$\alpha_{\mathrm{eva}} = 0.01925\times653.28\times10^{-3}$$

$$\times\left[\frac{9.8}{0.524^2\times10^{-12}}\right]^{\frac{1}{3}}\left[\frac{4\times0.0033}{524.4\times10^{-6}}\right]^{0.24}\left[\frac{0.524\times10^{-6}}{0.154\times10^{-6}}\right]^{0.66}$$

$$= 1964[\mathrm{W/(m^2\cdot K)}]$$

水平圆管圆周表面的平均冷凝换热系数 α_{con} 为[12]

$$\alpha_{\mathrm{con}} = 0.725\times\left[\frac{\lambda_{\mathrm{L}}^3\cdot g\cdot\rho_{\mathrm{L}}\cdot(\rho_{\mathrm{L}}-\rho_{\mathrm{v}})\cdot\gamma}{\mu_{\mathrm{L}}\cdot(t_{\mathrm{s}}-t_{\mathrm{w}})\cdot d_{\mathrm{O}}}\right]^{\frac{1}{4}} \tag{3-5}$$

式中，t_{w} 为壁面温度，℃；t_{s} 为冷凝端饱和蒸气温度，℃；d_{O} 为热管外径，m；μ_{L} 为液体的动力黏度，kg/(m·s)；γ 为汽化潜热，kJ/kg；ρ_{L} 为液体的密度，kg/m³；ρ_{v} 为水蒸气的密度，kg/m³；λ_{L} 为液体导热系数，W/(m·K)。

选取蒸气冷凝端 $t_{\mathrm{s}} = 60.06\ ℃$，由《饱和水和饱和水蒸气热力性质表》查得饱和水和饱和水蒸气的性质如下(符号下标 L 表示饱和水，v 表示饱和蒸气)。

导热系数：$\lambda_L = 659.32 \times 10^{-3} \, \text{W/(m · K)}$；

水的密度：$\rho_L = 983.4 \text{kg/m}^3$；

水蒸气的密度：$\rho_v = 0.13075 \text{kg/m}^3$；

汽化潜热：$\gamma = 2356.88 \text{kJ/kg}$；

动力黏度：$\mu_L = 465.97 \times 10^{-6} \, \text{kg/(m · s)}$；

热管外径：$d_O = 0.025 \text{m}$。

将以上参数数值代入式(3-5)可计算出：

$$
\begin{aligned}
\alpha_{\text{con}} &= 0.725 \times \left[\frac{\lambda_1^3 g \rho_L (\rho_L - \rho_v) \gamma}{\mu_L (t_s - t_w) d_O} \right]^{\frac{1}{4}} \\
&= 0.725 \times \left[\frac{659.32^3 \times 10^{-9} \times 9.8 \times 983.4 \times (983.4 - 0.13075) \times 2356.88}{465.97 \times 10^{-6} \times (60.06 - t_w) \times 0.025} \right]^{\frac{1}{4}} \\
&= \frac{3490.46}{(60.06 - t_w)^{1/4}} [\text{W/(m}^2 \cdot \text{K)}]
\end{aligned}
\tag{3-6}
$$

2) 蒸发端与冷凝端热管长度的计算

无机热管的总传热方程为

$$
Q_{总} = K \cdot A_{\text{con}} \cdot \Delta t_m \tag{3-7}
$$

式中，$Q_{总}$ 为总传热量，kJ；K 为总传热系数，$K = \dfrac{1}{\dfrac{1}{\alpha_{\text{con}}} + \dfrac{A_{\text{con}}}{\alpha_{\text{eva}} \cdot A_{\text{eva}}}}$，

W/(m² · K)；A_{con} 为冷凝端的换热面积，m²；Δt_m 为对数平均温差，由蒸发端、冷凝端温差计算得到[13]，℃。在本试验中，蒸气冷凝室和海水蒸发室内部的水蒸气均为饱和状态，则 Δt_m 为蒸发端、冷凝端的温差，有：

$$
\Delta t_m = t_s - t_s' = 60.06 - 53.97 = 6.09 \, (\text{℃})
$$

则有：

$$
K = \frac{A_{\text{con}}}{\dfrac{1}{\alpha_{\text{con}}} + \dfrac{A_{\text{con}}}{\alpha_{\text{eva}} \cdot A_{\text{eva}}}} = \frac{Q_{总}}{\Delta t_m} = \frac{3000}{6.09} = 492.6 [\text{W/(m}^2 \cdot \text{K)}] \tag{3-8}
$$

假设壁面温度 $t_w = 58 \, \text{℃}$，则由(3-6)式可得出：

$$
\alpha_{\text{con}} = \frac{3490.46}{(60.06 - 58)^{1/4}} = 2914 [\text{W/(m}^2 \cdot \text{K)}]
$$

再设 $\dfrac{A_{con}}{A_{eva}}=\dfrac{4}{3}$ ，则由(3-7)式可得出：

$$A_{con}=492.6\times\left(\frac{1}{\alpha_{con}}+\frac{A_{con}}{\alpha_{eva}A_{eva}}\right)=492.6\times\left(\frac{1}{2914}+\frac{4}{1964\times 3}\right)=0.5(m^2)$$

由此可得。冷凝端管长 $L_{con}=0.64$ m，蒸发端管长 $L_{eva}=0.47$m。

由蒸发端、冷凝端传热平衡式：

$$\alpha_{eva}\cdot A_{eva}\cdot(t'_w-t'_s)=\alpha_{con}\cdot A_{con}\cdot(t_s-t'_w)$$

可求出，$t'_w=57.8\,^{\circ}\!C\approx t_w=58\,^{\circ}\!C$ 与假设基本相符。

同理，按照以上方法，计算不同冷凝负荷 Q_c、不同蒸发端压力 P_{eva}、冷凝端压力 P_{con} 下，蒸发端和冷凝端热管长度 L_{eva} 和 L_{con} 如表 3-3 所示。

表 3-3　不同冷凝负荷和压力下蒸发端与冷凝端热管长度(m)

P_{eva}、P_{con} /MPa	Q_c/W		
	1500	2000	2500
$P_{eva}=0.025$ $P_{con}=0.030$	$L_{eva}=0.34$ $L_{con}=0.48$	$L_{eva}=0.43$ $L_{con}=0.65$	$L_{eva}=0.51$ $L_{con}=0.82$
$P_{eva}=0.030$ $P_{con}=0.035$	$L_{eva}=0.43$ $L_{con}=0.52$	$L_{eva}=0.53$ $L_{con}=0.66$	$L_{eva}=0.62$ $L_{con}=0.86$

由表 3-3 可看出，随着冷凝负荷 Q_c、蒸发端压力 P_{eva} 和冷凝端压力 P_{con} 的增大，蒸发端和冷凝端热管长度 L_{eva} 和 L_{con} 随之增大。

2. 蒸发-冷凝器的结构设计

无机热管蒸发-冷凝器是试验系统的主要换热元件，在蒸气冷凝室，水蒸气在热管的表面凝结成冷凝水，释放潜热，同时热量通过热管传递到管子另一端的海水蒸发端。在蒸发端，喷淋下来的热水在热管表面产生蒸气，蒸气绕过折流板进入冷凝器，被循环流动的冷却水带走热量，完成换热过程。

1) 海水蒸发室

海水蒸发室的作用是保证从蒸气冷凝室传递过来的热量被充分利用。海水蒸发室采用的是喷淋方式，采用喷淋方式首先保证喷淋面不接触到热管蒸发端并与蒸发端保持一定的距离，同时要保证喷淋下来的水尽可能地覆盖到所有热管蒸发外表面上，这样可使喷淋下来的水在热管蒸发表面上形成热膜，提高换热系数[14]。

2) 隔板

在蒸发-冷凝器中，隔板的作用是将无机热管分隔成冷凝段和蒸发段，同时起到固定热管的作用。由于海水蒸发室内的压力小于蒸气冷凝室内的压力，隔板两侧存在压力差和温度差，要求隔板材料的导热系数不能太大，且隔板上的管孔周围要严格密封，防止两侧流体泄漏，避免对试验结果产生较大的影响[15]。

考虑到隔板作为管束的支撑，需要有较大的拉伸强度及刚度，并且由于长期使用，接触一定温度的蒸气和水，因此拟采用的材料要有较好的耐热变形性。另外，试验目的是探究无机热管在海水淡化应用中的前景，因此所用材料不仅无毒、无害，还要有一定的抗盐类腐蚀性能力[16]。综合以上各方面考虑，最初采用聚四氟乙烯作为隔板材料，但发现其在负压下长期工作后发生变形，造成两侧流体渗漏。因此，最终选用不锈钢板作隔板，板厚取 10mm。冷、热段隔板的直径略大于壳体内径，以便于安装法兰，保证系统的密封性。无机热管蒸发-冷凝器的热管与隔板如图 3-7 所示。

图 3-7　无机热管蒸发-冷凝器的热管与隔板

在冷、热段隔板上安装热管时，在热管与隔板安装位置的外表面锡焊上22mm 长的外螺纹，热管在插入管板的安装位置设计有密封圈，以保证试验中蒸发端与冷凝端流体不会相互渗漏[17]。

3) 壳体

根据无机热管蒸气冷凝室和海水蒸发室热管管束的布置，为使蒸气尽可能在热管表面换热，保证装置的平稳运行，减少整个壳体对内部热管换热的影响，壳体的外径不能太大[16]。无机热管蒸气冷凝室和海水蒸发室的壳体内径均为320mm，蒸气冷凝室壳体长度为 700mm，海水蒸发室壳体长度为 660mm。二者之间用法兰固定，中间夹隔板，隔板直径要略大于壳体直径，设计直径为340mm。

为了保证试验结果的可靠性，减少试验装置中热量的散失，分别在蒸气冷凝室外侧、海水蒸发室外侧、蒸气发生器和海水预热器外侧、蒸气冷凝器外侧及冷凝水蓄水罐外表面贴有 15mm 厚的黑色泡沫保温层，以减少外界与试验装置的换热。无机热管低温蒸发–冷凝器试验台如图 3-8 所示。

图 3-8　无机热管低温蒸发–冷凝器试验台

3.3.2　无机热管低温蒸发–冷凝器试验

本小节在已建立试验台的基础上，对无机热管低温蒸发–冷凝器的产水特性进行试验研究，分析产水量与海水蒸发室、蒸气冷凝室内压力差，以及蒸气发生器加热功率等参数的关系。

1. 蒸发–冷凝试验步骤

试验主要研究无机热管蒸发–冷凝器在负压下，一端蒸发、一端冷凝时的传热特性，通过充分回收蒸气的冷凝潜热，来提升装置整体的热利用率。

1) 低温蒸发–冷凝器试验台的密封性测试

试验台采用了功率为 120W、抽吸量为 1L/s 和功率为 370W、抽吸量为 0.5L/s 的两台真空泵，目的是使试验台腔体内真空度迅速提高，较快达到试验所需的负压状态。试验中主要研究海水蒸发室产蒸气量与真空度等因素的关系。试验台在工作时，蒸气冷凝室和海水蒸发室均处于真空状态，为保证系统运行的稳定性，需对试验台的密封性进行测试。

取抽吸量为 1L/s 的真空泵进行测试。开启真空泵，在开始的 3min 内，蒸发–冷凝器内的真空度非常快地上升；在 10min 时，蒸发–冷凝器内的真空度达到 0.084MPa，然后关闭真空泵。

2) 蒸发-冷凝器试验台的保温

试验台中蒸气发生器、海水预热器、蒸气冷凝室及海水蒸发室在运行时处于负压状态，为了有较强的抗压能力，采用钢板制作外壳。由于金属的导热性能比较强，这就要求在试验前对试验台中散热面进行保温。本试验台采用10mm厚的黑色泡沫作为保温层，用耐高温、防水的密封胶紧密粘贴在试验台中散热较强的外表面上，包括蒸气管道、蛇形管冷凝器和淡水槽。

通过测试，在0.04MPa的真空度下，室温23.0℃时，蒸气发生器内蒸气的温度为75.8℃，蒸发器外表面的壁温为72.6℃，保温层的表面温度只有31.0℃。贴上保温层后，可以大大减少热损失，提高试验台中热利用率。

3) 试验步骤

(1) 试验前对各测量用仪表进行归零调整。

(2) 在海水预热器中加入2/3容积的水，加热采用的是2000W(220V)标准电加热棒。蒸气发生器中同样加入一定量的水，加热采用的是3000W(220V)标准电加热棒，电加热棒通过调压变压器与电源相连。调压变压器采用的是德力西TDGC$_2$-5000VA型电阻调压变压器，调节范围为0～5000VA。

(3) 当海水预热器温度接近海水蒸发室压力下对应的饱和温度，蒸气发生器的温度接近蒸气冷凝室压力下对应的饱和温度时，打开喷淋水阀门，调节流量至设定值32L/h。同时，开启两台真空泵，通过调节蒸发端、冷凝端的阀门使两端真空度维持在试验设定的饱和压力下，开始计时，时间间隔为10min。

(4) 试验开始后，待各仪表读数稳定后，逐一记录喷淋水质量流量 $\dot{m}$ 、喷淋水进口温度 t_i 、喷淋水出口温度 t_o 、海水蒸发室压力 P_{eva} 、蒸气冷凝室压力 P_{con} 、海水蒸发室蒸气产量 m_{eva} 及蒸气冷凝室产水量 m_{con} ，并随时注意观察电压与喷淋水流量。

(5) 试验主要调节参数为海水蒸发室与蒸气冷凝室压力差、蒸气冷凝室冷凝负荷。蒸气冷凝室冷凝负荷通过调节变压器输出电压来实现。试验过程中，应保证蒸气发生器电加热棒两端的电压、蒸发端喷淋水质量流量，以及海水蒸发室、蒸气冷凝室压力均没有波动，维持各自的恒定值。

(6) 当试验中出现停水停电时，关停试验台，待水电恢复时，将该试验点重新操作记录，保证每个试验点的所有数据连续不间断，提高结果的可靠性。

2. 蒸发-冷凝试验数据

当 $P_{eva} = 0.035\text{MPa}$ ， $t_{eva} = 72.0℃$ ， $P_{con} = 0.05\text{MPa}$ ， $t_{con} = 81.0℃$ 时，试验测得 m_{eva} 和 m_{con} 随时间的变化，如表3-4所示。

表 3-4　P_{eva}、P_{con} 一定时 m_{eva} 和 m_{con} 随时间的变化

参数	测量次数			
	1	2	3	4
时间 t/min	10	20	30	40
海水蒸发室蒸气产量 m_{eva}/kg	0.152	0.153	0.132	0.128
蒸气冷凝室产水量 m_{con}/kg	0.322	0.313	0.325	0.319

由表 3-4 可以看出，当蒸发端压力 P_{eva}、冷凝端压力 P_{con} 及冷凝负荷 Q_c 均保持不变时，蒸气冷凝室产水量 m_{con}、海水蒸发室蒸气产量 m_{eva} 随时间的变化波动不大，而在单位时间内，m_{con} 与 m_{eva} 有一定出入。由 m_{con} 与 m_{eva} 之间的关系 $m_{con} \times \gamma_1 = m_{eva} \times \gamma_2$（$\gamma_1$、$\gamma_2$ 分别表示蒸气冷凝室、海水蒸发室内蒸气的汽化潜热，γ_1 略小于 γ_2）可知，单位时间内 m_{eva} 应略小于 m_{con}。

3. 影响产水量的因素分析

1) 试验数据分析

(1) 海水蒸发室蒸气产量与冷凝负荷之间的关系。当海水蒸发室压力 P_{eva}、蒸气冷凝端压力 P_{con} 一定时，由 $Q_c = m_{con} \times \gamma_1$ 可知，随着冷凝负荷 Q_c 的增大，单位时间内海水蒸发室蒸气产量随着冷凝负荷的增大呈线性增加。

(2) 海水蒸发室、蒸气冷凝室压力差与海水蒸发室蒸气产量的关系。当海水蒸发室压力保持不变，蒸气冷凝室压力提高时，两室的压力差增大，单位时间内海水蒸发室产生的饱和蒸气量也随之增加。这是因为随着两室压差的增大，两端温差随之增大，由 $Q_c = K \cdot \Delta t_m \cdot A_{con}$ 可知，在总传热系数 K、冷凝室换热面积 A_{con} 不变的情况下，Q_c 增大，则热管管束传给海水蒸发室的热量增大，因此蒸气产量增大。

2) 其他影响因素分析

在试验数据中，m_{eva} 与 m_{con} 存在偏差较大的主要原因是：海水蒸发室中喷淋水的不均匀，导致换热面与喷淋水未充分接触、换热，影响产水量。在以后的试验研究中，需要对喷淋器做进一步改进。然后是整个试验装置向环境散热造成热损失。在试验过程中还发现真空压力表、温度计读数略有波动，需要加强对无机热管蒸发-冷凝器试验台的密封。

试验中，蒸气产量的理论值和实际值存在偏差主要因为试验装置与周围环境存在温差，不可避免损失热量，这使得实际产生的蒸气量小于计算出来的由冷凝室传递到蒸发室的理论值。

通过以上分析可知，通过增强海水预热器、海水蒸发室和蒸气管道的保温效果，减少热损失，能提高试验结果的准确性。

3.4　无机热管冷凝器

在无机热管冷凝器中，海水蒸发及冷凝是在无机热管的表面上完成的，换热管束成近水平放置。因为无机热管换热器的结构和传热机理不同于常见的列管式换热器，而目前对于无机热管的蒸发对流换热系数 α_h 和冷凝对流换热系数 α_c 的计算还没有现成的公式可以采用，所以有必要对无机热管管外蒸发端和冷凝端表面的传热系数进行研究，探索其传热性能的计算关系，为设计与应用提供依据。

3.4.1　试验系统

设计的无机热管冷凝器试验系统如图 3-9 所示[18]。

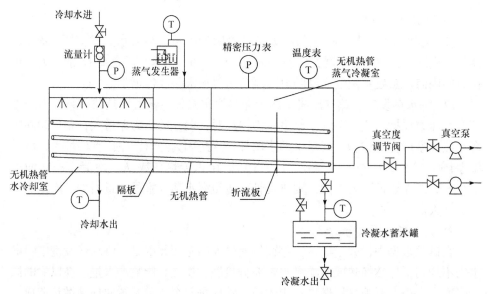

图 3-9　无机热管冷凝器试验系统示意图[18]

试验系统主要由以下几部分组成：无机热管水冷却室、无机热管蒸气冷凝室、蒸气发生器、真空泵及管路等。

在试验装置中，无机热管被隔板分为两部分，较长的一端用作蒸气冷凝，较短的一端作为水冷却部分。在工作状态下，由于冷凝部分腔体内处于一定的真空度下，压力比较低，温度相应较低。在真空泵的抽吸作用下，蒸气进入热管冷凝部分，由于热管外表面温度较低，蒸气迅速冷凝成饱和液体，进一步冷却成过冷液体流下并汇聚到冷凝水蓄水罐内，蒸气在冷凝冷却过程中放出的热量通过热管传递到冷却端，被温度较低的循环水带走。

在试验中，可以通过调节热管冷凝部分腔体内的真空度，蒸气发生器加热管的功率，以及冷却部分循环水的流量等几个参数，来分析不同工况对产水量的影响。无机热管冷凝器试验台如图 3-10 所示。

图 3-10　无机热管冷凝器试验台

3.4.2　主要部件

1. 无机热管蒸气冷凝端

无机热管蒸气冷凝端是整个试验装置中的核心部分。

1) 无机热管

无机热管是冷凝器试验台的主要换热元件。在冷凝端，蒸气在热管的表面凝结成冷凝水，释放潜热，同时热量通过热管传递到冷却端，喷淋下来的冷却水将热量带走，完成换热过程。试验采用的无机热管长 1m，管外径 25mm，壁厚 2mm，管材为纯铜，在管体内填充少量的无机粉末作为工作介质，抽真空后密封。无机热管比传统热管具有更优良的传热性能，且使用寿命长达 10 年以上。

在试验台安装前，对所用的无机热管进行检测，以确保每根热管都能达到试验要求。检测方法是：在热管的一端缠绕长约 20cm 的电阻丝，并贴有石棉保温，通电后加热热管，每 5min 记录一次热管两端的温度变化，试验结果如表 3-5 所示。

表 3-5　不同加热时间下无机热管两端温度对照表

加热时间/min	热管加热端温度/℃	热管另一端温度/℃
0	16	16
5	30	28
10	43	41
15	55	54
20	66	65
25	76	77

　　由表 3-5 可以看出，在无机热管的一端受热后，另一端的温度在很短时间内就能达到加热端的温度，表明无机热管不但传热速率极快，而且能达到壁面等温。

　　在无机热管冷凝器试验装置中，采用了 10 根经过测试的无机热管，为提高换热效率，将热管水平放置，管束按照等边三角形的方式排列，管束排列方式及尺寸如图 3-11 所示。管间距取管径的 3 倍，考虑到热量传递方向，冷凝放热一侧的热管略微比冷却水侧的热管低一些，倾斜角度为 3°。冷凝端管长取 66mm。

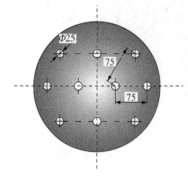

图 3-11　无机热管冷凝器管束
排列方式及尺寸(单位：mm)

　　2) 折流板

　　通过增设折流板，可以提升蒸气速度、加大湍动、改善传热，而且热管管束较重，为了防止由于管子振动对中间管板产生较大的应力，提高系统的运行寿命，拟在冷凝一侧腔体内设置折流板[19]。

　　常见的折流板有单弓形、双弓形和三重弓形等，本试验采用比较常见的单弓形折流板，根据试验装置中蒸气的流动路径，设置了两块折流板(折流板 A 与折流板 B)。两块折流板在冷凝腔体内等距布置，间距为 230mm，弓形缺口的高度一般为壳体公称直径 D_g 的 15%～45%，本试验装置中折流板的缺口高度设为 15%。设计冷凝腔的内径为 320mm，折流板的高度为 272mm。在折流板 B 下端开一个直角形缺口，作为蒸气冷凝下来的冷凝水的出口。同样，考虑到折流板在一定温度和湿度下长期使用的要求，采用聚四氟乙烯作为折流板材料，折流板的直径与冷凝腔体内的直径统一为 320mm，厚度为 5mm。

　　3) 冷凝水蓄水罐

　　由于装置的冷凝部分是在负压下工作，为了保证外界的空气不进入冷凝腔，对装置的运行产生影响，能收集到蒸气冷凝的淡水，设置了冷凝水蓄水罐，如

图 3-12 所示。通过蓄水罐上阀门的切换，可以保证在试验台连续运行情况下，正常地收集和排放冷凝水而不影响系统的平稳工作。

2. 无机热管水冷却端

无机热管水冷却端的作用是保证蒸气在冷凝腔体冷凝释放的热量在传递到冷却端后能被迅速带走，冷却能力直接影响到冷凝侧的换热效果。通常采用的水冷却方式是将冷却端注满水，通过水的不断循环将热量带走。但是这样做的换热效果并不好，由于水温分布不均匀，靠近热管的水温较高，其余部分水温偏低，总的传热系数并不高，而且在装置较大的时候，冷却水端蓄水量将会非常的大。以本节的试验为例，将冷却端的壳体直径由 320mm 增加到 400mm，蓄水量将由 21kg 增加到 46kg。基于以上考虑，在冷却水侧采用喷淋冷却方式。

图 3-12　冷凝水蓄水罐侧视图

喷淋冷却方式就是让冷却水进入预先制作并安装在冷却侧壳体内的蓄水盒内，蓄水盒安装的位置要保证不接触到热管冷却端并与其保持一定的距离，保证喷淋的冷却水尽可能地覆盖所有热管冷却外表面上，设计喷淋面为 320mm × 235mm；在蓄水盒的喷淋面上通过冲压，做出了直径 Φ 为 2mm，孔间间距为 10mm 的小孔 1480 个。这样喷淋水在热管冷却表面上形成液膜，能提高换热系数[14,18]。

3. 壳体设计

根据冷凝端热管管束的布置，为使蒸气尽可能在热管表面形成换热，减少冷凝腔腔体壁面对蒸气冷凝的影响，壳体的外径不能做得太大。根据绘制侧视图，将冷凝侧的壳体内径设为 320mm，长度为 700mm，冷却水端的内径与冷凝端一致，也为 320mm，长度为 330mm。冷凝端的壳体与冷却端壳体用法兰固定，中间夹有隔板，隔板的直径要略大于壳体内径，设计直径为 340mm。

为保证试验结果的可靠性，减少试验装置中的热量散失，分别在冷凝端腔体外侧、冷却端腔体外侧、蒸气发生器外侧和冷凝水蓄水槽外表面贴敷 15mm 厚的黑色泡沫作为保温层，以达到减少外界与试验装置换热的目的。

3.4.3　冷凝器产水特性试验

蒸气发生器产生的蒸气沿连通管线进入试验台的冷凝腔体内，在无机热管冷凝端表面冷凝，凝结的淡水汇聚到腔体底部，由排水口流出。冷凝时释放的热量经无机热管管壁传递到热管的冷却端，被喷淋下来的冷却水带走，完成热量交换。

1. 试验准备

1) 密封性测试

根据试验要求，试验台分别采用了抽吸量为 1L/s(功率 120W)和 0.5L/s(功率 180W)的两台真空泵。其中，1L/s 的真空泵在试验开始阶段使用，目的是使试验台冷凝腔内真空度迅速提高，较快达到试验状态；抽吸量为 0.5L/s 的真空泵在试验进行阶段使用，结合使用真空度调节阀，使试验台保持稳定的真空度。按试验要求，首先对试验台进行抽真空测试，测试结果如图 3-13 所示。

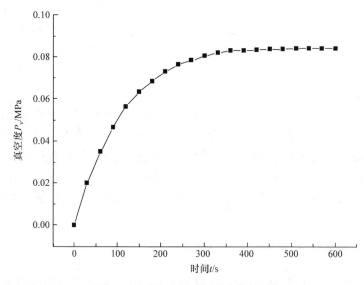

图 3-13　真空度随时间的变化关系

图 3-13 中，横坐标表示时间 t，单位为 s，纵坐标表示真空度 P_v，单位为 MPa。从图 3-13 中可以看出，在最开始的 200s 内，蒸馏器内的真空度上升得非常快，在不到 4min 时间内，真空度已达到 0.07MPa，这一段曲线的斜率较大。当冷凝器内的真空度达到 0.07MPa 后，空气量已经很少，真空度上升的速度减缓。在 10min，蒸馏器内的真空度达到 0.084MPa。蒸发器内的绝对压力由 0.1MPa 降低为 0.016MPa 的过程，所需时间约 10min。由试验测得容器内的真空度在 0.084MPa 状态下可维持近 2h，这说明试验台容器密封性能很好，可满足试验要求。

2) 冷凝试验台的保温性能

试验台中蒸气发生器和冷凝换热部分在运行时处于负压状态，为了使外壳有一定的抗压能力，采用钢板制作外壳，并对试验台做一定的保温措施。本试验台采用 10mm 厚的黑色泡沫作为保温层，用耐高温和防水的密封胶紧密粘贴在试验台中散热较强的外表面上。除了蒸气发生器和冷凝腔体外，在水冷却部分的外壳、蒸气管道和冷凝水蓄水罐都贴上了相同的保温层。

通过试验对比，在 0.05MPa 的真空度下，室温 23.0℃时，蒸气发生器内蒸气的温度为 81.3℃，蒸发器外壁面温度为 78.2℃，保温层的表面温度只有 34.0℃。贴上保温层后，可以大大减少热损失，提高试验台中热量的利用率。

2. 试验过程

(1) 按照试验方案的要求，在蒸气发生器中加入一定量的水，加热采用 3000W(220V)标准电加热棒，电加热棒通过调压变压器与电源相连。调压变压器采用的是德力西 TDGC$_2$-5000VA 型电阻调压变压器，额定电流 20A，调节范围为 0～5000VA。

(2) 当蒸气发生器的温度接近试验压力下对应的饱和温度时，在测定冷却水进口温度和进口压力后，打开冷却水阀门，调节流量至设定值 1000L/h，进行预冷。待冷却水出口水温稳定后，开启真空泵，同时开始计时，计时间隔为 5min。

(3) 在试验开始后，每 5min 记录一次蒸发器内的温度 t_z、冷却水出口的温度 $t_{l,o}$、冷凝水出口的温度 $t_{c,o}$、冷凝器内的真空压力 P_c 及冷凝水的产量 G，并随时注意观察电压与冷却水流量。

(4) 本试验主要调节参数为真空度和电加热棒的加热功率。当输出电压为 190V、200V 和 210V 时，真空度的调节范围为 0.05～0.08MPa，每 0.005MPa 设一个记录点，共 7 个点；当输出电压为 195V 和 205V 时，真空度的调节范围为 0.05～0.08MPa，每 0.010MPa 设一个记录点，共 4 个点。主要通过调节变压器输出电压调节加热功率。这样试验共计 5 组 31 个测量点。

(5) 当试验中出现停水、停电时，需关停试验台，待水电恢复后，重新操作该试验点并记录试验数据，确保每个试验点的数据不间断，提高结果的可靠性。

3.4.4　试验数据分析及试验改进

1. 试验数据处理与分析

衡量装置性能的重要参数就是单位时间内的产水量。

1) 真空度与产水量的关系

水的物性参数与压力及温度有关。真空度越高，绝对压力越低，水的饱和温度越低，同时汽化潜热越高；反之，真空度越低，绝对压力越高，则水的饱和温度越高，汽化潜热越低。不同加热功率下冷凝器内绝对压力与产水量的关系如图 3-14 所示。

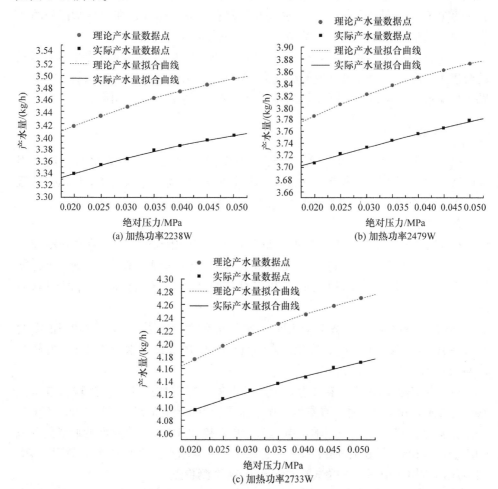

图 3-14　不同加热功率下冷凝器内绝对压力与产水量的关系

根据图 3-14 可知，在加热功率不变的情况下，产水量随着冷凝器内绝对压力的升高而增加。理论上，在加热功率不变的情况下，随着绝对压力的降低，即真空度的升高，水的汽化潜热 γ 会增大，在供热量 Q 一定的情况下，产生的蒸气量 m 会有所减少。从图中可以看出，实际产水量线与理论产水量趋势线基本一致，与理论较好地符合。

2) 加热功率与产水量的关系

当冷凝器内的冷凝压力保持不变时，饱和水的汽化潜热 γ 也不变。由 $Q = m \cdot \gamma$ 可知，随着加热功率 P 的增大，单位时间内产生的饱和蒸气量随之增加。

不同冷凝压力下加热功率与产水量的关系如图 3-15 所示。从图 3-15 中可以看出，当冷凝压力不变时，产水量随加热功率的增大而增加，并呈现很好的线性关系。实际产水量与理论产水量曲线比较靠近，说明试验中热量与产水量的损失并不大。

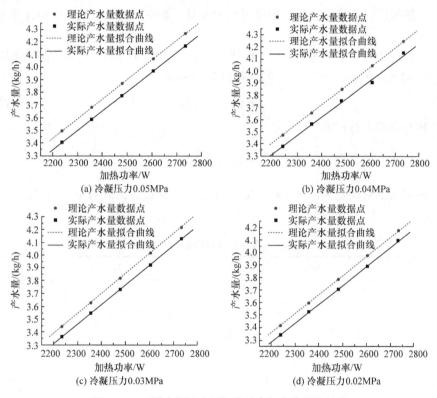

图 3-15 不同冷凝压力下加热功率与产水量的关系

2. 误差分析

在试验中，测量误差和观察误差会导致试验数据出现误差[21]。误差分析的目的是评定试验数据的准确性或误差，通过误差分析，可以确定试验误差的来源及其影响。

试验测量方式分为直接测量和间接测量。直接测量就是用仪器仪表直接读出数据的测量，间接测量是基于直接测量值得出的数据，再按一定函数关系式得到的结果。在本小节中，用秒表计时，对温度及压力数值的读取属于直接测量，计算每小时的产水量及加热功率则属于间接测量[21]。

(1) 给出准确度等级类的仪表。仪表的准确度常采用仪表的最大引用误差和准确度等级来表示。仪表的最大引用误差的定义为

$$最大引用误差 = \frac{仪表示值的绝对误差值}{仪表相应测量档次量程的绝对值} \times 100\%$$

一般来说，如果仪表的准确度等级为 p 级，则说明该仪表最大引用误差不会超过 $p\%$。

假设仪表的准确度等级为 p 级，则最大引用误差为 $p\%$。仪表的测量范围为 x_n，仪表的示值为 x，则该示值的绝对误差 $D(x)$ 为

$$D(x) \leqslant x_n \times p\% \tag{3-9}$$

相对误差 $E_r(x)$ 为

$$E_r(x) = \frac{D(x)}{x} \tag{3-10}$$

试验的绝对误差为 4×10^{-4} MPa，则真空度测量值读取的相对误差如表 3-6 所示。

表 3-6　真空度测量值的相对误差

真空度/(10^{-2}MPa)	相对误差/%
8.0	0.50
7.5	0.50
7.0	0.57
6.5	0.62
6.0	0.67
5.5	0.73
5.0	0.80

从表 3-6 中可以看出，压力表的准确度等级 p 和测量范围 x_n 已固定，压力表的示值 x 越大，测量的相对误差越小。因此，在拟定试验方案的时候，对真空度测量点的取值范围在 0.080～0.050MPa。

(2) 不给出准确度等级类的仪表，这类仪表的准确度表示为

$$仪表的准确度 = \frac{0.5 \times 名义分度值}{量程的范围}$$

其中，名义分度值是指测量仪表最小分度所代表的数值。

这类仪表的误差可用式(3-11)和式(3-12)确定。

绝对误差为

$$D(x) \leqslant 0.5 \times 名义分度值 \tag{3-11}$$

相对误差为

$$E_{\mathrm{r}}(x) = \frac{0.5 \times 名义分度值}{测量值} \tag{3-12}$$

在本小节中，加热功率是通过测量变压器两端的输出电压计算求得的，输出电压绝对误差为 1.25V，则输出电压测量值的相对误差如表 3-7 所示。

表 3-7　输出电压测量值的相对误差

输出电压/V	相对误差/%
190	0.65
195	0.64
200	0.63
205	0.61
210	0.59

(3) 间接测量值是由一些直接测量值按一定的函数关系式计算而得，如本试验中，加热功率就是通过间接计算得出的。由于输出电压的测量值存在误差，加热功率作为间接测量值也必然会有误差。

一般间接测量值的误差传递公式分为绝对值相加法和几何合成法，试验中按几何合成法计算间接误差。

设 $y = f(x_1, x_2, \cdots, x_n)$，间接测量值 y 值的绝对误差为

$$D(y) = \sqrt{\left[\frac{\partial y}{\partial x_1}D(x_1)\right]^2 + \left[\frac{\partial y}{\partial x_2}D(x_2)\right]^2 + \cdots + \left[\frac{\partial y}{\partial x_n}D(x_n)\right]^2} = \sqrt{\sum_{i=1}^{n}\left[\frac{\partial y}{\partial x_i}D(x_i)\right]^2} \tag{3-13}$$

间接测量误差 y 值的相对误差为

$$E_{\mathrm{r}}(y) = \frac{D(y)}{|y|} \tag{3-14}$$

根据间接测量误差传递公式计算加热功率的误差，如表 3-8 所示。

表 3-8　加热功率及其误差

输出电压/V	加热功率/W	加热功率相对误差/%	加热功率绝对误差/W
190	2237	0.93	20.8
195	2356	0.91	21.4
200	2479	0.88	21.9
205	2604	0.86	22.5
210	2733	0.84	23.0

3. 产水量影响因素分析及试验台改进意见

在本小节中，产水量的主要影响因素有以下几个方面。

1) 蒸气发生器向环境散热的影响

试验中，由真空泵的出气口及真空油的液面观察，被吸入真空泵的蒸气量极少，又考虑到冷凝液的出口状态为过冷液体，因此推断实际产水量与理论产水量的差别主要是蒸气发生器的热损失。因为蒸气发生器外表面温度高于周围空气温度，发生器向环境散失了部分热量，使得实际产生的蒸气量小于通过加热功率计算出来的理论值。通过计算，蒸气发生器向周围环境散热损失的水量占总损失水量的97%以上。除此以外还有极少量蒸气在蒸气管道内遇冷又凝结成水，流回到蒸发器内。

由此可知，提高蒸气发生器和蒸气管道的保温效果，降低热损失，可以提高试验结果的精确性。

2) 不凝气的影响

蒸气中含有不可凝结的气体，简称不凝气。蒸气中的不凝气会降低表面传热系数。由于蒸气不断凝结，蒸气分压力减少而不凝气的分压力增大。蒸气需以扩散方式穿过聚集在界面附近的不凝气的气体层，才能抵达液膜表面进行凝结。因此，不凝气气体层的存在增加了传热热阻。

不凝气的来源主要有两个，其一是试验台上的缝隙泄露，包括法兰接口、阀门接口、管道接口及测量仪表的接口。由于试验台内部是真空状态，一点点的缝隙就会导致大量空气渗入，影响试验结果。因此，试验前对所有接口都用密封胶进行了密封处理。不凝气的另一个来源是水。空气在水中的溶解度随着温度的升高而降低，当加热蒸发器内水的时候，空气溶解度下降，一部分空气就会释放出来，随着产生的水蒸气进入到冷凝腔内。这就需要及时将不凝气抽吸出来，否则会极大地影响试验结果。抽取不凝气的工作由真空泵完成[22]。

3) 液膜厚度的影响

蒸气在无机热管表面凝结的时候，由于表面张力的存在，凝结的水滴会在管壁表面形成液膜，液膜热阻是表面冷凝换热系数的主要影响因素。水的表面张力随着温度的降低而增大，当真空度较高时，水的饱和温度较低，此时凝结在无机热管表面的液膜较厚，凝结传热效果很差。通过改变蒸气流动方向和凝结表面的几何形状等方法，可有效降低液膜厚度，提升冷凝换热系数。

在本试验台的设计中，将蒸气进口设计在冷凝腔的上部，冷凝腔内部设有折流板。当蒸气进入到冷凝腔内部时，蒸气先与液膜一起向下流动，可起到增大对液膜的扰动的作用。

通过对试验数据的分析，对试验台和试验过程提出以下几点改进意见：

(1) 增大蒸气发生器的体积和加热功率，从而增加蒸气产量。试验发现，绝大部分蒸气在冷凝室前半部就被冷凝，说明现有试验台的冷凝换热面余量较大，而蒸气发生量相对不足。

(2) 蓄水罐内的凝结水可采用抽水泵抽出来，真空泵与抽水泵的切换可采用电动阀控制，可避免频繁地开启排水阀导致阀门滑丝，出现泄漏。

(3) 试验台的主要热损失是蒸气发生器和蒸气管道外表面的散热损失，因此要对其做好充分的保温，保温层要采用耐高温的密封胶粘贴，避免保温层脱落。

3.5　液-液气多相流引射器

海水及苦咸水淡化技术涉及多个过程，包括通过泵对海水加压，使用引射器产生和维持真空，使用来自海面的温水在减压下蒸发海水，然后使用来自深海的冷水进行冷凝。引射器是一种利用高压流体的射流作用抽吸低压流体进行质量和能量传递的装置。高压流体可以是液体，也可以是气体(包括蒸气)，称为工作流体；低压流体同样可以是液体或气体，称为引射流体。根据引射器工作流体-引射流体的不同组合，可将其分为液-液型、气-液型、气-气型和液-气型等类型。本节研究的多相流多功能引射器是以液体为工作流体，抽吸气、液两相介质，进行传热和传质的一种流体机械，也可称之为液-液气引射器，它兼具液-液和液-气引射器的功能和用途。

早期时候，Bhat 等[23]通过试验研究了不同工作参数和不同引射器几何形状对引射器性能的影响。Bhutada 等[24]和 Havelka 等[25]研究了在低温脱盐系统中孔间距对两相引射器性能的影响。

针对引射器性能的 CFD 研究也有许多，这些研究大多数集中在气-气或液-液式单相引射器上。Kandakure 等[26]研究了液-气引射器的流体动力学特性。Yadav 等[27]研究了吸气室的几何形状对水煤气引射器的影响。Varga 等[28]使用 FLUENT 研究了引射器的几何形状和操作参数对气-液引射器性能的影响。

虽然许多研究人员已经很好地探讨了操作参数和引射器几何形状对单相引射器和液-气引射器的影响，但是对于液-液气引射器的性能还没有系统的研究，这种引射器可用于低温海水淡化系统。本书中，讨论了多相 CFD 建模和试验，以确定液-液气引射器的流体动力学特性。

3.5.1　试验研究

为对引射器性能进行详细的试验研究，建立了液-液气引射器试验装置，如

图 3-16 所示[29]。试验装置由真空密闭容器、水泵、引射器、空气流量计、水流量计、压力计、温度计、补水系统、补气系统及阀门等构成。

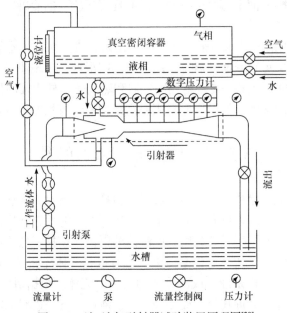

图 3-16　液-液气引射器试验装置原理图[29]

　　工作水泵从循环水槽中抽取水作为工作流体进入引射器，在工作流体的进口管路上安装流量计，对工作流体流量进行测量。同时，引射器抽吸负压状态下从真空密闭容器来的空气和水，工作流体和引射流体通过引射器混合段和扩压段后，在引射器出口流经调节阀后排放入水槽。工作水压力、吸入室压力及引射器出口的压力均用精密压力计进行测量。

　　引射器工作一段时间后，真空密闭容器内处于高度真空状态，能从外部吸入空气和水。被吸介质的流量分别用空气和水转子流量计来测量。在真空密闭容器到引射器的抽气和抽水管路上分别装有流量控制阀。真空密闭容器侧部装有液位计，可观测抽水和进水是否达到平衡。同时，该试验装置的真空密闭容器内装配有温控加热器，可以对密封箱内的水进行加热，实现对引射器抽吸水-水蒸气混合物的试验研究。通过调节工作流体压力改变引射器工况，引射器压力通过调整补气阀门的开度来调节。

3.5.2　数值计算

1. 数学模型

多相流的数值模拟可以使用拉格朗日法或欧拉法。本小节采用欧拉法，其中不同的相均视为连续性介质，并且所有阶段的质量守恒方程、动量守恒方程及能量守恒方程都是相似的。FLUENT 软件中，欧拉-欧拉(Euler-Euler)多相流模型有三种，分别是混合模型、欧拉模型和 VOF 模型。根据两相射流引射器的工作特点，其数值计算模型可在混合模型和欧拉模型中进行比较和选择。

首先评估混合模型和欧拉模型，以确定它们对两相射流引射器的有效性。在工作环境中，被水引射的空气在由引射器限定的环形空间中与水一起做射流流动，没有气泡形成，因此可以忽略气泡周围压力不平衡而产生的升力项、虚拟质量力项和阻力项。故欧拉模型不是研究引射器中同轴流动的合适选择，采用混合模型和标准 $k\text{-}\varepsilon$ 湍流模型来描述同轴流动，这种方法需要求解滑移速度方程、动量方程和连续性方程[30]。

k 相的连续性方程和动量方程分别由式(3-15)和式(3-16)给出：

$$\frac{\partial}{\partial t}(\alpha_m \rho_m) + \nabla(\alpha_m \rho_m \boldsymbol{v}_m) = \Gamma_m \tag{3-15}$$

$$\frac{\partial}{\partial t}(\rho_m \boldsymbol{v}_m) + \nabla(\rho_m \boldsymbol{v}_m \boldsymbol{v}_m) = -\nabla[\mu_m(\tau_m + \tau_{Tm})] + \rho_m g + F + \nabla\left(\sum_{k=1}^{n} \alpha_k \rho_k \boldsymbol{V}_{dr,k} \boldsymbol{V}_{dr,k}\right)$$
$$\tag{3-16}$$

式中，α_m 为混合物液相率；ρ_m 为混合物平均密度，kg/m^3；$\boldsymbol{v}_m$ 为混合物的速度矢量，m/s；Γ_m 为混合物质量增量，$kg/(m^3 \cdot s)$；τ_m 为混合物黏性应力张量，Pa；τ_{Tm} 为混合物湍流应力张量，Pa；n 为相数；F 为体积力，N/m^3；μ_m 为混合物黏度，$kg/(m \cdot s)$，$\mu_m = \sum_{k=1}^{n} \alpha_k \mu_k$；$\boldsymbol{V}_{dr,k}$ 为滑移速度矢量，m/s，$\boldsymbol{V}_{dr,k} = \boldsymbol{v}_k - \boldsymbol{v}_m$。

q 相是初级相，p 相是次级相，它们之间的滑移速度为

$$\boldsymbol{v}_{pq} = \boldsymbol{v}_p - \boldsymbol{v}_q$$

任一相的质量分数 c_k 为

$$c_k = \frac{\alpha_k \rho_k}{\rho_m} \tag{3-17}$$

因此，任何两个相位之间的滑移速度可用式(3-18)计算：

$$\boldsymbol{v}_{dr,p} = \boldsymbol{v}_{pq} - \sum_{k=1}^{n} c_k \boldsymbol{v}_{qk} \tag{3-18}$$

由于研究中只有一个次级相即空气，式(3-18)可简化为

$$\boldsymbol{v}_{\mathrm{dr,p}} = \boldsymbol{v}_{\mathrm{pq}} - c_k \boldsymbol{v}_{\mathrm{pq}} \tag{3-19}$$

FLUENT 软件中的滑移速度公式，适用于由分散流体本身运动产生的流动(浮力驱动的流动)。然而，在引射器液-气、液-液流动的流场中，高速工作液体驱动气-液两相引射流体的同轴引射流动，相间主要的作用力是由高速工作液体和气体速度差引起的。在所有的相间作用力中，高速液体对气体形成相间阻力的影响要远远大于气体浮力和虚拟质量力所产生的效应。因此，在本节引射器研究中，主要考虑相间速度差所引起的阻力效应。本节将相间滑移速度假设为与工作流体当地速度的百分比关系，从而通过相间滑移系数 a 来间接表征相间作用力的大小，如式(3-20)所示：

$$\boldsymbol{v}_{\mathrm{pq}} = \alpha \times \boldsymbol{v}_{\mathrm{q}} \tag{3-20}$$

式中，α 为相间滑移系数，次级流速是初级相速度的 $(1-\alpha)$ 倍。因此，仅需要用水的局部轴向速度来计算相间的滑动。

所有仿真计算均使用商用 CFD 软件 FLUENT 进行。该引射器上有两个分别用于吸入空气和水的流体入口，而二维几何模型无法准确描述流动过程，因此模拟中采用三维几何模型，且仅对模型的一半进行仿真，以减少计算量。模型计算使用六面体网格和非结构化的四面体网格，并进行了网格无关性验证。对于混合室最大管长与最大管径之比 $L_{\mathrm{T}}/D_{\mathrm{T}} = 8$ 的引射器，网格数为 8.51×10^4，最大容积约为 $4.108 \times 10^{-7} \mathrm{m}^3$。模拟中，使用水作为工作流体，使用水和空气作为引射流体。假定空气符合理想气体定律，使用标准 $k\text{-}\varepsilon$ 湍流模型来模拟湍流。工作流体入口、吸入空气入口及吸入水入口采用压力入口边界条件。引射器出口与大气连通时的压力出口条件为 $P=101.325\mathrm{kPa}$。将水相设为第一相，空气相设为第二相。第二相的相分率在工作流体入口和吸入水入口处设置为 0，在吸入空气入口处设置为 1.0。对称条件用于几何对称平面。迭代标准设置为计算到每个方程式的残差小于 1.0×10^{-3} 为止，通常动量方程的残差小于 1.0×10^{-5}，湍动能的残差远小于 1.0×10^{-4}，湍流能量耗散的残差远小于 1.0×10^{-3}，连续性方程的残差小于 1.0×10^{-3}，而风量分数的残差则远小于 1.0×10^{-5}。

2. 相间滑移系数的确定

为了确定液-液气引射器特殊流场中的相间滑移系数，在相同的操作参数和标准 $k\text{-}\varepsilon$ 湍流模型下，将滑移系数在 0~14% 的较大范围内调节，并建立一个能表征引射器特性的宏观量——体积引射比，其定义如下：当滑移系数 $a = 0$ 时，相当于液相与气相间没有速度差，此时的流场相当于均相等速流动，工作流体和引射气体之间动量传递非常充分，将形成高速的气体流动和较大的液-气引射比。伴随着滑移系数的增大，工作流体向引射流体的动量传递减小，同时伴随着空气速度的降低和体积引射比的减小。

通过模拟结果与试验结果的比较，以确定和试验结果最为接近的相间滑移系数 a。不同混合室长径比下相间滑移系数对体积引射比的影响如图 3-17 所示。图中五角星代表了不同长径比 L_T/D_T 下的试验值，其工作流体的压力(以下简称"工作压力")为 0.35MPa，出口压力为 0.10MPa，被引射流体压力(以下简称"引射压力")为 0.03MPa。

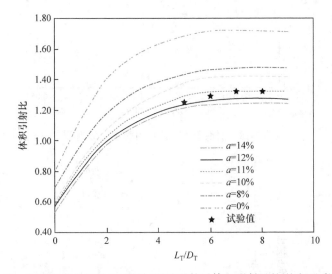

图 3-17　不同混合室长径比下相间滑移系数对体积引射比的影响(见彩图)[31]

从图 3-17 可知，当相间滑移系数处于 10%～12%时，体积引射比试验结果和模拟结果相近，在以下的模拟计算中均采用相间滑移系数为 11%。

3. 模拟结果与试验结果对比

为了验证模型的适用性，在不同的操作条件下对试验结果和模拟结果进行比较。

工作压力为 0.35MPa，出口压力为 0.10MPa 时，引射压力对体积引射比的影响见图 3-18。由图 3-18 可知，试验值比模拟值偏小，但两者的变化趋势相同。

工作压力为 0.35MPa，出口压力为 0.10MPa，引射压力为 0.03MPa 且其他结构参数保持不变的条件下，当喷嘴直径变化时，截面比[即喉管截面积/喷嘴出口面积，可用 $(D_T/D_N)^2$ 表示]对体积引射比的影响如图 3-19 所示。

工作压力为 0.35MPa，出口压力为 0.10MPa，引射压力为 0.03MPa 且其他结构参数保持不变时，不同混合室长径比对体积引射比的影响如图 3-20 所示。由图 3-20 可以看出，模拟值和试验值的变化趋势相同，但试验值比模拟值偏小。

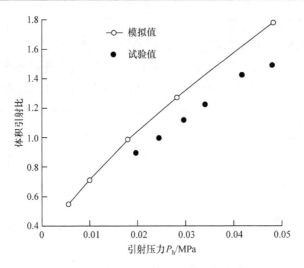

图 3-18　引射压力对体积引射比的影响[31]

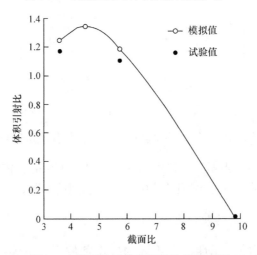

图 3-19　截面比对体积引射比的影响[31]

　　在引射器结构参数一定的条件下，出口压力为 0.10MPa 时，工作压力对引射器所能达到的最小引射压力 P_{Gmin} 的影响如图 3-21 所示。最小引射压力是指在一定的工作压力下，引射器引射流体入口可达到的最小压力，即体积引射比为 0 时引射器引射流体入口的压力。从图 3-21 中可以看出，模拟值和试验值的变化趋势一致，但试验所得到的最小引射压力要略高于模拟值。

　　通过上述比较可以看出，在不同参数下，模拟计算结果与试验结果的变化规律一致。

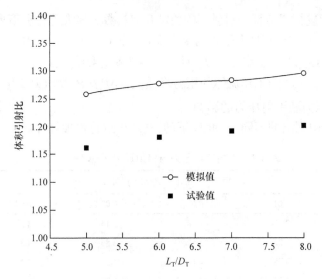

图 3-20 混合室长径比 L_T/D_T 对体积引射比的影响[31]

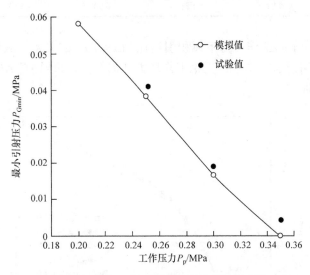

图 3-21 工作压力对最小引射压力的影响[31]

　　误差存在的原因：从试验方面看，仪表精度、压力稳定性、引射器加工精度及引射器安装时密封性不足等均会使测得的结果与设计有所偏差。从模拟方面看，引射器内是一个复杂的气-液两相混合和湍流流场，湍流能量耗散的数值可能也不尽精确，这些原因都会导致试验结果和模拟结果之间存在偏差。

4. 操作参数对引射器性能的影响

　　根据前面所述的 CFD 模型，针对固定几何形状的各种工作条件，对液-液气引射器的性能进行了仿真。引射器的关键几何参数为最大管径和喷嘴直径之比的平方$[(D_T/D_N)^2 = 5.35]$和最大管长与最大管径之比$[L_T/D_T = 8]$。本小节讨论工作压力 P_p、出口压力 P_c 和引射压力 P_h 对引射器性能的影响，定义 ΔP_c 为被吸入流体的压力提升值，ΔP_p 为工作流体的压力降低值，$\Delta P_p/\Delta P_c$ 为压力变化之比。

1) 工作压力和引射压力的影响

对表 3-9 中列出的不同 P_p 和 P_h 下的 $\Delta P_p/\Delta P_c$ 进行模拟计算。

表 3-9　不同工作压力与引射压力下的 $\Delta P_p/\Delta P_c$

P_p/MPa	不同 P_h(MPa)下的 $\Delta P_p/\Delta P_c$				
	0.01	0.02	0.03	0.04	0.05
0.25	2.67	2.88	3.14	3.50	4.00
0.30	3.22	3.50	3.86	4.33	5.00
0.35	3.78	4.13	4.57	5.17	6.00
0.40	4.33	4.75	5.28	6.00	7.00
0.45	4.89	5.38	6.00	6.83	8.00

图 3-22 为不同工作压力下体积引射比和 $\Delta P_p/\Delta P_c$ 的关系，从该图也可以看出，在一定的引射器结构下，无论工作压力如何变化，只要 $\Delta P_p/\Delta P_c$ 相同，其体积引射比是一致的。

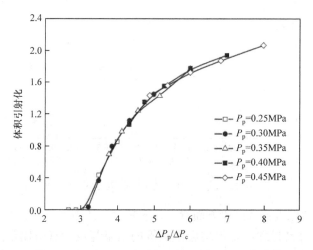

图 3-22　不同 P_p 下体积引射比与 $\Delta P_p/\Delta P_c$ 的关系

不同 P_h 下 $\Delta P_p/\Delta P_c$ 对引射器效率的影响如图 3-23 所示。图中的每条曲线对应一个固定的 P_h。当 $\Delta P_p/\Delta P_c$ 相对较小时，引射器效率随着 $\Delta P_p/\Delta P_c$ 的增大而增大到最大值，然后随着 $\Delta P_p/\Delta P_c$ 的进一步增大而降低。

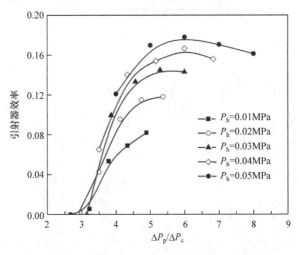

图 3-23 不同 P_h 下 $\Delta P_p/\Delta P_c$ 对引射器效率的影响

2) 引射压力和出口压力的影响

对表 3-10 中列出的不同 P_c 和 P_h 下的 $\Delta P_p/\Delta P_c$ 进行模拟计算。

表 3-10 不同引射压力和出口压力下的 $\Delta P_p/\Delta P_c$

P_h/MPa	不同 P_c(MPa)下的 $\Delta P_p/\Delta P_c$				
	0.08	0.09	0.10	0.11	0.12
0.01	4.86	4.25	3.78	3.40	3.10
0.02	5.50	4.71	4.13	3.67	3.30
0.03	6.40	5.33	4.57	4.00	3.56
0.04	7.75	6.20	5.17	4.43	3.88
0.05	10.00	7.50	6.00	5.00	4.28

不同 P_h 下 $\Delta P_p/\Delta P_c$ 对体积引射比的影响如图 3-24 所示。结果表明,在模拟范围内,随着 $\Delta P_p/\Delta P_c$ 的增大,引射器的体积引射比也在增大,随着 $\Delta P_p/\Delta P_c$ 的增大,其对体积引射比的影响逐渐减缓。从图 3-24 也可以看出,无论引射压力为多少,在一定的引射器结构下,当 $\Delta P_p/\Delta P_c$ 相等时,体积引射比是一定的。也就是说,对于尺寸一定的引射器,其体积引射比只与 $\Delta P_p/\Delta P_c$ 有关,而不取决于三个操作压力中的某一个压力的绝对值。

图 3-25 为不同 P_h 下 $\Delta P_p/\Delta P_c$ 对引射器效率的影响。结果显示,当 $\Delta P_p/\Delta P_c$ 较小时,引射器效率随着 $\Delta P_p/\Delta P_c$ 的增大而增大,之后引射器效率随 $\Delta P_p/\Delta P_c$ 的增大而降低。

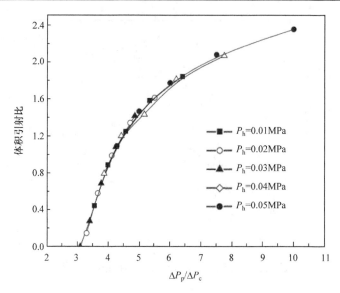

图 3-24　不同 P_h 下 $\Delta P_p/\Delta P_c$ 对体积引射比的影响

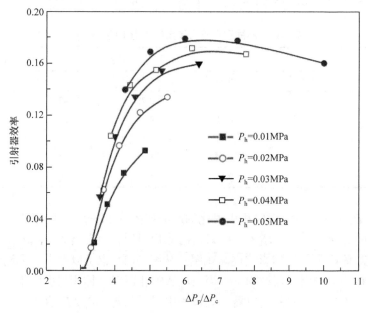

图 3-25　不同 P_h 下 $\Delta P_p/\Delta P_c$ 对引射器效率的影响

3) 工作压力和出口压力的影响

对表 3-11 中列出的不同 P_p 和 P_c 下的 $\Delta P_p/\Delta P_c$ 进行模拟计算。

表 3-11　不同出口压力与工作压力下的 $\Delta P_p/\Delta P_c$

P_p/MPa	不同 P_c(MPa)下的 $\Delta P_p/\Delta P_c$				
	0.08	0.09	0.10	0.11	0.12
0.30	5.40	4.50	3.86	3.38	3.00
0.35	6.40	5.33	4.57	4.00	3.56
0.40	7.40	6.17	5.29	4.63	4.11
0.45	8.40	7.00	6.00	5.25	4.67

图 3-26 为不同 P_p 下 $\Delta P_p/\Delta P_c$ 对体积引射比的影响。从图 3-26 可以看出，随着 $\Delta P_p/\Delta P_c$ 的增大，体积引射比也在增大，同时增幅逐渐减小。与图 3-24 对比分析发现，无论采用三个操作压力中的哪两个组合，在同样的 $\Delta P_p/\Delta P_c$ 下，体积引射比是一样的。

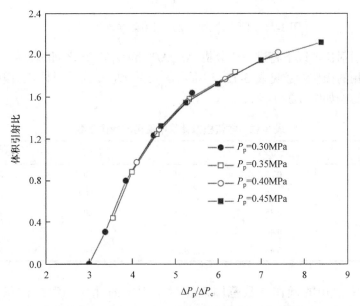

图 3-26　不同 P_p 下 $\Delta P_p/\Delta P_c$ 对体积引射比的影响

图 3-27 为不同 P_p 下 $\Delta P_p/\Delta P_c$ 对引射器效率的影响。从图 3-27 可以看出，在 $\Delta P_p/\Delta P_c$ 较小时，引射器效率随 $\Delta P_p/\Delta P_c$ 的增大变化较快。并且在 $\Delta P_p/\Delta P_c$ 较小时，相同 $\Delta P_p/\Delta P_c$ 下，引射器效率相近，随着 $\Delta P_p/\Delta P_c$ 增大，相同 $\Delta P_p/\Delta P_c$ 下引射器效率差距也在增大。

4) $\Delta P_p/\Delta P_c$ 和截面比的影响

从图 3-22、图 3-24 和图 3-26 可以看出，在模拟条件范围内，对于固定几何形状，体积引射比随着 $\Delta P_p/\Delta P_c$ 的增大而增大，操作压力中的任何一个不能直接

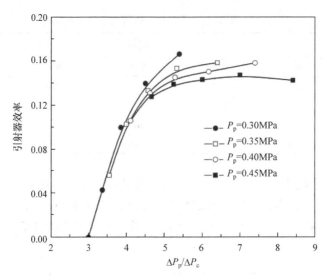

图 3-27　不同 p_p 下 $\Delta P_p/\Delta P_c$ 对引射器效率的影响

影响体积引射比。以下将进一步分析 $\Delta P_p/\Delta P_c$ 和 $(D_T/D_N)^2$ 之间的关系，数值模拟计算中使用的操作参数见表 3-12。不同 $\Delta P_p/\Delta P_c$ 和 $(D_T/D_N)^2$ 对体积引射比和引射器效率的影响如图 3-28 所示。

表 3-12　数值模拟计算中使用的操作参数

序号	P_p/MPa	P_c/MPa	P_h/MPa	$\Delta P_p/\Delta P_c$
1	0.25	0.10	0.01	2.67
2	0.30	0.10	0.02	3.50
3	0.35	0.10	0.03	4.57
4	0.40	0.10	0.04	6.00
5	0.45	0.10	0.05	8.00

模拟中使用的操作参数范围内，对于固定的几何构型，体积引射比随 $\Delta P_p/\Delta P_c$ 的增大而增大。图 3-28 结果表明，在 $\Delta P_p/\Delta P_c$ 较小的情况下，较小的截面比具有较大的体积引射比和引射器效率，但是这种关系随 $\Delta P_p/\Delta P_c$ 的增大而变化。当 $\Delta P_p/\Delta P_c$ 大于 6 时，截面比越大，体积引射比和引射器效率越大。了解 $\Delta P_p/\Delta P_c$、截面比对体积引射比和引射器效率的影响规律有助于设计效率更高的引射器。

本节对低温蒸馏海水淡化系统中使用的液-液气引射器进行了试验和数值模拟研究，运用 CFD 模型研究引射器的性能特征，并通过比较试验结果和模拟结果验证了 CFD 模型的有效性。结果表明，当滑移系数为 11%时，模拟结果与试

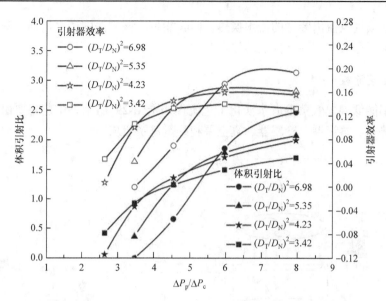

图 3-28　不同$\Delta P_p/\Delta P_c$和$(D_T/D_N)^2$对体积引射比和引射器效率的影响

验结果最为吻合。

　　相同的操作参数和结构参数下，将部分试验结果和模拟结果进行了比较，模拟结果与试验结果的偏差小于 11%，为 7%左右。结果表明，该数值模型是适用的。

　　使用经过验证的数值模型进行大量 CFD 模拟计算，以研究操作参数对引射器效率和体积引射比的影响。结果表明，对于固定的几何形状，引射器效率和体积引射比由$\Delta P_p/\Delta P_c$决定，而$\Delta P_p/\Delta P_c$受操作压力P_p、P_c和P_h的影响。

3.6　太阳能低温单效蒸馏海水淡化工艺

　　传统太阳能蒸馏器单位面积产水量过低，原因主要有三个方面：一是蒸气的凝结潜热未被重新利用，凝结潜热散失到大气中；二是太阳能蒸馏器中的换热模式为自然对流，大大限制了蒸馏器产水性能的提高；三是太阳能蒸馏器中待蒸发海水的热容量太大，限制了蒸馏器运行温度的提高，从而减弱了蒸发驱动力。

　　低温蒸馏法的优点是对海水预处理要求不高，对加热源的温度要求低，生产的淡水质量高。太阳能低温单效蒸馏海水淡化技术以太阳能为加热热源，在真空装置中，将多孔太阳能集热板置于海水上方，使其在低温下(约 50℃)蒸发，蒸发出的水蒸气在集热板周围进行对流传热。海水在装置外部与内部的静压差驱动下(也称为流体静压差自流泵)流入装置，不需要额外的能耗。流入装置的冷海水与冷凝的水蒸气及流出装置的盐水换热，回收能量。该方法中产水量与水蒸气冷凝潜热的乘积远大于集热器提供的热量。

3.6.1 工艺流程

太阳能低温单效蒸馏海水淡化工艺流程如图 3-29 所示，工艺主要由模拟光源、集热板、蒸馏器、冷凝器、真空泵和测量系统组成。

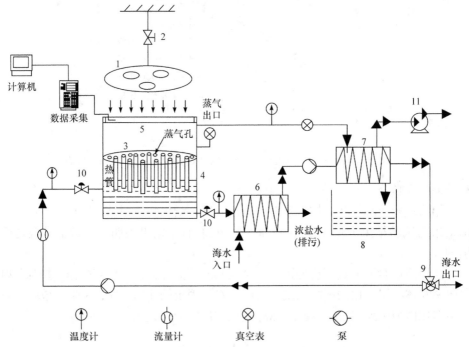

图 3-29 太阳能低温单效蒸馏海水淡化工艺流程

1-模拟光源；2-升降支架；3-多孔集热板；4-蒸馏器；5-透明玻璃面盖；6-换热器；7-冷凝器；
8-淡水池；9-三通阀；10-阀门；11-真空泵

模拟光源包括氙灯、固定盘、抛物型反光镜、升降支架和风机。氙灯固定在圆盘上，置于抛物型反光镜的焦点上，使其产生的光线平行照射到集热板上。固定盘和升降支架连接，调节升降支架到集热板的高度，可改变集热面上的辐射强度。氙灯在连续发光的过程中温度很高，需要风机对其冷却降温，以防止其爆炸。多孔集热板置于蒸馏器中海水上方，与海水保持一定的距离，此方法是将集热过程与蒸发过程融为一体。多孔集热板上涂有黑色的吸收涂层，并开有数目不等的小孔和大孔，小孔出蒸气，大孔穿插导热管。导热管呈钉状，钉头坐于集热板大孔上，依靠钉头底部的环面与集热板表面接触传热；导热管的下端伸入海水中，将集热板上收集的热量迅速传递并加热海水。

本节所述太阳能低温单效蒸馏海水淡化系统，蒸馏器内部抽成真空，保持压力在 0.0lMPa，蒸馏器内的海水在低温、低压下沸腾蒸发。在进入蒸馏器之前，冷海水与流出蒸馏器的浓盐水及蒸气换热，回收能量，增加产水量。蒸馏器抽真空后，内部压强小于外界压强。

冷凝器的作用是对从蒸馏器出来的蒸气进行冷凝，使之变为淡水。本系统采用蛇形冷凝管，冷却水使用预处理过的冷海水，蒸气走管外，海水走管内。蒸气的温度很高，而冷海水的温度一般在 17℃左右，因此先将冷海水与蒸馏器中排出的浓盐水换热后，再通入冷凝器与蒸气换热，使蒸气冷凝为淡水；再将预热过的海水引入蒸馏器中加热蒸发，此过程回收了蒸气凝结时放出的热量。

测量参数包括：氙灯的辐照度、蒸馏器内的压力、蒸馏器进口和出口的海水温度、蒸馏器出口的蒸气温度及产水量。氙灯的辐照度采用总辐射表测量。总辐射表、全自动数据记录仪和计算机三者依次连接，辐射量通过 A/D 信号转换，经计算机输出。

太阳能低温单效蒸馏法海水淡化工艺具有以下特点：

(1) 一般的太阳能蒸馏系统大多采用太阳能集热器加热海水，而本节将集热过程与海水蒸发过程融为一体，这种加热海水的方式相较于直接闷晒海水，温度更高。

(2) 采用高效无机热管作为导热管，强化了蒸馏器内的传热过程，从根本上改变了传统的太阳能蒸馏系统的传热方式。

(3) 采用多孔集热板收集能量，将集热板置于蒸馏器中海水的上方。此装置占地面积小，结构简单。

(4) 进入蒸馏器的冷海水与蒸馏器出来的蒸气换热，回收能量，提高了能效利用率及产水率。

3.6.2　主要部件

1. 集热器的设计

太阳辐射的能量密度较低，在利用太阳能时为了获得足够的能量和能量密度，必须采用一定的太阳能收集或转换技术。本节采用多孔集热板收集太阳能，将集热板放置于蒸馏器内海水的上方，可减少装置的占地面积，使其结构变得简单。

集热板上涂有黑色的选择性吸收涂层，可增强对辐射光的吸收率。多孔集热板厚 2mm，直径为 600mm，用铝板制作。集热板上开有出蒸气的小孔和穿插导热管的大孔。多孔集热板示意图及实物图如图 3-30 所示。

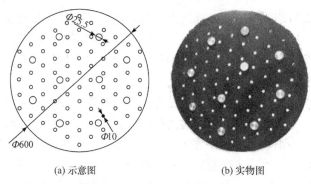

(a) 示意图　　　　　　　　　　(b) 实物图

图 3-30　多孔集热板示意图及实物图(单位：mm)

2. 蒸馏器的设计

蒸馏器是实现溶液沸腾蒸发过程的装置。如果溶液只进行一次沸腾汽化操作，称为单效蒸发；如果一次蒸发得到的浓缩液再进行一次或多次蒸发，而且加热介质是上一效汽化的蒸气，则称为双效或多效蒸发。蒸馏操作可以在加压、常压和减压下进行，采用何种操作压强应根据具体情况而定。

采用氙灯作为海水的加热热源，蒸馏器是一个密封容器，形状为圆筒形，用不锈钢制作，面盖由透明且强度较高的钢化玻璃制作。蒸馏器底部和壁面裹有保温层，以减少蒸馏器内的热海水与环境之间的热交换。蒸馏器圆筒壁上留有海水进口、蒸气出口及排放浓盐水的出口，出口处接有测量温度及压力的仪表。蒸馏器结构示意图如图 3-31 所示。

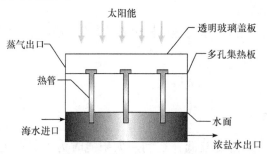

图 3-31　蒸馏器结构示意图

蒸馏器的壁面上开有透明的观察窗，通过此观察窗可以看到蒸馏器内海水的蒸发情况。在内部，海水的上方放有集热板，集热板上插有导热管和出蒸气的小孔，导热管的一端浸没在海水中。

3. 冷凝器的设计

冷凝器是制冷机中主要的热交换设备之一。冷凝器中高压的制冷剂蒸气在冷凝器中放出热量,凝结成饱和液体或过冷液体。在海水淡化系统中,从蒸馏器出来的蒸气引入冷凝器凝结为淡水。冷凝器采用水或空气作为冷却介质,按其采用的冷却介质和方式可以分为三种类型[32]。

(1) 空冷式冷凝器。空冷式冷凝器中制冷剂放出的热量是被空气带走的,结构形式一般为蛇形管。为了增加散热面积,通常在蛇形管外增加肋片。蒸气在管内冷凝,空气在风机的作用下在蛇形管外侧横向流过。

(2) 水冷式冷凝器。水冷式冷凝器中制冷剂放出的热量是被冷却水带走的。冷却水可以一次使用,也可以经过冷却后循环使用。水冷式冷凝器按其结构形式可以分为壳管式、套管式和螺旋板式等。

(3) 蒸发式冷凝器。蒸发式冷凝器中制冷剂在管内冷凝,管外同时受到水和空气的冷却。因为冷却水在传热面上蒸发,吸收大量制冷剂蒸气冷凝热量作为汽化潜热,所以这类冷凝器的耗水量很少。

从以上几种冷凝器中可以看出,蒸发式冷凝器是利用潜热吸收制冷剂放出的热量,需要冷却水的量最小,但本节中蒸馏器产生的蒸气量很小,故采用简单、方便的水冷式冷凝器即可满足要求,其结构如图 3-32 所示,冷却介质为冷海水。冷海水在管程流动,蒸气在壳程流动。冷海水在管程流动时,管壁面温度很低,蒸气与低于其温度的壁面接触时,便凝结为淡水,同时加热了管内的海水。淡水流入集水槽被收集。

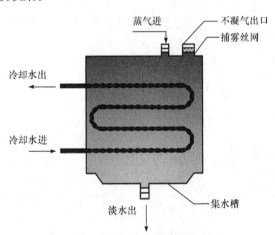

图 3-32 水冷式冷凝器结构示意图

冷凝器的作用是使蒸气凝结为淡水,并预热进入蒸馏器的冷海水。它的传热过程由三部分组成:

(1) 蒸气在水平管外凝结时,放出的冷凝潜热通过液膜传递给管外壁,传热驱动力来自液膜和管外壁的温差。

(2) 管外壁的热量以导热的方式传递给管内的冷海水，传热驱动力来自管外壁与管内壁的温差。

(3) 管内壁以对流形式将热量传递给管内的冷海水，传热驱动力来自管内壁与管内冷海水的温差。

3.6.3　产水量分析

对于海水淡化装置，产水量是衡量其性能的一个重要指标。本小节在所建立的试验台上，对装置部分性能参数进行试验研究，并分析影响产水量的各因素，对试验装置提出改进意见。

通过试验研究，探讨产水量与辐照度和集热面积等因素的关系。真空度 P_v、大气压 P_a 及绝对压力 P 三者之间的关系为：$P = P_a - P_v$。例如，蒸馏器内的绝对压力为 0.01MPa 时，真空度约为 0.09MPa。

1. 抽真空测试

本小节所用真空泵的抽气量为 2L/s，转速为 1400r/min，功率为 0.37kW，量程范围是 0~0.1MPa，精度为 0.5kPa。对蒸馏器进行抽真空测试，结果如图 3-33 所示。

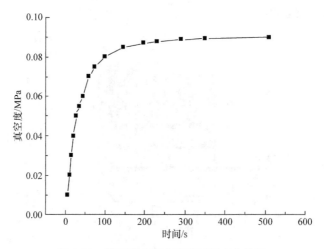

图 3-33　蒸馏器内真空度随时间变化曲线

图 3-33 中各点表示某时刻蒸馏器内的真空度。可以看出，在最开始的几十秒内，蒸馏器内的真空度上升得非常快，不到 2min，真空度已达到 0.08MPa，这一段曲线的斜率较大。当蒸馏器内的真空度为 0.08MPa 时，容器内的空气量已经很少，真空度上升的速度减缓。大约 7min 后，蒸馏器内的真空度达到 0.09MPa。蒸

馏器内的绝对压力由 0.1MPa 降低为 0.01MPa 的过程,所需时间约 9min。由试验测得容器内的真空度在 0.09MPa 状态下可维持近 2h,说明蒸馏器密封性能很好,可满足试验要求。

2. 蒸馏器保温效果的测试

为了检测蒸馏器外侧保温层及面盖玻璃板的散热量,先用电加热代替氙灯加热海水,让海水在过热条件下汽化。蒸馏器的表面积为 0.283m²,加热后海水的初始温度 t_1' 为 53 ℃,海水层高度为 15cm。蒸馏器抽真空,当绝对压力为 0.01MPa 时,从观察窗上可以看到蒸馏器内海水沸腾剧烈,产生大量气泡。产生的蒸气经冷凝器冷凝。海水蒸发所耗潜热由海水提供,可致海水温度显著下降。经过约 30min,当蒸馏器内的海水温度 t_2' 为 47℃时,停止试验,从冷凝器中放出淡水,总量为 380mL。

假定蒸馏器中产生的蒸气全部被冷凝为淡水,海水由 53℃变为 47℃的过程中放出的热量 Q_1 为

$$Q_1 = Mc_p(t_1' - t_2') \tag{3-21}$$

式中,M 为蒸馏器内海水的质量,kg;c_p 为海水的定压比热容,kJ/(kg · ℃);对于海水,$c_p = 4.10\text{kJ}/(\text{kg} \cdot ℃)$,代入式(3-24),计算得:$Q_1 = 1044.27\text{kJ}$。

蒸气在蒸发过程中所吸收的热量 Q_2 为

$$Q_2 = m\gamma \tag{3-22}$$

式中,m 为蒸发所产生的蒸气量,kg;γ 为蒸气的汽化潜热,kJ/kg。

由水和蒸气性质表查得 $\gamma = 2391.5\text{kJ/kg}$,代入式(3-22),计算得:$Q_2 = 908.77\text{kJ}$,则能量的有效利用率为

$$\eta = \frac{Q_2}{Q_1} = \frac{908.77}{1044.27} = 87\% \tag{3-23}$$

从试验结果可知,蒸馏器及玻璃面盖的散热量为13%。由于玻璃面盖没有保温,其内外侧温差较大,约为 20℃,是产生能量损失的主要部位,使用模拟太阳加热后,将使玻璃面盖内外温差适当减小,热损失也会随之降低。

3. 影响产水量的因素分析

对试验装置进行抽真空测试及保温测试后,用氙灯模拟太阳光,加热蒸馏器中的海水,研究装置在给定的辐照度条件下的产水量。海水的初始温度 t_1 为 44℃,海水层高度为 10cm。加热后海水的温度 t_3 为 54℃,蒸馏器内的绝对压力为 0.01MPa,集热板表面积(以下简称"集热面积")为 0.283m²。试验中测得装置

的产水量为 0.26kg/h。

1) 辐照度与产水量的关系

海水淡化系统的产水量与从外界获得的能量有关。进入蒸馏器内的能量，除少量散热损失，大部分用来加热海水，使其沸腾蒸发。本节采用的集热板直径为 0.6m，集热面积约为 0.283m²，海水中盐分的浓度越大，对设备的腐蚀性就越大，一般取海水盐分的初始浓度 C_0 为 3.5%，蒸发后的浓度 C_1 为 5.5%。辐照度 I 与产水量的关系如图 3-34 所示。

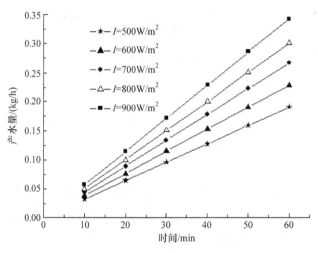

图 3-34　辐照度与产水量的关系

由图 3-34 中几组直线的斜率可以看出，随着辐照度的增大，单位时间内产水量也在增大。由于太阳辐照度受日地距离、地球大气层厚度、地理纬度、季节及太阳时角等影响，提供的辐照度总是有上限的。因此，对于太阳能海水淡化装置而言，充分回收蒸气的冷凝潜热，加大其热量的循环使用，对于提高装置的产水量尤为重要。

2) 集热面积与产水量的关系

在辐照度 I 一定的情况下，集热面积 F 越大，蒸馏器得到的热量就越多。相应地，装置产水量就越大。海水盐分的浓度、湿度及蒸馏器内的工作压力如上所述，取辐照度为 800W/m²，集热面积与产水量的关系如图 3-35 所示。

由图 3-35 可知，时间越长，产水量越高。从几组直线的变化趋势可以看出，在其他条件相同的情况下，集热面积越大，产水量就越高。因此，可通过增大装置的集热面积，提高产水量。

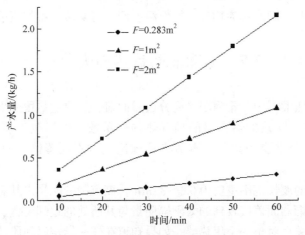

图 3-35 集热面积与产水量的关系

3) 压力与产水量的关系

水的沸点与压力有关，压力越大，水的沸点越高；反之越低。因此，在低压条件下，可使用低温热源加热海水使其蒸发。海水盐分的初始浓度、温度及集热面积如上所述，取辐照度 $I = 900W/m^2$，蒸馏器内的绝对压力 P 与产水量的关系如图 3-36 所示。

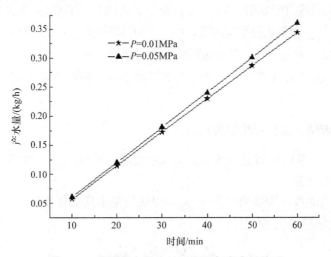

图 3-36 蒸馏器内的绝对压力 P 与产水量关系

从图 3-36 中两条直线的斜率来看，蒸馏器内的压力对产水量影响不大，这是因为当蒸馏器内得到的热量一定时，产水量与沸腾时的汽化潜热有关，在 0.01MPa 及 0.05MPa 下水的汽化潜热 γ 仅相差 87.43kJ/kg，因此产水量相差不大。蒸馏器在负压下工作的主要原因是可使海水沸点降低；可利用电厂和其他工厂的低温废热及太阳能作为热源；操作温度低，可减缓设备的腐蚀和结垢。

3.7 蒸馏器面盖热损失分析

在太阳能蒸馏器中，希望阳光充分透过面盖，且热量尽可能少地向外散失，因此分析具有不同蒸馏器面盖的顶部热损失系数，对于改进装置性能，提高产水量具有十分重要的意义。本节将从理论上对不同蒸馏器面盖有效得热量进行比较。

太阳辐射的波长范围主要为 0.3～3.0μm，该范围的能量占其总能量的 97% 以上。太阳能蒸馏器面盖接收到的太阳辐照量与其所处的地理位置、时间、季节和气象等条件有关。对于一个集热器，如果知道在任一给定时间段及气象条件下的瞬时集热性能，就可得出某一天或更长时间范围内工作的集热性能。

在一个给定的时间间隔内，集热板获得的有效太阳辐照量可分为集热板的有效得热量和损失到周围环境的热量(按稳定工况考虑，不计集热板储存或放出的热量)。集热板的有效得热量可用能量平衡方程式表示[33]：

$$Q_u = A_c \left[S - U_L(T_{p,m} - T_a) \right] \tag{3-24}$$

式中，A_c 为集热板面积，m^2；U_L 为集热板对于环境的总热损失系数，$W/(m^2 \cdot K)$；$T_{p,m}$ 为集热板平均温度，K；T_a 为环境温度，K；S 为集热板获得的有效太阳辐照量，W/m^2；Q_u 为蒸馏器的有效得热量，W。

下面以式(3-24)为基础，分别对以下三种不同类型蒸馏器面盖的热损失进行分析。

3.7.1 单层玻璃面盖顶部热损失系数

图 3-37 为单层玻璃面盖蒸馏器结构示意图及其换热网络图[34]，下面将对它的性能做详细分析。

单层玻璃面盖蒸馏器的热损失 Q_L 可以认为是由顶部热损失 Q_T、底部热损失 Q_B 和四周边缘热损失 Q_E 组成，即

$$Q_L = Q_T + Q_B + Q_E \tag{3-25}$$

为了便于比较，在此只分析顶部热损失 Q_T，底部热损失 Q_B 和四周边缘热损失 Q_E 暂不予考虑。顶部热损失主要与集热板及面盖的温度，面盖与集热板之间介质的换热方式、面盖的热性质和周围环境的气象条件等有关。

在稳定工况下，假设面盖不吸收太阳能，集热板与玻璃面盖间的换热量应当等于从玻璃面盖表面散失到周围环境的热量。因此，顶部热损失可以表示为

$$Q_\mathrm{T} = U_\mathrm{t} A_\mathrm{a} (T_\mathrm{g} - T_\mathrm{a}) \tag{3-26}$$

式中，Q_T 为顶部热损失，W；U_t 为顶部热损失系数，W/(m$^2 \cdot$ K)；A_a 为顶部面积，m^2；T_g 为玻璃面盖的温度，K；T_a 为环境温度，K。

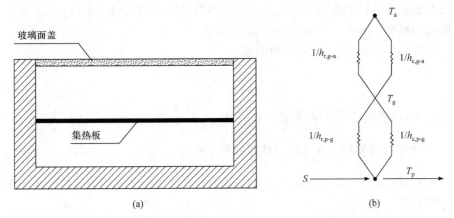

图 3-37　单层玻璃面盖蒸馏器结构示意图(a)及其换热网络图(b)[34]

蒸馏器顶部热损失是由面盖和周围环境之间的对流和辐射换热造成的。由图 3-37(b)分析可得，单层玻璃面盖蒸馏器的顶部热损失系数 U_t 可由式(3-27)确定：

$$U_\mathrm{t} = \cfrac{1}{\left(\cfrac{1}{h_\mathrm{c,p\text{-}g} + h_\mathrm{r,p\text{-}g}}\right) + \left(\cfrac{1}{h_\mathrm{c,g\text{-}a} + h_\mathrm{r,g\text{-}a}}\right)} \tag{3-27}$$

式中，各项换热系数的计算式如下。

1. 集热板和玻璃面盖之间的对流换热系数 $h_\mathrm{c,p\text{-}g}$

集热板与玻璃面盖之间的对流换热属于两平行板之间的自然对流换热。Cane 等[35]用空气做试验研究，得到平板集热器倾斜角在 0°～75°变化时，Nu 和 Ra 的关系为

$$Nu = 1 + 1.44 \left[1 - \frac{1708}{Ra\cos\beta}\right]^+ \left[1 - \frac{(\sin 1.8\beta)^{1.6} \times 1708}{Ra\cos\beta}\right] + \left[\left(\frac{Ra\cos\beta}{5830}\right)^{1/3} - 1\right]^+$$

$$\tag{3-28}$$

式中，指数"+"表示方括号内的值为正时，此项有意义，若方括号内的值为

负，则用零来代替；β 为集热板倾斜角，(°)；Ra 为瑞利数，$Ra = \dfrac{g\beta'\Delta TL^3}{va}$，$g$ 为重力加速度，m/s^2，β' 为体积膨胀系数，对于理想气体是 $\dfrac{1}{T}$，1/K，ΔT 为吸热板与玻璃面盖间的温度差，K，L 为吸热板与玻璃面盖间的距离，m，v 为空气的运动黏度，m/s^2，a 为空气的热扩散系数，m^2/s。

对流换热系数 $h_{\text{c,p-g}}$ 由式(3-29)计算：

$$h_{\text{c,p-g}} = \frac{Nu \cdot \lambda}{L} \tag{3-29}$$

式中，λ 为夹层空气的导热系数，W/(m^2 · K)。

2. 集热板与玻璃面盖之间的辐射换热系数 $h_{\text{r,p-g}}$

在假设玻璃对长波辐射不透过的条件下，集热板与玻璃面盖间的辐射换热系数可表示为

$$h_{\text{r,p-g}} = \frac{\sigma\left(T_{\text{p}}^2 + T_{\text{g}}^2\right)(T_{\text{p}} + T_{\text{g}})}{\dfrac{1}{\varepsilon_{\text{p}}} + \dfrac{1}{\varepsilon_{\text{g}}} - 1} \tag{3-30}$$

式中，σ 为玻尔兹曼常数，$\sigma = 5.6697 \times 10^{-8}$ W/(m^2 · K^4)；T_{p} 为集热板的平均温度，K；ε_{p} 为集热板的发射率；ε_{g} 为玻璃面盖的发射率。

3. 玻璃面盖与天空辐射换热系数 $h_{\text{r,g-a}}$

为方便起见，将辐射换热系数线性化，并改写成玻璃面盖与周围环境换热的形式：

$$h_{\text{r,g-a}} = \frac{\varepsilon_{\text{g}}\sigma(T_g^2 + T_S^2)(T_g^2 - T_S^2)}{(T_g - T_a)} \tag{3-31}$$

式中，取 $T_S = 0.0552T_a^{1.5}$。

4. 风吹过玻璃面盖表面的对流换热系数 $h_{\text{c,g-a}}$

完全无风的情况极少发生，风吹过外层玻璃表面的对流换热系数按有风吹过时计算，即

$$h_{\text{c,g-a}} = 2.8 + 3.0v \tag{3-32}$$

式中，v 为室外风速，m/s。

3.7.2　双层玻璃面盖顶部热损失系数

图 3-38 为双层玻璃面盖蒸馏器结构示意图及其换热网络图。与单层玻璃面盖相比其玻璃面盖为双层，采用与单层面盖相类似的方法进行分析，具体过程如下。

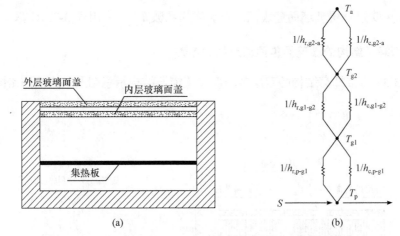

图 3-38　双层玻璃面盖蒸馏器结构示意图(a)及其换热网络图(b)[34]

图 3-38 中，各项换热系数分析如下：

(1) 集热板和内层玻璃面盖之间的对流换热系数 $h_{c,p\text{-}g1}$ 采用式(3-28)和式(3-29)计算。

(2) 集热板和内层玻璃面盖之间的辐射换热系数 $h_{r,p\text{-}g1}$ 采用式(3-33)计算：

$$h_{r,p\text{-}g1} = \frac{\sigma\left(T_p^2 + T_{g1}^2\right)\left(T_p + T_{g1}\right)}{\dfrac{1}{\varepsilon_p} + \dfrac{1}{\varepsilon_{g1}} - 1} \tag{3-33}$$

式中，T_{g1} 为内层玻璃面盖的平均温度，K；ε_{g1} 为内层玻璃面盖的发射率。

(3) 内层玻璃面盖和外层玻璃面盖之间的对流换热系数 $h_{c,g1\text{-}g2}$ 采用式(3-28)和式(3-29)计算。

(4) 内层玻璃面盖和外层玻璃面盖之间的辐射换热系数 $h_{r,g1\text{-}g2}$ 采用式(3-34)计算：

$$h_{r,g1\text{-}g2} = \frac{\sigma(T_{g1}^2 + T_{g2}^2)\left(T_{g1} + T_{g2}\right)}{\dfrac{1}{\varepsilon_{g1}} + \dfrac{1}{\varepsilon_{g2}} - 1} \tag{3-34}$$

式中，T_{g2} 为外层玻璃面盖的平均温度，K；ε_{g2} 为外层玻璃面盖的发射率。

(5) 外层玻璃面盖与天空辐射换热系数 $h_{r,g2-a}$ 采用式(3-35)计算：

$$h_{r,g2\text{-}a} = \frac{\varepsilon_{g2}\sigma\left(T_{g2}^2 + T_S^2\right)\left(T_{g2}^2 - T_S^2\right)}{\left(T_{g2} - T_a\right)} \tag{3-35}$$

(6) 风吹过外层玻璃面盖表面的对流换热系数 $h_{c,g2-a}$ 采用式(3-32)计算。

3.7.3　带蜂窝结构的玻璃面盖顶部热损失系数

图 3-39 为带蜂窝结构的双层玻璃面盖蒸馏器结构示意图及其换热网络图。

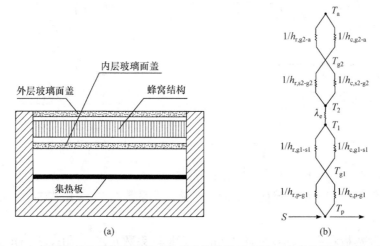

图 3-39　带蜂窝结构的双层玻璃面盖蒸馏器结构示意图(a)及其换热网络图(b)[34]

　　我国的袁卫星等[36]和叶宏等[37]进行了利用蜂窝结构来减少太阳能集热器的热损失方面的研究。目前，了解到集热器的热损失主要与蜂窝结构的高宽比 L/D 和长宽比 W/D，集热板与蜂窝之间的空气间隙 δ，以及透明蜂窝材料的物理特性等有关。由于在集热器两层玻璃面盖中加入蜂窝结构，既能增加入射光的有效透射率，又能减小集热器向环境的散热损失，但采用何种蜂窝结构为最佳选择仍不确定。

　　对于蜂窝结构的隔热问题，国内外众多学者进行了大量的研究，取得了有价值的结论。Daryabeigi[38]采用有限差分法模拟导热、辐射耦合作用下，蜂窝结构的导热系数。Edwards 等[39]研究了蜂窝结构空腔内空气自然对流对蜂窝传热的影响。

　　本小节对蜂窝单胞模型进行理论分析，得到蜂窝单胞模型纵向导热系数的求解公式。

1. 蜂窝的物理模型及简化

蜂窝结构及其单胞结构示意如图 3-40 所示。蜂窝结构包括上、下面板和中间的蜂窝芯，蜂窝芯与上、下面板通过胶黏剂胶结起来，蜂窝芯为正六棱柱结构。

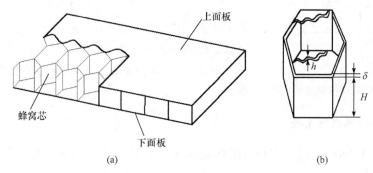

图 3-40　蜂窝结构(a)及其单胞结构(b)示意图

由图 3-40 可看出，蜂窝上、下面板的厚度 h 分别与蜂窝的高度 H 和厚度 δ 之比相对较小，可以认为当热传递方向与蜂窝厚度方向平行时，蜂窝的传热特性可以用单胞模型纵向导热系数来代表。下面分析蜂窝单胞模型的传热过程，得出蜂窝结构等效热传导系数的计算公式。

2. 等效热传导系数的计算公式

蜂窝结构是一种复杂的几何结构，它不能像其他连续体那样，给出导热系数，因此为了表征蜂窝结构的导热特性，需要给出蜂窝结构的等效导热系数。蜂窝结构热传递过程示意如图 3-41 所示。计算图 3-40(b)所示的上、下面板之间的等效导热系数。采用稳态分析法，设平行于上、下面板的平面上，热流密度 q 相等。

由式(3-36)可求热流密度：

$$q = \lambda_1 \frac{T_1 - T_{s,1}}{h} = \lambda_1 \frac{T_{s,2} - T_2}{h} \qquad (3-36)$$

式中，h 为上、下面板的厚度，m；λ_1 为上、下面板的导热系数，W/(m·K)；T_1 和

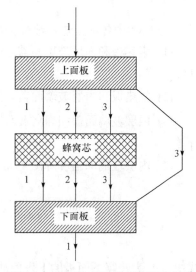

图 3-41　蜂窝结构热传递过程示意图
1-导热传热；2-对流传热；3-辐射传热

T_2 分别为上面板的上表面温度和下面板的下表面温度，K；$T_{s,1}$ 和 $T_{s,2}$ 为上面板

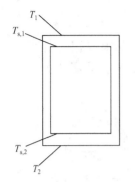

图 3-42　蜂窝结构温度示意图

的下表面温度和下面板的上表面温度，K。

图 3-42 为蜂窝结构温度示意图。根据导热基本定律可推出：

$$\lambda_{e} = \frac{qH}{T_1 - T_2} = \frac{qH}{T_{s,1} - T_{s,2}} \tag{3-37}$$

式中，H 为蜂窝高度，m；λ_{e} 为上、下面板之间蜂窝结构的等效导热系数，W/(m·K)。

用式(3-37)即可求出蜂窝单胞模型的等效导热系数 λ_{e}。

3. 顶部热损失系数

由图 3-39(b)可得，带蜂窝结构玻璃面盖蒸馏器的顶部热损失系数 U_{t}'' 可表示为

$$U_{t}'' = \cfrac{1}{\left(\cfrac{1}{h_{c,p\text{-}g1} + h_{r,p\text{-}g1}}\right) + \left(\cfrac{1}{h_{c,g1\text{-}s2} + h_{r,g1\text{-}s2}}\right) + \cfrac{H}{\lambda_{e}} + \left(\cfrac{1}{h_{c,s1\text{-}g2} + h_{r,s1\text{-}g2}}\right) + \left(\cfrac{1}{h_{c,g2\text{-}a} + h_{r,g2\text{-}a}}\right)} \tag{3-38}$$

式(3-38)中各项换热系数分析如下：

(1) 集热板和内层玻璃面盖之间的对流换热系数 $h_{c,p\text{-}g1}$ 采用式(3-28)和式(3-30)计算。

(2) 集热板和内层玻璃面盖之间的辐射换热系数 $h_{r,p\text{-}g1}$ 采用式(3-33)计算。

(3) 内层玻璃面盖和蜂窝下面板的对流换热系数 $h_{c,g1\text{-}s2}$ 采用式(3-28)和式(3-30)计算。

(4) 内层玻璃面盖和蜂窝下面板的辐射换热系数 $h_{r,g1\text{-}s2}$ 采用式(3-39)计算：

$$h_{r,g1\text{-}s2} = \frac{\sigma\left(T_{g1}^2 + T_2^2\right)\left(T_{g1} + T_2\right)}{\dfrac{1}{\varepsilon_{g1}} + \dfrac{1}{\varepsilon_2} - 1} \tag{3-39}$$

式中，T_2 为蜂窝下面板的下表面温度，K；ε_2 为蜂窝下面板的发射率。

(5) 蜂窝结构的等效导热系数 λ_{e} 采用式(3-37)计算。

(6) 蜂窝上面板和外层玻璃面盖之间的对流换热系数 $h_{c,s1\text{-}g2}$ 采用式(3-28)和式(3-30)计算。

(7) 蜂窝上面板和外层玻璃面盖之间的辐射换热系数 $h_{r,s1\text{-}g2}$ 采用式(3-40)计算：

$$h_{r,s1\text{-}g2} = \frac{\sigma\left(T_{g2}^2 + T_1^2\right)\left(T_{g2} + T_1\right)}{\dfrac{1}{\varepsilon_{g2}} + \dfrac{1}{\varepsilon_1} - 1} \tag{3-40}$$

式中，T_1 为蜂窝上面板的上表面温度，K；ε_1 为蜂窝上面板的发射率。

(8) 外层玻璃面盖与天空辐射换热系数 $h_{r,g2\text{-}a}$ 采用式(3-41)计算：

$$h_{r,g2\text{-}a} = \frac{\varepsilon_{g2}\sigma\left(T_{g2}^2 + T_S^2\right)\left(T_{g2}^2 - T_S^2\right)}{\left(T_{g2} - T_a\right)} \tag{3-41}$$

(9) 风吹过外层玻璃面盖表面的对流换热系数 $h_{c,g2\text{-}a}$ 采用式(3-32)计算。

3.7.4 集热板获得的有效太阳辐照量

以北京市 5 月 15 日下午 1:00～2:00 为例，这一天是月平均日，水平面上总辐照量 $\bar{H} = 19.87\,\text{MJ/m}^2$，赤纬角 $\delta = 18.8°$，地理纬度 $\varphi = 40°N$，可得当天的白昼长 N：

$$N = \frac{2}{15}\cos^{-1}(-\tan\varphi\tan\delta) = 14.2\,\text{h}$$

中间点的时角 $\omega = 22.5°$，日出(日落)的时角 $\omega_s = \arccos(-\mathrm{tg}\delta\mathrm{tg}\varphi) = 106.6°$。

将以上数据代入式(3-42)可得

$$\begin{cases} a = 0.409 + 0.501\sin(\omega_s - 60°) \\ b = 0.6609 - 0.476\sin(\omega_s - 60°) \end{cases} \tag{3-42}$$

式中，a 和 b 为气候修正常数，可求得 $a = 0.7734$，$b = 0.3145$。

将以上数据代入式(3-43)可得

$$r_t = \frac{I}{\bar{H}} = \frac{\pi}{24}(a + b\cos\omega)\frac{\cos\omega - \cos\omega_s}{\sin\omega_s - \left(\dfrac{2\pi\omega_s}{360°}\right)\cos\omega_s} \tag{3-43}$$

式中，r_t 为每小时辐照量与月平均日全天总辐照量之比；I 为每小时水平面上的辐照量，MJ/m^2。可求得 $r_t = 0.1131$。则有

$$I = \bar{H} \cdot r_t = 19.87 \times 0.1131 = 2.247\,(\text{MJ/m}^2)$$

再由式(3-44)可得

$$r_d = \frac{I_d}{H_d} = \frac{\pi}{24}\frac{\cos\omega - \cos\omega_s}{\sin\omega_s - \left(\dfrac{2\pi\omega_s}{360°}\right)\cos\omega_s} \tag{3-44}$$

式中，r_d 为每小时散射辐照量与月平均日散射辐照量之比；I_d 为每小时散射辐照量，MJ/m^2；$\bar{H}_d$ 为月平均日散射辐照量，MJ/m^2。可求得 $r_d = 0.1063$。

由大气层外月平均日太阳辐照量 $\bar{H}_0$ 表，查得北京市 5 月份 $\bar{H}_0 = 39.3$ MJ/m^2，则晴空指数 $K_T = \dfrac{\bar{H}}{\bar{H}_0} = \dfrac{19.87}{39.3} = 0.506$，再由式(3-45)可得

$$\frac{\bar{H}_d}{\bar{H}} = 0.775 + 0.00653(\omega_s - 90) - \left[0.505 + 0.0455(\omega_s - 90)\right]\cos(115K_T - 103)$$

(3-45)

求得 $\dfrac{\bar{H}_d}{\bar{H}} = 0.4719$，则有 $\bar{H}_d = 0.4719\bar{H} = 9.376\,MJ/m^2$。将 $\bar{H}_d$ 代入式(3-44)计算可得：$I_d = \bar{H}_d r_d = 0.997\,MJ/m^2$。

根据 $I = I_d + I_b$，可得每小时直射辐照量：

$$I_b = I - I_d = 2.247 - 0.997 = 1.25\,(MJ/m^2)$$

1. 单层玻璃面盖蒸馏器

已知条件：玻璃消光系数 K 为 $32m^{-1}$，玻璃厚度 l 为 $2.3mm$，太阳光入射角 θ_1 为 $60°$，集热器倾斜角 β 为 $40°$，玻璃对太阳辐射的平均折射率 n_2 为 1.526，集热板发射率 ε_P 为 0.95，集热板吸收率 α 为 0.95。

由斯涅耳定理，即 $\dfrac{n_1}{n_2} = \dfrac{\sin\theta_2}{\sin\theta_1}$，可得折射角 $\theta_2 = \arcsin\left(\dfrac{\sin 60°}{1.526}\right) = 34.58°$

则有

$$\begin{cases} \text{偏振光的垂直分量} \quad r_\perp = \dfrac{\sin^2(\theta_2 - \theta_1)}{\sin^2(\theta_2 + \theta_1)} = \dfrac{\sin^2(34.58° - 60°)}{\sin^2(34.58° + 60°)} = 0.185 \\[4mm] \text{偏振光的平行分量} \quad r_\| = \dfrac{\tan^2(\theta_2 - \theta_1)}{\tan^2(\theta_2 + \theta_1)} = \dfrac{\tan^2(34.58° - 60°)}{\tan^2(34.58° + 60°)} = 0.001 \end{cases}$$

由此可得，由反射引起的透射率：

$$\tau_r = \frac{1}{2}\left(\frac{1 - r_\perp}{1 + r_\perp} + \frac{1 - r_\|}{1 + r_\|}\right) = \frac{1}{2}\left(\frac{1 - 0.185}{1 + 0.185} + \frac{1 - 0.001}{1 + 0.001}\right) = 0.843$$

由吸收引起的透射率：

$$\tau_\alpha = e^{-Kl/\cos\theta_2} = e^{-32\times 0.0023/\cos 34.58°} = e^{-0.0894} = 0.915$$

则对于单层玻璃面盖的实际透射率：

$$\tau = \tau_r \tau_\alpha = 0.843 \times 0.915 = 0.771$$

因此，单层玻璃面盖的有效透射率-吸收率乘积为

$$(\tau\alpha)_e = (\tau\alpha) + (1 - \tau_\alpha)\alpha_1 = (0.771 \times 0.95) + (1 - 0.915) \times 0.27 = 0.755$$

集热板获得的有效太阳辐照量 S 为

$$S = \left[I_b R_b + I_d \left(\frac{1 + \cos\beta}{2} \right) + (I_b + I_d)\rho \left(\frac{1 - \cos\beta}{2} \right) \right](\tau\alpha)_e \tag{3-46}$$

式中，R_b 为集热器对太阳辐射的直射修正因子；ρ 为地面反射率，普通地面取 0.1，积雪时可取 0.7。

$$R_b = \frac{\cos(\varphi - \beta)\cos\delta\cos\omega + \sin(\varphi - \beta)\sin\delta}{\cos\varphi\cos\delta\cos\omega + \sin\varphi\sin\delta} = 0.997$$

将数据代入式(3-46)，有

$$S = \left[1.25 \times 0.997 + 0.997 \times \left(\frac{1 + \cos 40°}{2} \right) + 2.247 \times 0.1 \times \left(\frac{1 - \cos 40°}{2} \right) \right] \times 0.7554$$

$$= 2.153 \times 0.7554 = 1.626(\text{MJ/m}^2)$$

蒸馏器面盖单位面积上接收到的太阳辐照量为

$$I_T = I_b R_b + I_d R_d + I\rho R_\rho \tag{3-47}$$

式中，I_T 为蒸馏器面盖单位面积上接收到的太阳辐照量，MJ/m^2；R_d 为蒸馏器面盖对太阳散射的修正因子；R_ρ 为集热器对地面反射的修正因子。代入数据计算得 $I_T = 2.153\,\text{MJ/m}^2$，则单层玻璃面盖引起的热损失 q_1 为

$$q_1 = T_T - S = 2.153 - 1.626 = 0.527(\text{MJ/m}^2)$$

2. 双层玻璃面盖蒸馏器

双层玻璃面盖的有效透射率-吸收率乘积为

$$(\tau\alpha)_e = (\tau\alpha) + (1 - \tau_\alpha) \times (\alpha_1 + \alpha_2\tau)$$

$$= (0.771 \times 0.95) + (1 - 0.915) \times (0.15 + 0.62 \times 0.771) = 0.786$$

集热板获得的有效太阳辐照量 S'：

$$S' = \left[I_b R_b + I_d \left(\frac{1 + \cos\beta}{2} \right) + (I_b + I_d)\rho \left(\frac{1 - \cos\beta}{2} \right) \right](\tau\alpha)_e$$

$$= \left[1.25 \times 0.997 + 0.997 \times \left(\frac{1 + \cos 40°}{2} \right) + 2.247 \times 0.1 \times \left(\frac{1 - \cos 40°}{2} \right) \right] \times 0.786$$

$$= 1.692(\text{MJ/m}^2)$$

则双层玻璃面盖引起的热损失 q_1' 为

$$q_1' = I_T - S' = 2.153 - 1.692 = 0.461\,(\text{MJ/m}^2)$$

3. 蜂窝结构玻璃面盖蒸馏器

对于蜂窝结构玻璃面盖蒸馏器，太阳光经外层玻璃面盖、透明蜂窝结构、内层玻璃面盖照射到集热板表面，透明蜂窝结构的有效透射率为

$$\tau_e = \left[(1 - A\tan\theta + N) + (A\tan\theta - N)\rho_e \right] \tau_h^2 \rho_e^N \tag{3-48}$$

式中，A 为蜂窝单元的高宽比，$A = L/D$，L 为蜂窝单元高，m，D 为蜂窝单元宽度，m；N 为对 $A\tan\theta$ 取整函数，$N = [A\tan\theta]$；ρ_e 为蜂窝材料的透射率 τ_h 和反射率 ρ_h 之和，即 $\rho_e = \tau_h + \rho_h$。

取蜂窝材料性能进行计算：$\rho_h = 0.05$，$\tau_h = 0.85$，$\theta = 60°$。图 3-43 是不同高宽比下蜂窝有效透射率 τ_e 与入射角 θ 的关系[40]。由图 3-43，取 $A = 1$，$N = [A\tan\theta] = [\tan 60°] = 1$。

透明蜂窝的有效透射率为

$$\tau_e = \left[(1 - \tan 60° + 1) + (\tan 60° - 1)(0.05 + 0.85) \right] \times 0.85^2 \times (0.05 + 0.85)^1$$
$$= 0.603$$

集热板获得的有效太阳辐照量 S'' 为

$$S'' = \left[I_b R_b + I_b \left(\frac{1 + \cos\beta}{2} \right) + (I_b + I_d)\rho \left(\frac{1 - \cos\beta}{2} \right) \right] (\tau\alpha)_e''$$
$$= \left[1.25 \times 0.997 + 0.997 \times \left(\frac{1 + \cos 40°}{2} \right) + 2.247 \times 0.1 \times \left(\frac{1 - \cos 40°}{2} \right) \right] \times 0.803$$
$$= 1.729(\text{MJ/m}^2)$$

蜂窝结构玻璃面盖引起的热损失 q_1'' 为

$$q_1'' = I_T - S'' = 2.153 - 1.729 = 0.424\,(\text{MJ/m}^2)$$

4. 蒸馏器有效得热量比较

综合本小节提到三种面盖蒸馏器顶部热损失系数的理论分析和有效得热量的理论计算可知，在集热面积、蒸馏器内外温差和太阳辐照度一定的情况下，忽略三种蒸馏器的四周边缘热损失和底部热损失，则蜂窝结构玻璃面盖蒸馏器所获得的有效太阳辐照量最大，但其顶部热损失系数最小。因此，蜂窝结构的玻璃面盖蒸馏器有效得热量最大，其次是双层玻璃面盖蒸馏器，有效得热量最少的是单层玻璃面盖蒸馏器。

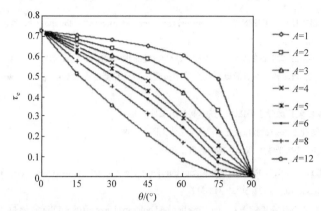

图 3-43　不同高宽比下蜂窝有效透射率 τ_e 与入射角 θ 的关系[40]

　　蜂窝透明绝热材料填充于集热装置的透光面盖之下，而蜂窝夹层对集热板和面盖之间的对流换热和辐射换热均起到了抑制作用。因此，绝热透明蜂窝具有热二极管的作用，既能透过太阳光，又具有优异的隔热功能，可以显著提高集热器的效率，在太阳能热利用、建筑节能上具有广阔的应用前景。

参 考 文 献

[1] 张瑞祥, 裴胜, 刘慧娟, 等. 低温多效海水淡化设备结垢原因分析及处理[J]. 热力发电, 2013, 42(7): 97-99, 104.

[2] 王世昌. 海水淡化工程[M]. 北京: 化学工业出版社, 2003.

[3] ZHANG L X, GAO S Y, ZHANG H F. Analysis of collected heat by solar collectors fixed on the outside wall of balcony[J]. Advanced Materials Research, 2011, 219-220: 633-637.

[4] 谭天恩, 麦本熙, 丁惠华. 化工原理(上)[M]. 北京: 化学工业出版社, 1984.

[5] KALOGIROU S. Survey of solar desalination systems and system selection[J]. Energy, 1997, 22(1): 69-81.

[6] 许莉, 王世昌, 王宇新, 等. 水平管外壁薄膜蒸发侧表面传热系数[J]. 化工学报, 2004(1): 19-24.

[7] ZHANG L X, ZHOU S, ZHANG H F. The process researches for the desalination using residual heat of flue gas[J]. International Multi-Conference of Engineers and Computer Scientists, 2009, 2175(1): 22.

[8] 朱冠聘. 换热器原理及计算[M]. 北京: 清华大学出版社, 1987.

[9] 冯健美, 屈宗长, 张强, 等. 水平管外及管束间凝结换热的计算[J]. 制冷技术. 2000, 19(3): 72-76.

[10] 冯青, 李世武, 张丽. 工程热力学[M]. 西安: 西北工业大学出版社, 2006.

[11] (德)瓦格纳 W, 克鲁泽 A. 水和蒸气的性质[M]. 项红卫, 译. 北京: 科学出版社, 2003.

[12] 富大成, 马克承. 水平管束外蒸气冷凝对流传热系数的简化计算[J]. 炼油设计, 1993, 23(5): 53-57.

[13] 雒华生, 钟理, 伍钦. 流体力学与传热学[M]. 广州: 华南理工大学出版社, 2004.

[14] 王铁军. 喷淋蒸发翅片管式冷凝器传热传质研究[J]. 低温与超导, 2006, 34(4): 299-302.

[15] 秦叔经, 叶文邦. 换热器[M]. 北京: 化学工业出版社, 2004.

[16] 闫全英, 刘迎云. 热质交换原理与设备[M]. 北京: 机械工业出版社, 2006.

[17] 史美中, 王中铮. 热交换原理与设计[M]. 南京: 东南大学出版社, 2001.

[18] ZHANG L X, ZHOU S Y, CHEN W B. Condensing property researches for the inorganic heat pipes condenser[J]. Advanced Materials Research, 2011, 204-210:2117-2122

[19] 刘乃玲, 陈伟, 邵东岳. 结构参数对管式蒸发冷却器冷却性能的影响[J]. 建筑热能通风空调, 2007 (4): 29-31, 51.

[20] 黄文江, 张剑飞, 陶文铨. 弓形折流板换热器中折流板对换热器性能的影响[J]. 工程热物理学报, 2007(6): 1022-1024.

[21] 叶其孝, 沈永欧. 实用数学手册[M]. 北京: 科学出版社, 2006.

[22] 张金利, 郭翠梨.化工基础试验[M].北京: 化学工业出版社, 2006.

[23] 杨世铭, 陶文铨. 传热学[M]. 北京: 高等教育出版社, 1998.

[24] BHAT P A, MITRA A K, ROY A N. Momentum transfer in a horizontal liquid-jet ejector[J]. The Canadian Journal of Chemical Engineering, 1972, 50(3): 313-317.

[25] BHUTADA S R, PANGARKAR V G. Gas induction and hold-up characteristics of liquid jet loop reactors[J]. Chemical Engineering Communications, 1987, 61(1-6): 239-258.

[26] HAVELKA P, LINEK V, SINKULE J, et al. Effect of the ejector configuration on the gas suction rate and gas hold-up in ejector loop reactors[J]. Chemical Engineering Science, 1997, 52(11): 1701-1713.

[27] KANDAKURE M T, GAIKAR V G, PATWARDHAN A W. Hydrodynamic aspects of ejectors[J]. Chemical Engineering Science, 2005, 60(22): 6391-6402.

[28] YADAV R L, PATWARDHAN A W. Design aspects of ejectors: Effects of suction chamber geometry[J]. Chemical Engineering Science, 2008, 63(15): 3886-3897.

[29] YUAN G F, ZHANG L X, ZHANG H F, et al. Numerical and experimental investigation of performance of the liquid-gas and liquid jet pumps in desalination systems[J]. Desalination, 2011, 276(1-3):89-95.

[30] VARGA S, OLIVEIRA A C, DIACONU B. Numerical assessment of steam ejector efficiencies using CFD[J]. International Journal of Refrigeration, 2009, 32(6): 1203-1211.

[31] 原郭丰, 张立琛, 张鹤飞. 液-液气引射器的数值模拟及试验研究[J]. 石油化工设备, 2010, 39(1): 1-5.

[32] 郭雪华, 喻健良, 麻韧. 高真空液-液气射流泵的结构设计[J]. 化工设计, 2000, 10(2): 22-24.

[33] 张鹤飞. 太阳能热利用原理与计算机模拟[M]. 西安: 西北工业大学出版社, 2004.

[34] 李祯, 张立琛. 太阳能海水淡化蒸馏器的设计研究[J]. 机械设计与制造 2010, 229(3): 195-197.

[35] CANE R, HOLLANDS K, RAITHBY G D, et al. Free convection heat transfer across inclined honeycomb panels[J]. Journal of Heat Transfer, 1977, 99(1):86-91.

[36] 袁卫星, 袁修干. 蜂窝平板太阳能集热气研制及闷晒性能试验[J]. 北京航空航天大学学报, 1997, 23(5): 627-631.

[37] 叶宏, 葛新石, 庄双勇, 等. 带透明蜂窝结构的太阳空气加热器的试验研究[J]. 太阳能学报, 2003, 24(1): 27-31.

[38] DARYABEIGI K. Heat transfer in adhesively bonded honeycomb core panels[J]. Journal of Thermophysics and Heat Transfer, 2002(2): 217-221.

[39] EDWARDS K D, MOLD A. Correlations for natural convection through high L/D rectangular cell[J]. Journal of Heat Transfer, 1979, 101(12): 741-743.

[40] 张立平. 蜂窝平板式太阳能空气集热器及太阳墙的研究[D]. 镇江: 江苏大学, 2007.

第4章 加湿除湿太阳能海水淡化

加湿除湿太阳能海水淡化法是一种将太阳能作为热源来加热空气/海水，并以海水加湿空气，最后通过冷却湿空气制取淡水的方法。该方法是热利用率最高的太阳能海水淡化方法之一，其优点是工作温度低(一般在 70～90℃)，可用低温太阳能集热器供热；在常压下工作，电能消耗少；对进料海水的预处理要求低；加湿过程位于气-液界面而非传热面，设备不易结垢；易于拆装和维修，装置规模灵活且成本低[1]。

4.1 加湿除湿法

中小型海水淡化装置常采用加湿除湿法，该方法具有多种工艺形式，根据外部热源利用方式的不同，可分为直接法、间接法、热耦合法及温室法[2]；根据不同的加湿方法，可分为喷淋加湿法、鼓泡加湿法和喷射加湿法；根据加湿设备级数的不同，可分为单级加湿法和多级加湿法。在喷淋加湿过程中，还采用蜂窝状介质或多孔填充剂来强化传热传质。

1. 直接法

直接法即直接利用热源加热汽化海水，使空气加湿。Fath 等[3]在池式太阳能蒸馏器的基础上，设计了一个如图 4-1 所示的十级盆式加湿除湿装置，其中 θ 表示装置的倾斜角。海水在太阳光的直接照射下汽化并加湿空气，湿空气除了在蒸馏器的玻璃盖板上发生凝结之外，还被引入冷凝室继续除湿从而制取更多淡水。试验结果表明，冷凝室中得到的淡水量占总产水量的 60%左右。

2. 间接法

目前采用的加湿除湿法主要是间接法，该方法首先间接利用太阳能加热空气/海水，并以显热的方式在空气/海水中储存热能，然后利用显热使海水汽化并加湿空气。间接法的系统中一般包括蒸发室、冷凝室、太阳能集热器、海水泵和风机等设备。太阳能集热器的作用是加热空气/海水。

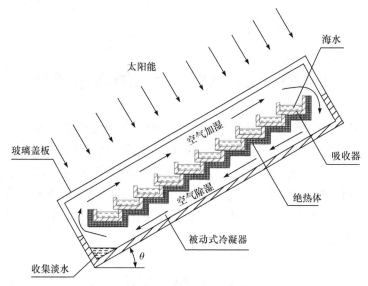

图 4-1　十级盆式加湿除湿装置示意图[3]

　　Orfi 等[4]提出了分别采用太阳能集热器加热空气和海水的加湿除湿海水淡化工艺。该工艺有两个太阳能集热器分别加热海水和空气，还有蒸发器和冷凝器。冷海水进入冷凝器被预热后，进入太阳能集热器被加热，再进入蒸发器与被太阳能集热器加热的热空气接触并被加湿，热湿空气进入冷凝器被冷却析出淡水。空气进入集热器重新被加热，再次进行循环。该项研究还根据热质平衡建立了每个主要部件的数学模型用来优化系统参数。研究表明，产水量取决于海水和空气的质量流量比。在 7 月的突尼斯，太阳能集热器日产水量的优化值为 $40L/m^2$。

　　Yamali 等[5]采用双层通道太阳能空气集热器研发了加湿除湿海水淡化系统。该系统的太阳能空气集热器分为上下两层，空气首先在集热器的上层被预热；其次，进入下层被进一步加热；再次，热空气进入蒸发器被海水加湿；最后，湿空气在冷凝器中被冷却析出淡水。研究中还建立了用于分析各参数、气象条件、空气加热器类型和设计参数对系统性能影响的数学模型。结果表明，双层太阳能空气集热器的产水量比单层提高了 8%。

　　图 4-2 是 Al-Hallaj 等[6]建立的典型间接法加湿除湿太阳能海水淡化装置。该装置采用平板太阳能集热器预热海水，然后将热海水喷淋在空气中，使空气加湿。在中东地区夏季晴朗的天气下，该装置的产水率为 $12kg/(m^2 \cdot d)$，是同样日照条件下太阳能蒸馏器产水率的 3 倍左右[7]。

　　Hou 等[8]在图 4-2 的基础上提出一种采用太阳能集热器加热海水，海水喷淋加湿除湿与多级盆式加湿除湿相结合的联合工艺；采用㶲分析法和夹点技术对多级喷淋加湿除湿系统进行了能量分析[9-10]。高蓬辉等[11]对蜂窝加湿的数学模型进

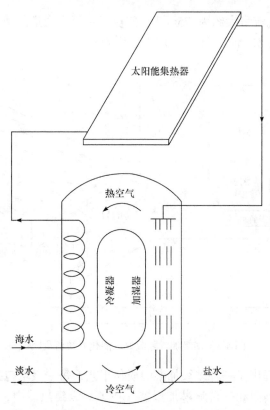

图 4-2　空气闭式循环间接法加湿除湿太阳能海水淡化装置示意图[6]

行了理论研究。

　　El-Agouz 等[12]设计了一种新型海水淡化装置,该装置以太阳能集热器加热海水,在蒸发塔中利用压力喷嘴喷射热海水对空气加湿,在冷凝塔对湿空气进行冷却除湿。加湿过程多余的海水向下流进入海水池后,通过水泵重新输入喷头。海水淡化系统的产水量高于之前研究的太阳能加湿除湿海水淡化系统。该系统的最大日产水效率约为 87%。Kabeel 等[13]研究了基于空气加湿除湿海水淡化系统的喷淋加湿技术。研究表明,在竖直方向上的喷淋加湿过程中,向上空气循环的加湿效率高于向下空气循环和自然对流循环的空气加湿效率。

　　上述研究中利用太阳能集热器加热海水,然后将热海水与常温空气接触来加湿空气,再将湿空气冷却制取淡水。这些方法都是依靠水来吸收太阳的辐射能。

　　Chafik[14]研制了把海水直接喷射到平板式空气集热器内的多级加湿除湿海水淡化装置,系统流程如图 4-3 所示。该装置利用太阳能将空气加热到 50～80℃,然后在被加热的空气中注入海水来加湿空气,通过冷却湿空气获得淡水。装置采用 15 个聚碳酸酯板平行的布置方式,每块板长为 3m,宽为 0.98m,通过每块聚碳酸酯板的干空气流量大约为 75m³/h，气流通过每个通道的速度约为 4m/s。在平均太阳辐照度为 500W/m² 下，日产水量为 400L。

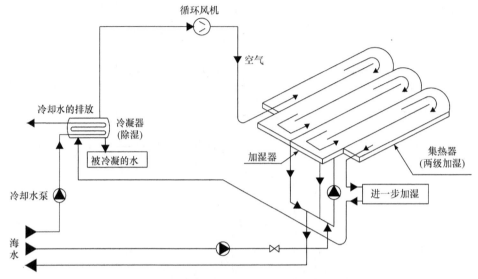

图 4-3　多级加湿除湿海水淡化系统流程[14]

　　Amara 等[15]提出了一种多级加湿的淡化工艺，每一级均包括一组面积 45m² 左右的太阳能集热器和一台喷淋加湿器。在第一级集热器中，空气被加热至约80℃，然后进入喷淋加湿器中加湿并冷却，产生的湿空气再进入下一级集热器，重复加热加湿和冷却过程，直至达到 60℃的饱和湿空气状态，最后进入间壁式换热器被冷海水冷却，凝结产生淡水。考虑到产水效率和成本等因素，经过多次试验，以四级加湿为最终方案，并在突尼斯建立了一个小型试验淡化厂，在年均太阳辐照度为 590W/m² 的条件下，日产水量可达 355kg。

　　间接法可与储能系统结合使用，实现稳定、连续的生产。例如，Muller-Holst 等[16]曾将一台加湿除湿淡化装置与一个适当大小的蓄热系统相结合，实现了装置的 24h 连续运行，大幅度降低了综合产水成本。

　　Dai 等[17]研究了以纸质蜂窝为传热传质介质的空气加湿方法。结果表明，采用蜂窝介质可增加海水与气流的接触面积，提高系统的换热效率。

　　El-Agouz 等[18]首次将鼓泡加湿法应用于海水淡化技术中，采用开孔输气管作为鼓泡器置入海水中，将气孔中流出的空气加湿。该研究利用鼓泡方式接触海水的加湿特性，得到了与多级喷淋加湿相当的加湿效果，其空气加湿效率近95%[19-20]。但该项研究仅针对海水淡化的加湿过程，并未与太阳能利用相结合。

　　将鼓泡加湿法与太阳能海水淡化技术相结合是一种新的尝试。Zhang 等[21]提出了利用太阳能加热空气和海水，采用开孔均匀的筛板式鼓泡器加湿空气和高效无机热管除湿器为热湿空气除湿的新型海水淡化工艺。该工艺设备简单，在常压下工作，可采用普通低温太阳能集热器加热空气和海水，鼓泡器可用耐腐蚀、无毒塑料材料制作，并且易于拆卸和清洗积垢。系统内的耗电部件仅有风机和海水泵，若采用间歇式补充海水的方式，则仅有风机消耗电能，因此整个系统操作费用和产水成本低。如果在无电地区使用，可采用太阳能光伏发电的方法驱动风机。但鼓泡加湿法应用于太阳能海水淡化，还有以下主要问题需要解决：鼓泡器的筛板开孔率、孔径、水层高度、水温和风量等参数对空气加湿率和风机耗电量的影响；操作参数和结构参数的变化对筛板上气泡的形成、聚并和破碎行为过程的影响。

3. 其他方法

1) 热耦合法

1989 年，Albers 等[22]提出了通过热传递，把加湿和除湿过程耦合起来，将除湿过程的冷凝潜热直接用于海水汽化的设想，这种方法被称为"露点蒸发法"[23]。Hamieh 等[24]利用薄壁聚丙烯板作为热传递介质，设计了一种板框式淡化装置，其产水率达到 0.26kg/(m^2·h)。天津大学曾设计了一种采用加湿除湿工艺的管壳式海水淡化柱，该淡化柱以壳程为冷凝室，管程为蒸发室，蒸发室与冷凝室保持同向的温度梯度，可有效回收水蒸气的冷凝潜热，热利用率及产水量得到有效提高[25]。当海水进口温度为 70～90℃时，该装置的产水率达到了 0.2～0.8kg/(m^2·h)，淡化水的含盐量为 20～30mg/L，与传统蒸馏法淡化水的水质相当[26]。

2) 温室法

该方法利用太阳光透过透明顶棚产生的温室效应加热室内空气，利用海水加湿空气，对热湿空气进行除湿得到淡水。Goosen 等[27]和 Perret 等[28]研究了一种颇具特色的加湿除湿太阳能海水淡化温室，在温室的进、出口安装有蒸发器，研究不同长度和宽度温室的产水能力，结果表明影响产水量的重要因素是温室宽度，增加温室宽度有助于提高产水量。

3) 鼓泡与喷射加湿法

2015 年，Kabeel 等[29]设计了一种带有相变材料蓄热的太阳能蒸馏器，采用双通道太阳能空气集热器加热空气，热空气进入排管，排管浸没在海水中，热空气从排管的喷嘴中喷射出来，在海水中加湿，海水下面有相变材料储存多余的太阳能，热湿空气在蒸馏器顶面冷凝析出淡水，其产水率约为 9.36kg/(m^2·d)，而同类传统装置的产水率约为 4.5kg/(m^2·d)。2016 年，张立琇等[30]研制了一种高效空气鼓泡加湿与热泵相结合的新型海水淡化装置，该装置可有效回收利用水蒸气的冷凝潜热。研究表明，在设计工况下，0.09m^2 加湿器的产水量为 6.40kg/h，压缩机功耗为 0.293kW。

　　综上所述，高效回收利用除湿过程中释放的水蒸气冷凝潜热是加湿除湿海水
淡化技术的关键问题。

4.2　太阳能鼓泡加湿-热泵海水淡化联合工艺

4.2.1　工艺过程

1. 工艺组成及过程

　　太阳能鼓泡加湿-热泵海水淡化联合工艺主要由鼓泡加湿除湿塔、热泵循环
装置、风机和再冷却器等部件组成[30]，如图 4-4 所示。该工艺过程包括空气循环
和热泵循环两个回路，热泵工质选用 R134a。

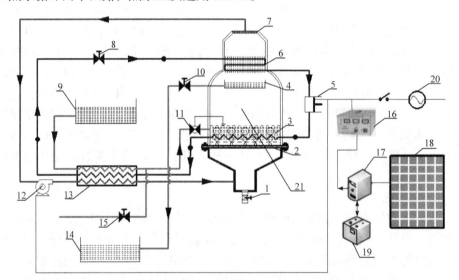

图 4-4　太阳能鼓泡加湿-热泵海水淡化联合工艺流程图

1-排水阀；2-筛板；3-冷凝器；4-淡水盒；5-压缩机；6-蒸发器；7-捕沫网；8-节流阀；9-海水池；
10-淡水排放阀；11-液位控制电磁阀；12-风机；13-再冷却器；14-淡水池；15-海水排放阀；16-逆变器；
17-控制器；18-光伏板；19-蓄电池；20-电网交流电；21-鼓泡加湿除湿塔

　　工艺装置工作过程中，未饱和空气在风机驱动下，通过再冷却器，与热泵工
质 R134a 换热，使热泵工质充分冷凝并过冷，同时空气预热后进入筛板加湿器，
在海水中鼓泡加湿。热泵冷凝器浸于海水中，热泵工质与海水和空气换热，被部
分冷凝，释放的冷凝潜热为海水汽化过程提供热量。加湿后的热饱和湿空气向上
流动，在热泵蒸发器表面被冷却，析出淡水，收集于淡水盒中，最终排放至淡水
池。从蒸发器出来的低温饱和湿空气，通过捕沫网重新回到再冷却器并被预热，

然后进行下一次循环。热泵工质在再冷却器中充分冷凝和过冷,并通过换热将鼓泡器进口的海水和空气预热。

2. 工艺特点

图 4-4 所示太阳能鼓泡加湿-热泵海水淡化联合工艺的主要特点是:

(1) 加湿率高。采用单级筛板鼓泡加湿,加湿率高达 100%,产水量相应提高。

(2) 能量利用率高。采用热泵蒸发器充分回收水蒸气的冷凝潜热,再通过热泵冷凝器和再冷却器放热,为海水汽化及海水和空气预热提供热量。

(3) 该工艺装置可用光伏发电驱动,适用于电力资源匮乏的地区。

4.2.2　工艺设计

1. 筛板结构参数的确定

在鼓泡加湿塔为 300mm × 300mm 的正方形,风机流量为 35m³/h,水层厚度不超过 80mm 的条件下,鼓泡状态稳定,不产生漏液和雾沫夹带,筛板孔径 d 为 2mm,开孔率约 3%。

2. 热泵工艺参数的确定

1) 蒸发器的制冷量

在图 4-4 所示工艺中,热泵蒸发器就是空气除湿器。蒸发器提供的冷量等于饱和湿空气的冷却和部分水蒸气冷凝放出的热量。通过能量平衡,可得到蒸发器总制冷量 Q_0(kJ/h)的表达式为

$$Q_0 = V\rho_6 c_{p6} t_6 - V\rho_7 c_{p7} t_7 + M\gamma \tag{4-1}$$

式中, V 为空气的体积流量, m³/h; ρ 为各节点处空气的密度, kg/m³; c_p 为空气的定压比热容, kJ/(kg · ℃); t 为热泵蒸发器中空气的温度, ℃; M 为空气冷却时的析出水量,即产水量, kg/h; γ 为水蒸气的汽化潜热, kJ/kg; 下标 6 和 7 分别表示热泵蒸发器进口和出口的空气状态节点。

经传热计算,蒸发器总传热系数 K 为 600W/(m² · ℃),总换热面积为 3.7m²。翅片管外径 d_0 为 10mm,翅片厚 δ 为 1mm,节距 s 为 9mm,翅片为 15mm×15mm 的正方形。翅片管水平布置,上下共三层,其总外形尺寸为 131mm×131mm。

2) 循环参数的确定

热泵循环采用单级压缩蒸气制冷循环,工质选用 R134a[31]。经多次计算的性能参数比较,取蒸发温度 t_0 为 15℃,冷凝温度 t_k 为 70℃。热泵工质冷凝过程放

出的热量分为两部分，一部分是工质在冷凝器中部分冷凝放出的热量，用于为海水汽化提供热量；另一部分是热泵工质在再冷却器中被完全冷凝直至过冷时放出的热量，用于预热空气和海水。

热泵的能量平衡关系式为

$$Q_k = Q_{k1} + Q_{k2} = Q_0 + N \tag{4-2}$$

式中，Q_k 为热泵工质的总冷凝放热量，即热泵的总冷凝负荷，kW；Q_{k1} 为热泵工质在冷凝器中的放热量，kW；Q_{k2} 为热泵工质在再冷却器中的放热量，kW；N 为热泵压缩机的总功率消耗，kW。

热泵工质在再冷却器中先后被冷凝、冷却为饱和液体和过冷状态，过冷温度为 5℃。当 $t_0 = 15℃$，$t_k = 70℃$ 时，计算可得热泵单位质量制冷量 $q_0 = 110.9$kJ/kg，工质流量 $q_m = 0.0149$kg/s，循环比功耗 $w = 19.7$kJ/kg，总制冷量 $Q_0 = 1.65$kW，制冷系数 $\varepsilon = 5.63$，压缩机总功率消耗 $N = 0.293$kW。

3. 独立光伏系统的设计

按照热泵压缩机的总功率消耗 N 为 0.293kW，风机功率消耗 P 为 0.09kW，供电电压为 220V 的交流电，光伏系统的设计步骤如下。

1) 蓄电池容量的确定

为保证设备能够在无太阳光照及阴雨天的条件下连续工作，并且防止蓄电池过度放电而导致的不可逆损坏，需要保留蓄电池 30%的剩余电量，同时考虑到充放电效率等因素，公式表示为

$$C_{bat} U_{bat} \eta_{charge} \eta_{discharge} \kappa_{bat} = 3 P_{work} T_{work} \tag{4-3}$$

式中，C_{bat} 为蓄电池容量，A·h；U_{bat} 为蓄电池额定电压，V；η_{charge}、$\eta_{discharge}$ 分别为蓄电池的充、放电效率，这里均取 0.8；κ_{bat} 为蓄电池放电深度，取 0.7；P_{work} 为用电设备功率，kW；T_{work} 为每天用电时数，h。考虑 3d 无日照的天气。

蓄电池为压缩机和风机供电，考虑到 25%左右的功率设计裕度，取 $P_{work} = 0.5$kW，$T_{work} = 6$h。根据式(4-3)计算蓄电池供电量为 9kW·h。工作电压定为 24V 时，所需蓄电池容量为 837A·h。故选用单块 24V，900A·h 的风光储能用阀控密封蓄电池。

2) 光伏装机容量的确定

$$P_{bat} = \frac{P_{work} T_{work} R}{T_{day} S} \tag{4-4}$$

式中，P_{bat} 为光伏装机容量，kW；P_{work} 为用电设备功率，kW；T_{work} 为每天用电时数，h；R 为设计余量系数；T_{day} 为在标准状态的辐照度下，达到实际光伏

阵列表面辐照量所需的时间，h；S 为综合设计系数[32]。

光伏组件的装机容量应在光照条件最差的情况下进行设计，通常选择冬至日，此时 $T_{day} = 6h$。取 $R = 1.25$，$S = 0.6$，当 $P_{work} = 0.5kW$，$T_{work} = 6h$ 时，根据式(4-4)可确定光伏装机容量为 1.042kW，按光伏组件能量密度为 0.12kW/m^2，计算可得光伏组件的安装面积约为 8.68m^2。选用 HH255(36)P 多晶硅光伏组件，其单块尺寸为 1957mm × 992mm × (35 ± 1)mm，峰值功率为 0.255kW，工作电压为 36V，共需 5 块光伏组件，以串联方式连接。

3) 充放电控制器

选择市场常见的太阳能充放电控制器，其控制的电压为 12V/24V，带有自动识别功能。

4) 逆变器选择

压缩机和风机使用交流电，光伏系统需配置逆变器，额定功率为设计容量的 1.5～2 倍，因此逆变器的选择容量范围应为 600～800W。

4. 主要产水性能指标

1) 产水比

产水比(GOR)是评价海水淡化装置产水性能的常用指标，其定义是：产水量 M(kg/h)与水的蒸发潜热 γ(kJ/kg)的乘积，与生产过程消耗的各种能量的总和 E(kW)之比：

$$\text{GOR} = \frac{M \cdot \gamma}{3600E} = \frac{M \cdot \gamma}{3600(N+P)} \tag{4-5}$$

式中，N 为热泵压缩机总功率消耗，kW；P 为风机功率消耗，kW。

2) 单位产水量电能消耗

GOR 并不能反映产水量与电能消耗量之间的关系，因此引出单位产水量电能消耗 Ec(kW · h/t)，其表达式为[33]

$$\text{Ec} = \frac{N+P}{M} \times 1000 \tag{4-6}$$

3) 产水成本

产水成本(WPC)的定义为，单位产水量所消耗的电费。图 4-4 所示装置如果完全采用光伏发电供电，则 WPC = 0；如果在没有太阳时，采用电网供电，按照电价为 0.49 元/(kW · h)计算，则 WPC 可表示为

$$\text{WPC} = \frac{(N+P) \times 0.49}{M} \times 1000 \tag{4-7}$$

5. 装置的主要性能参数

当 $t_0 = 15\ ℃$，$t_k = 70\ ℃$时，所采用的加湿器面积为 0.09m²。热泵性能系数 (coefficient of performance)用 COP 表示。装置主要性能参数的设计结果见表 4-1。

表 4-1　装置主要性能设计参数

性能设计参数	计算式	数值
Q_0/kW	$q_m \cdot (h_1 - h_3')$	1.65
Q_k/kW	$q_m \cdot q_k$	1.94
N/kW	$q_m \cdot w$	0.29
ε	$(h_1 - h_3') / (h_2 - h_1)$	5.63
COP	Q_k/N	6.63
$M/(\text{kg/h})$	$V \cdot (\rho_6 \cdot d_6 - \rho_7 \cdot d_7)$	6.40
GOR	$M \cdot \gamma/[(N + P) \times 3600]$	8.74
$\text{Ec}/(\text{kW} \cdot \text{h/t})$	$(N + P) \times 1000/M$	59.76
WPC(光伏发电)/(元/t)	$(N + P) \times 0 \times 1000/M$	0
WPC(电网供电)/(元/t)	$(N + P) \times 0.49 \times 1000/M$	29.30

4.2.3　主要影响因素

1. 冷凝温度对装置性能参数的影响

当热泵工质蒸发温度 t_0 一定时，热泵循环参数和装置产水性能参数均随热泵工质冷凝温度 t_k 的变化而变化。

当 $t_0 = 15\ ℃$，t_k 在 60～80℃变化时，热泵压缩机总功率消耗 N 和制冷系数 ε 随 t_k 的变化如图 4-5 所示；热泵总冷凝负荷 Q_k 和总制冷量 Q_0 随 t_k 的变化如图 4-6 所示，Q_0 按照式(4-1)计算；产水比 GOR、热泵性能系数(COP)和产水量 M 随 t_k 的变化如图 4-7 所示；产水成本 WPC 和单位产水量电能消耗 Ec 随 t_k 的变化如图 4-8 所示，此时假设采用电网供电，电价为 0.49 元/(kW · h)；若采用光伏供电，则 WPC = 0。

计算结果表明，制冷系数、产水比和热泵性能系数随热泵工质冷凝温度的增大而降低；热泵压缩机总功率消耗、热泵总冷凝负荷、总制冷量、产水成本、产水量和单位产水量电能消耗随冷凝温度的增大而增大。

由图 4-7 可以看出，产水比和热泵性能系数随 t_k 增大而减小，产水量随 t_k 增大而增大，热泵性能系数和产水量两线相交于 $t_k = 70\ ℃$。产水量随 t_k 增大的原因是：在加湿器中，热泵工质冷凝温度越高，空气的加湿温度越高，其含湿量越大，产水量也越高。由图 4-8 可知，产水成本和单位产水量电能消耗随 t_k 增大而增大。

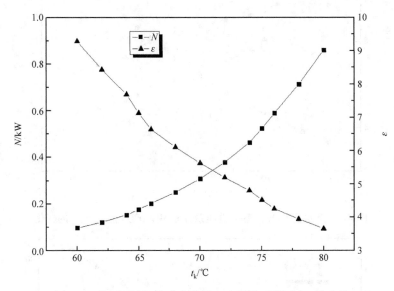

图 4-5　热泵压缩机总功率消耗 N 和制冷系数 ε 随 t_k 的变化

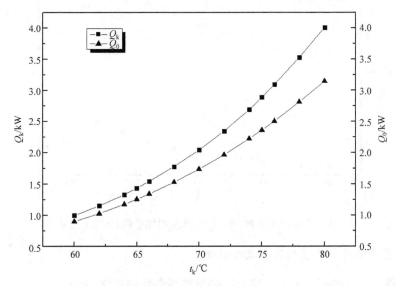

图 4-6　热泵总冷凝负荷 Q_k 和总制冷量 Q_0 随 t_k 的变化

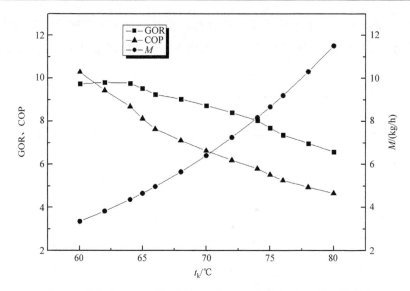

图 4-7　产水比 GOR、热泵性能系数 COP 和产水量 M 随 t_k 的变化

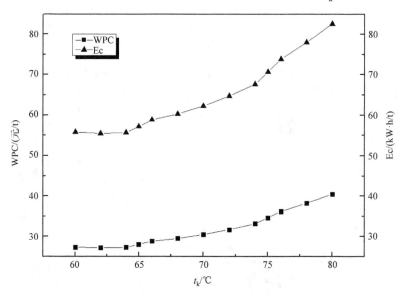

图 4-8　产水成本 WPC 和单位产水量电能消耗 Ec 随 t_k 的变化

2. 蒸发温度对装置性能参数的影响

若热泵工质冷凝温度 t_k 一定，则热泵循环参数和装置产水性能参数等均与热泵工质的蒸发温度 t_0 相关。

当 $t_k = 70$ ℃，t_0 为 4～26℃时，图 4-9 所示为热泵压缩机总功率消耗 N 和制冷系数 ε 随 t_0 的变化；图 4-10 为热泵总冷凝负荷 Q_k 和总制冷量 Q_0 随 t_0 的变化；

图 4-11 为产水比 GOR、热泵性能系数 COP 和产水量 M 随 t_0 的变化；图 4-12 为产水成本 WPC 和单位产水量电能消耗 Ec 随 t_0 的变化。若采用电网供电，电价约为 0.49 元/(kW · h)，若采用光伏供电，则 WPC = 0。

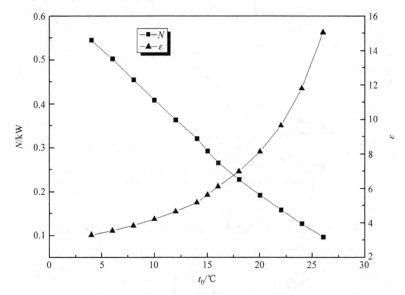

图 4-9　热泵压缩机总功率消耗 N 和制冷系数 ε 随 t_0 的变化

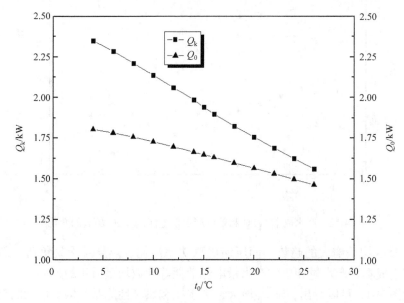

图 4-10　热泵总冷凝负荷 Q_k 和总制冷量 Q_0 随 t_0 的变化

从图 4-9～图 4-12 中可以看出，随 t_0 的增大，制冷系数、产水比和热泵性能

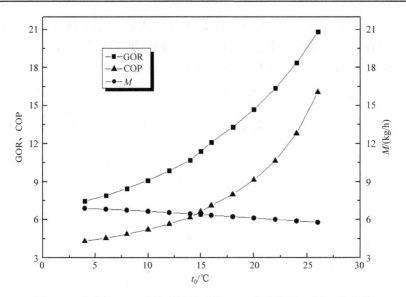

图 4-11 产水比 GOR、热泵性能系数 COP 和产水量 M 随 t_0 的变化

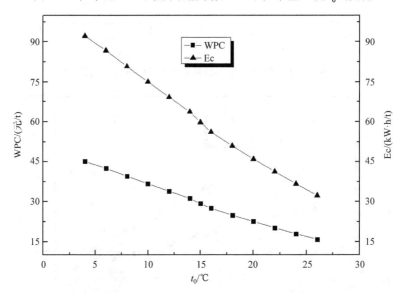

图 4-12 产水成本 WPC 和单位产水量电能消耗 Ec 随 t_0 的变化

系数等参数均呈增大的趋势，而压缩机总功率消耗、热泵总冷凝负荷、总制冷量、产水成本、产水量和单位产水量电能消耗等参数均呈减小的趋势。

由图 4-11 可以看出，随 t_0 增大，产水比和热泵性能系数均呈增大的趋势，而产水量呈减小趋势，热泵性能系数和产水量两线相交于 $t_0 = 15$ ℃。产水量随 t_0 的增大而减小的原因是在加湿器中，热泵工质的蒸发温度越高，空气的冷却温度越低，其冷凝析出的水分越少。图 4-12 表明，随 t_0 增大，产水成本和单位产水量电能消耗呈减小的趋势。

降低产水成本、提高产水比是太阳能海水淡化装置的发展方向。在太阳能鼓泡加湿-热泵海水淡化工艺中，除了产水成本与热泵工质蒸发温度 t_0 及冷凝温度 t_k 直接相关外，还与风机能耗、热泵压缩机功耗和系统热损失等因素有关。而 t_k 与空气加湿温度有关，t_0 与空气在循环回路中的流量及流动阻力有关。因此，对工艺的改进和优化应从上述方面进行[29-30]。

4.3　蓄热式加湿除湿太阳能海水淡化工艺

4.3.1　工艺简介

为了有效解决加湿除湿太阳能海水淡化系统中水蒸气冷凝潜热回收利用率低，以及除湿换热过程冷端温度随时间增加而升高，导致湿空气难以冷凝的问题，本节提出一种蓄热式加湿除湿太阳能海水淡化工艺，该工艺主要由风机、太阳能集热器、多孔鼓泡排管、加湿器、除湿器、翅片无机热管、淡水收集槽、蒸馏器、盖板、相变材料及海水泵等部件组成，如图 4-13 所示。

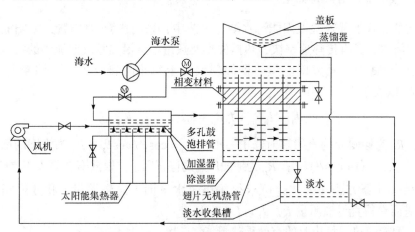

图 4-13　蓄热式加湿除湿太阳能海水淡化工艺

白天，利用热管-真空管式太阳能集热器加热海水，空气在加湿器中通过多孔鼓泡排管加湿，湿空气在除湿器中被翅片无机热管冷却析出淡水，之后回到加湿器重新进行下次循环。除湿器中，热管下部回收水蒸气的冷凝潜热，热量沿无机热管向上传递。无机热管插入相变材料和蒸馏器中，将回收的一部分水蒸气冷凝潜热传给相变材料，相变材料吸热后由固相变为液相；其余冷凝潜热通过无机热管传递给其上方蒸馏器中的海水。在夜间，风机关闭，主动式空气循环停止运行后，相变材料通过液相向固相的相变过程，将热量释放给其上方的海水，海水升温后，加热加湿其上方的空气，热湿空气在蒸馏器的盖板顶部遇冷，析出另一部分淡水。

该蓄热式加湿除湿太阳能海水淡化工艺，采用热管-真空管式太阳能集热器直接加热空气及鼓泡器中的海水。将多孔鼓泡排管沉浸于海水中，使空气在海水中以喷射的方式进行鼓泡加湿，可避免筛板鼓泡加湿出现的漏液问题。加湿器结构简单，易于加工，也易于拆卸和除垢。除湿器中翅片无机热管下部回收水蒸气的冷凝潜热，传给相变材料和海水，一部分热量通过蒸馏器加热和加湿其上方的空气产生淡水，另一部分热量被相变材料储存。当海水温度低于相变温度时，相变材料将其储存的热量释放给海水生产淡水，使冷凝潜热利用率与产水量较高。使用相变材料蓄热，热管换热冷端温度恒定，换热好；装置中仅有空气循环流动，海水不循环流动，总耗电量少，可用电网或独立光伏发电系统供电；装置规模灵活，可模块化开发；装置应用范围广，可用于沿海和海岛海水淡化，也可用于内陆边远地区淡化苦咸水。

4.3.2 产水模型

1. 集热器的有效得热量

在蓄热式加湿除湿太阳能海水淡化工艺中，采用热管-真空管式太阳能集热器加热海水，具有传热速率快、热损失小及热量不会沿热管反向流动的特点。

热管-真空管式太阳能集热器倾斜表面上每小时接收到的太阳辐照量 I_T（J/m^2）可以表示为

$$I_T = I_b R_b + I_d R_d + 0.2(I_b + I_d)R_\rho \tag{4-8}$$

式中，R_b 为倾斜面的直射辐射修正因子，$R_b = \cos\theta / \cos\theta_z$；$R_d$ 为太阳的散射修正因子，$R_d = (1 + \cos\beta)/2$；R_ρ 为地面反射的修正因子。根据第 2 章参考文献[54]中的相关计算方法和公式，可求得每小时水平面上总辐照量 I 和散射辐照量 I_d，进而求得直射辐照量 I_b，$I_b = I - I_d$。

太阳能集热器每小时的有效得热量 Q_U(J)为

$$Q_U = \eta I_T A_c \tag{4-9}$$

式中，η 为集热器的平均集热效率；A_c 为集热器的采光面积，m^2。

2. 空气加湿模型

空气加湿器的能量平衡分析参照第 5 章 5.3.1 小节。

3. 湿空气除湿模型

图 4-14 为除湿器能量平衡示意图。其中，空气进、出除湿器的状态分别用下标 2 和 4 表示；M_0 为除湿器进口湿空气质量流量，kg/s；T_2 为除湿器进口湿空气温度，即加湿器出口湿空气的温度，K；T_4 为除湿器出口空气温度，即除湿器所产淡水温度，K；M_3 和 M_p 分别为蒸馏器中海水的初始质量和相变材料质量，kg；T_3 和 T_p 为蒸馏器中海水温度和相变材料温度，K；$m_{1,i}$ 和 $M_{2,i}$ 分别为第 i 个微元时间段内，除湿器和蒸馏器的产水量，kg/s；T_0 为蒸馏器的淡水温度，K。

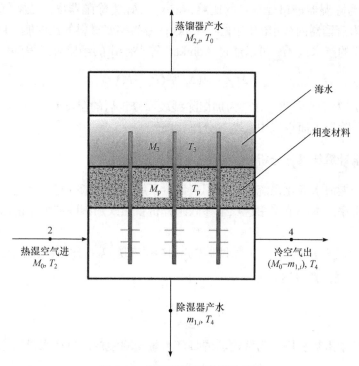

图 4-14　除湿器能量平衡示意图

对除湿器和蒸馏器分析时进行以下假设：

(1) 空气进、出除湿器的动能和位能的变化量忽略不计。

(2) 忽略除湿器和环境之间的热交换，即除湿器没有热损失。

(3) 第 i 个微元时间段内，热湿空气遇翅片无机热管冷凝产生的淡水在离开除湿器时的温度与冷湿空气出口的温度相同，均为 T_4，离开蒸馏器的淡水温度与环境温度相同，均为 T_0。

(4) 热管及海水与相变材料的换热足够均匀，热管传热速率足够快，$T_3 = T_p$。

(5) 相变材料相变过程视为等温过程。

(6) 除湿器出口初始温度为环境温度，蒸馏器内海水的平均温度比环境温度低 5K。

对第 i 个微元时间段、$d\theta$ 时间长度内除湿器和蒸馏器进行能量平衡分析，其能量平衡方程为

$$M_0 h_2 d\theta - (M_0 - m_{1,i})h_4 d\theta - h_{1,i}m_{1,i}d\theta - h_{2,i}M_{2,i}d\theta = d(M_3 u_3 + M_P u_p)_i \quad (4\text{-}10)$$

式中，$h_{1,i}$ 和 $h_{2,i}$ 分别为第 i 个微元时间段内除湿器和蒸馏器所产淡水的比焓，kJ/kg；h_2 为除湿器进口处空气的比焓，kJ/kg；h_4 为除湿器出口处空气的比焓，kJ/kg；u_3 为蒸馏器内海水的比内能，kJ/kg；u_p 为相变材料的比内能，kJ/kg。

蒸馏器的产水量 $M_{2,i}$ 可以通过 Adhikari 等[34]给出的经验公式得到：

$$M_{2,i} = \lambda(\Delta T')^n (P_w - P_g) \quad (4\text{-}11)$$

式中，λ、n 为相关系数；$\Delta T'$ 为加湿除湿表面修正后的温度差，K；P_w 和 P_g 分别为加湿、除湿表面空气中水蒸气分压，Pa。

4.3.3　产水计算结果与分析

在太阳能海水淡化系统中，常用来评价系统性能的指标有产水比、产水成本及潜热利用率。本小节采用这三个参数来评价蓄热式加湿除湿太阳能海水淡化系统的性能。

潜热利用率 η_q 定义：实际回收的有用潜热量 Q_L (kJ)占装置有效利用能量 Q_E(kJ)的比例，其表达式为

$$\eta_q = \frac{Q_L}{Q_E} \times 100\% \quad (4\text{-}12)$$

本小节中潜热利用率为蒸馏器内日产水量与除湿器内日产水量的比值。

1. 装置运行规律

根据海南省海口市夏至日的气候条件进行计算。取太阳能集热器倾角为海口市的地理纬度 20°05′，此时太阳能集热器的效率最高。

该加湿器的太阳能集热器面积为 6m²，朝向正南；加湿器内海水的初始质量为 50kg，蒸馏器中海水的初始质量 M_3 为 50kg，相变材料质量 M_p 为 100kg，风机风量 V 为 10m³/h；日出时分启动风机，除湿器出口空气温度低于相变材料温度时风机停止。

蓄热式加湿除湿太阳能海水淡化系统内各部分温度随运行时刻的变化如图 4-15 所示。从清晨开始，随着太阳能加热时间的增加，除湿器入口空气温度 t_2

逐渐升高，于 12:00 达到最高温度 68℃，t_2 变化规律与太阳辐照量的变化规律基本一致；热湿空气经过除湿器除湿，温度降为除湿器出口温度 t_4，同时析出淡水；蒸馏器中的海水被热湿空气加热，其内海水温度 t_3 上升，使得 t_4 上升；在升温过程和降温过程中，相变材料温度 t_p 均出现了温度不变的液化吸热和固化放热的状态；在 $t_2 \leqslant t_4$ 时，除湿器不再产水，此时关闭风机以节约电力。

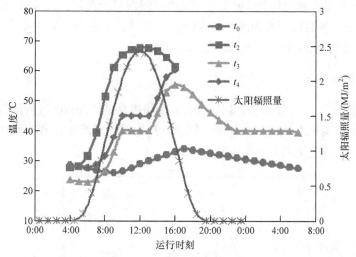

图 4-15　蓄热式加湿除湿海水淡化系统内各部分温度随运行时刻的变化

图 4-16 为除湿器和蒸馏器累计产水量随运行时刻的变化。由图 4-15 可知，初始条件下 t_3 要低于 t_0，随着蒸馏器内的海水被热湿空气加热，t_3 逐渐超过 t_0，蒸

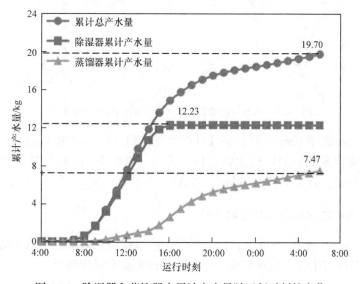

图 4-16　除湿器和蒸馏器中累计产水量随运行时刻的变化

馏器开始产水，回收水蒸气的冷凝潜热；$t_2 \leqslant t_4$ 时，风机停机，除湿器停止产水，仅靠蒸馏器产水。将图 4-15 和图 4-16 对比可以发现，空气温度差是决定产水量最主要的因素，除湿器出入口空气温度差($t_2 - t_4$)和蒸馏器海水温度与环境温度差($t_3 - t_0$)最高的时刻分别为 12:00 和 16:30 左右，图 4-16 中二者斜率最大也是这两个运行时刻，此时系统产水量达到最大。

　　该系统日总产水量可达 19.70kg，其中除湿器日产水量 12.23kg，蒸馏器日产水量 7.47kg，蒸馏器产水为潜热利用的最终收益，此时潜热利用率为 61.08%。该系统 GOR 可达 11.93，产水成本 25.61 元/t。

　　2. 风量的影响

　　在初始条件下，将风机风量从 5m³/h 逐步提高到 20m³/h 进行计算，比较各个风量下海水淡化系统的产水性能。图 4-17 为系统日产水量和产水比随风量的变化，可见二者变化趋势基本一致。

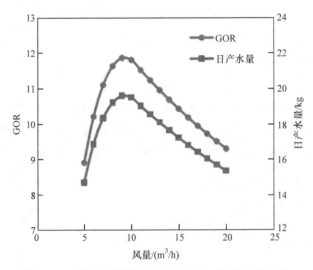

图 4-17　系统日产水量和产水比 GOR 随风量的变化

　　当风机风量为 10m³/h 时，系统日产水量达到最高，GOR 也达到最大，加湿除湿海水淡化系统的经济性达到最佳，此时 GOR 为 11.93，日产水量可达到 19.58kg。因此，计算中风机风量取 10m³/h。

　　3. 蒸馏器内初始海水质量的影响

　　图 4-18 为在初始条件下，蒸馏器内初始海水质量对系统产水量的影响。太阳能蒸馏器内初始海水质量较大，使得除湿器内热管温度较低。

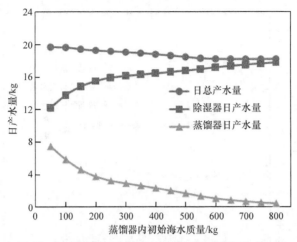

图 4-18 蒸馏器内初始海水质量对系统产水量的影响

如图 4-18 所示，除湿器产水量多的同时，蒸馏器内海水温度较低，蒸馏器产水量少；除湿器产水较少时则相反。在相变材料质量为 100kg 时，蒸馏器初始水量越少，日总产水量越大，达到 19.70kg。因此，计算中取 50kg 为蒸馏器内初始海水质量。

4. 相变材料的影响

为了提高系统回收水蒸气冷凝潜热的能力，在除湿器与蒸馏器之间添加相变材料，相变材料与蒸馏器内的海水一同组成蒸馏器产水的主体。

图 4-19 为系统日产水量随相变材料相变温度的变化趋势，相变材料质量为 100kg，蒸馏器中初始海水质量为 50kg。可以看出随着相变材料相变温度的升高，除湿器的冷端温度也升高，导致除湿器日产水量下降，而蒸馏器水温则有所升高，使得蒸馏器日产水量升高，相变材料相变温度在 42℃左右时达到最大值，在此相变温度取 40℃。

图 4-20 为系统日产水量随相变材料质量分数变化。研究了蒸馏器内初始海水质量与相变材料质量之和分别为 100kg、150kg、200kg、250kg 和 300kg 五种情况。由图 4-20 可以看出，当总质量为 100kg 时，系统日产水量明显较少，这是因为较少的海水与相变材料并不能为除湿器提供较低的冷凝温度，导致日产水量较少；在总质量为 150kg 及以上时，随着相变材料质量分数逐渐增大，系统日产水量先增后减，总质量越大，相变材料质量分数的增大对日产水量的影响越小；在总质量分别为 250kg 和 300kg，相变材料质量分数分别大于 50%和 60%时，系统日产水量变化趋于平稳，这是由于相变材料的量已经饱和，再增加相变材料的量也不会增加装置产水量；将总质量 150kg 与 200kg 对比可以发现，二者

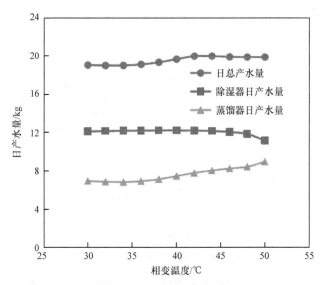

图 4-19 系统日产水量随相变材料相变温度的变化

日产水量相差并不大，加入相变材料可以有效缩小装置体积；其最大日产水量在总质量为 150kg，相变材料质量分数为 60%左右时获得。

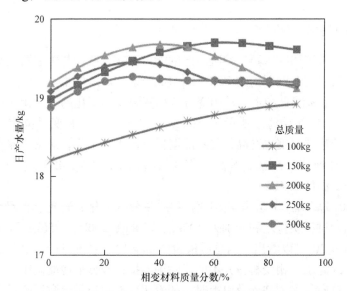

图 4-20 系统日产水量随相变材料质量分数的变化

5. 装置运行时间的影响

在日出时分，加湿器内水温很低，除湿器内没有淡水产生，此时运行风机是不合算的，因此需要考虑何时开启风机。加湿器内初始海水质量为 50kg，蒸馏器内初始海水质量为 50kg，相变材料质量为 100kg 时，对不同风机启动时刻下的 GOR 和日产水量进行计算，结果如图 4-21 所示。

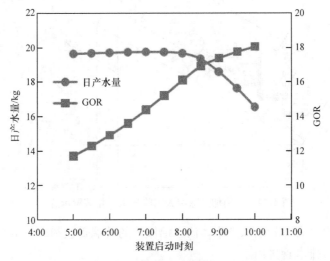

图 4-21　系统日产水量和 GOR 随装置启动时刻的变化

随着装置启动时刻的延后，GOR 会不断增大，在 7:30 时日产水量达到最高，取 7:30 作为装置启动时间。该条件下装置于 16:30 停机，系统日产水量为 19.76kg，此时 GOR 为 14.37，产水成本为 21.25 元/t。与 5:30 日出时启动的日产水量相比较，只提高了 0.06kg，但是 GOR 提高了 2.44，产水成本从 25.61 元/t 降到了 21.25 元/t，下降了 17.02%。可见，通过对装置运行时刻的优化可以极大地降低产水成本。

4.4　家用加湿除湿太阳能海水淡化装置

4.4.1　装置结构与工作原理

本节设计的家用加湿除湿太阳能海水淡化装置主要由无机热管-真空管太阳能集热器、箱体和支架组成，如图 4-22 所示。无机热管-真空管集热器吸收太阳辐射，为箱体内的水提供热量。

由太阳能集热器吸收的热量加热水盒中的海水或苦咸水，由玻璃盖板透过的太阳能加热蒸发室中的空气。海水温度升高，促进水面蒸发，从而使蒸发室中空气湿度增大。热湿空气在蒸发室中向上流动，在蒸发室顶部转入冷凝室，蒸发室的截面设计成渐缩型以加速空气的流动。由于冷凝室表面背光，且外部焊有翅片板，温度较低，可使湿空气冷凝，析出淡水。玻璃盖板与湿空气也存在温度差异，因此玻

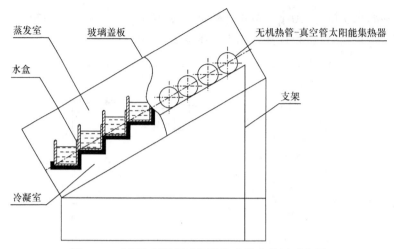

图 4-22 家用加湿除湿太阳能海水淡化装置示意图

璃盖板表面也会有冷凝淡水产生。淡水沿倾斜的玻璃盖板和冷凝室底板流入装置右下角，通过排水管排出。

这套新型加湿除湿太阳能海水淡化装置不仅节能、环保、成本低，还能保证一定水质要求；设备简单，操作方便，对于家用及孤岛生存系统具有很大的帮助。

与其他同类海水淡化装置相比，该装置主要特点如下：①采用无机热管-真空管太阳能集热器加热海水，平板集热器加热空气，提高了系统对太阳光的利用。②空气在装置中为闭式循环，自然对流。装置简单，易于安装和操作，不需要复杂的维护，不消耗电能。③与传统的盆式蒸馏器相比，附加了一个翅片板冷凝器，增强了冷凝室内部空气与外部环境的换热。

4.4.2 试验过程

1. 试验目的

为了研究不同因素对装置产水量的影响，通过测量一天中各时段的环境温度、太阳辐照度、水盒中的水温、蒸发室出口湿空气温度、冷凝室出口湿空气温度、玻璃盖板温度、冷凝室底板温度及小时产水量等参数，可以得到影响装置产水量的主要因素，如太阳辐照度、环境温度和风速对产水量的影响等。

2. 试验内容

理论分析可知，影响产水量的主要环境因素有辐照度和大气温度等。因此，本试验将围绕上述主要影响因素开展以下研究：①日总辐照量与日产水量的关系；②太阳辐照度对每小时产水量的影响；③环境温度对小时产水量的影响。

3. 试验步骤

(1) 将装置放置于西安市某开阔地，以确保太阳光长时间照射到集热器上。

(2) 将每个水盒中加入 800mL 水，以没过水盒中的无机热管。

(3) 每天从太阳照到集热器的时刻开始，测量气温、每小时产水量、水盒中平均水温及每小时的平均辐照度，得到辐照量与水盒中水温的关系及辐照度对产水量的影响。

图 4-23 为试验系统示意图。太阳辐照度用太阳能辐照仪测量，装置所在地的风速用风速仪测量，环境温度、水盒水温、蒸发室出口空气温度、玻璃盖板内/外表面温度和冷凝室底板温度由数显式热电偶温度计测量，冷凝室进、出口空气湿度由数显式温湿度计测量，小时产水量用量筒测量。试验系统实物照片如图 4-24 所示。其中，无机热管-真空管太阳能集热器的采光面积为 $1m^2$，蒸发室上方的玻璃盖板面积为 $0.4m^2$。

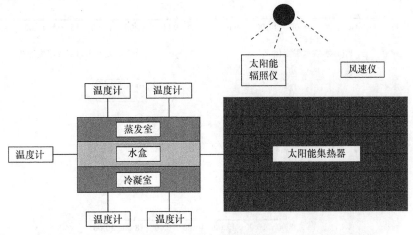

图 4-23　试验系统示意图

图 4-24　试验系统实物照片

4.4.3　试验结果与分析

1. 试验值与理论值比较

将 2012 年 2 月 19 日的水盒中水温 t_w、蒸发室出口空气温度 t_{a1} 和冷凝室出口空气温度 t_{a2} 的试验值与理论值相比较，如图 4-25 所示。由图可知，试验值和理论值存在一定的差异。

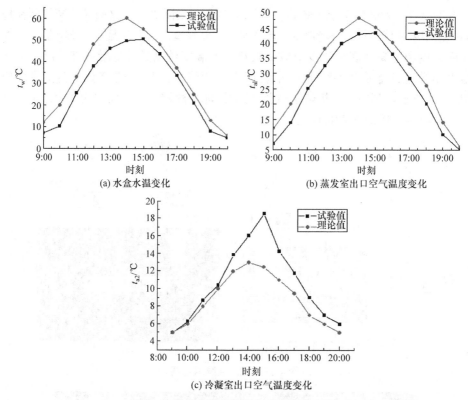

图 4-25　各参数试验值与理论值的比较

由图 4-25(a)可知，相同时间段内，水盒水温 t_w 的试验值比理论值低 2～9℃；由图 4-25(b)可知，蒸发室出口空气温度 t_{a1} 的试验值比理论值低 2～6.5℃。这是由于试验过程中玻璃盖板上有水珠凝结，使玻璃板与空气的对流换热系数发生变化，同时使玻璃的透射率降低，影响阳光的透过情况，因此蒸发室内水温和空气温度的试验值比理论值低。装置的保温工艺并未使蒸发室完全达到绝热状态，装置存在一定的热损失，因此水盒水温、蒸发室出口空气温度试验值比理论值低。

由 4-25(c)可以看出冷凝室出口空气温度 t_{a2} 的试验值比理论值高 0～7℃。这是因为翅片板的加工方式为点焊，使翅片并未与冷凝室底板完全紧密贴合，影响了冷凝器的散热效果。

2. 环境因素对产水量的影响

2 月 19 日，产水量与辐照度随时间的变化如图 4-26 所示。在冬季一天中，产水量从太阳光照到集热器上的时刻开始，随着辐照度的增加，各时刻的产水量也逐渐增加。从曲线的左半段可以看出，产水量的增加滞后于太阳辐照度的增加。这是因为辐照度增大后，集热器提供的热量增大，但由于水温上升后，蒸发量也增大，水的蒸发使一部分热量散失，水温上升的趋势就会慢于辐照度增加的趋势，因此产水量的增加滞后于太阳辐照度的增加。产水量约在 14:00 达到最大值，然后随着辐照度的下降而逐渐减少。由曲线的右半段可以看出，产水量的减少速率明显比辐照度的下降速率小。

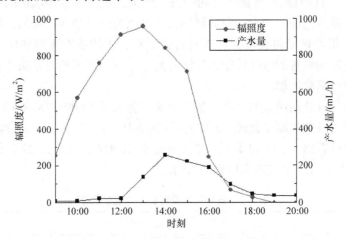

图 4-26　产水量与辐照度随时间的变化

截取 2 月 19 日和 20 日 10:00～18:00 的相同时段进行比较，产水量与辐照度、气温的关系如表 4-2 所示。当气温和辐照度均增加时，装置每小时产水量也逐渐增加，说明辐照度和气温对产水量均产生影响。

表 4-2　辐照度和气温对产水量的影响

日期	测量参数	时刻								
		10:00	11:00	12:00	13:00	14:00	15:00	16:00	17:00	18:00
2 月 19 日	辐照度/(W/m²)	572	761	916	960	843	716	249	70	30
	气温/℃	3.6	5.0	5.5	5.8	6.5	10.2	9.2	7.6	4.3
	产水量/(mL/h)	10	25	25	140	261	226	193	102	50

续表

日期	测量参数	时刻								
		10:00	11:00	12:00	13:00	14:00	15:00	16:00	17:00	18:00
2月20日	辐照度/(W/m²)	282	458	617	719	471	631	205	130	38
	气温/℃	4.5	5.3	6.5	10.5	12.3	14.5	12.1	9.5	9.2
	产水量/(mL/h)	8	10	25	28	176	130	160	85	62

虽然同一时刻下 2 月 20 日的气温比 19 日的高，但 20 日的各小时产水量比 19 日的低得多，这是因为 20 日大部分时刻的辐照度比 19 日的低得多。以 13:00 为例，20 日该时刻的气温为 10.5℃，比 19 日高 4.7℃，但 20 日的该时刻辐照度为 719W/m²，比 19 日的 960W/m² 低了 241W/m²。20 日该时刻产水量仅为 28mL/h，19 日该时刻产水量为 140mL/h。因此，说明影响产水量的主要原因是辐照度。辐照度增加，产水量明显增加，这是因为随着辐照度增加，集热器向水盒中的水提供的热量将会增大，水温将会更高，水的蒸发速率加快，产水量增加。气温会影响装置的散热性能，气温升高，装置与环境的温差减小，散热量减少，产水量也略微增加。

为分析每日总辐照量对日产水量的影响，将每天 10:00～18:00 每小时的辐照量相加，得到日总辐照量比较 4d 中的日总辐照量与日产水量，结果如表 4-3 所示。从表中可看出，2 月 19 日的日总辐照量为 18.4MJ，比 2 月 22 日的 9.7MJ 多 89.7%，前者的日产水量约为后者的两倍。

表 4-3 日总辐照量对日产水量的影响

测量参数	测量日期			
	2 月 18 日	2 月 19 日	2 月 20 日	2 月 22 日
日总辐照量/MJ	14.5	18.4	12.8	9.7
日产水量/mL	792	1032	684	418

由于晴空条件下 2 月份的月平均日总辐照量为 23.6MJ，理论日产水量为 4000mL，而 2 月 19 日的实际日总辐照量仅为 18.4MJ，实际日产水量仅为 1032mL，说明太阳辐照量对产水量的影响十分明显。

从以上数据可以看出，该装置不适合辐照时间短，辐照量小的内陆地区使用，但适合辐照量大、常年气温高的地区使用。

以海南省三沙市永兴岛为例，计算出其四个典型节气中的日辐照量和日产水量如表 4-4 所示。从表中数据可以看出，该地区一年中各季节每平方米集热器的日产水量基本可以满足两人每天 6000mL 的饮水需求。

表 4-4 永兴岛四个典型节气的日辐照量及日产水量

节气	日辐照量 /(MJ/m²)	日最高气温 /℃	日最低气温 /℃	日平均气温 /℃	平均风速 /(m/s)	日产水量/mL
春分	30.1	32	28	30	3.6	6500
夏至	29.2	31	29	30	4.2	6300
秋分	29.8	30	26	28	5.8	6100
冬至	28.5	30	27	28	3.9	5700

参 考 文 献

[1] PAREKH S, FARID M M, SELMAN J R, et al. Solar desalination with a humidification-dehumidification technique—A comprehensive technical review[J]. Desalination, 2004, 160(2): 167-186.

[2] 成怀刚, 王世昌. 加湿除湿海水淡化技术研究进展[J]. 水处理技术, 2007, 33(10): 4-6, 66.

[3] FATH H E S, ELSHERBINY S, GHAZY A. Transient analysis of a new humidification-dehumidification solar still[J]. Desalination, 2003, 155(2): 187-203.

[4] ORFI J, GALANIS N, LAPLANTE M. Air humidification-dehumidification for a water desalination system using solar energy[J]. Desalination, 2007, 203(1-3): 471-481.

[5] YAMALI C, ISMAIL S. Theoretical investigation of a humidification-dehumidification desalination system configured by a-double-pass flat plate solar air heater[J]. Desalination, 2007, 205(1-3): 163-177.

[6] AL-HALLAJ S, PAREKH S, FARID M M, et al. Solar desalination with humidification-dehumidification cycle: Review of economics[J]. Desalination, 2006, 195(1-3): 169-186.

[7] FARID M M, PAREKH S, SELMAN J R, et al. Solar desalination with a humidification-dehumidification cycle: mathematical modeling of the unit[J]. Desalination, 2002, 151(2): 153-164.

[8] HOU S, ZHANG H. A hybrid solar desalination process of the multi-effect humidification dehumidification and basin-type unit[J]. Desalination, 2008, 220(1-3): 552-557.

[9] HOU S, ZENG D, YE S, et al. Exergy analysis of the solar multi-effect humidification-dehumidification desalination process[J]. Desalination, 2007, 203(1-3): 403-409.

[10] HOU S. Two-stage solar multi-effect humidification-dehumidification desalination process plotted from pinch analysis[J]. Desalination, 2008, 222(1-3): 572-578.

[11] 高蓬辉, 张立琛, 张鹤飞. 蜂窝型加湿器流体动力学模拟及传热传质分析[J]. 石油化工设备, 2007, 36(6): 5-9.

[12] EL-AGOUZ S A, EL-AZIZ G B, AWAD A M. Solar desalination system using spray evaporation[J]. Energy, 2014, 1(76): 276-283.

[13] KABEEL A E, HAMED M H, OMARA Z M, et al. Experimental study of a humidification-dehumidification solar technique by natural and forced air circulation[J]. Energy 2014, 1(68): 218-228.

[14] CHAFIK E. Design of plants for solar desalination using the multi-stage heating/humidifying technique[J]. Desalination, 2004, 168(1): 55-71.

[15] AMARA M B, HOUCINE I, GUIZANI A, et al. Experimental study of a multiple-effect humidification solar desalination technique[J]. Desalination, 2004, 170(3): 209-221.

[16] MULLER-HOLST H, ENGELHARDT M. Solarthermal seawater desalination systems for decentralised use[J]. Renewable Energy, 1998, 14(1-4): 311-318.

[17] DAI Y J, ZHANG H F. Experimental investigation of a solar desalination unit with humidification and dehumidification[J]. Desalination, 2000, 130(2): 169-175.

[18] EL-AGOUZ S A, ABUGDERAH M. Experimental analysis of humidification process by air passing through seawater[J]. Energy Conversion and Management, 2008, 49(12): 3698-3703.

[19] CHAFIK E. A new seawater desalination process using solar energy[J]. Desalination, 2002, 153(1-3): 25-37.

[20] CHAFIK E. A new type of seawater desalination plants using solar energy[J]. Desalination, 2003, 156(1-3): 333-348.

[21] ZHANG L X, CHENG G P, GAO S Y. Experimental study on air bubbling humidification[J]. Desalination and Water Treatment, 2011, 29(1-3): 258-263.

[22] ALBERS W F, BECKMAN J R, LARSON R, et al. The carrier-gas process–A new desalination and concentration technology[J]. Desalination, 1989, 73(1-3): 119-138.

[23] 熊日华, 王志, 王世昌. 露点蒸发淡化技术[J]. 水处理技术, 2004, 30(4): 246-248.

[24] HAMIEH B M, BECKMAN J R. Seawater desalination using dewvaporation technique: Experimental and enhancement work with economic analysis[J]. Desalination, 2006, 195(1-3): 14-25.

[25] XIONG R H, WANG S C, WANG Z. Experimental investigation of a vertical tubular desalination unit using humidification-dehumidification process[J]. Chinese Journal of Chemical Engineering, 2005, 13(3): 324-328.

[26] XIONG R H, WANG S C, XIE L X. Experimental investigation of a baffled shell and tube desalination column using the humidification-dehumidification process[J]. Desalination, 2005, 180(1-3): 253-261.

[27] GOOSEN M F A, SABLANI S S, PATON C, et al. Solar energy desalination for arid coastal regions: Development of a humidification-dehumidification seawater greenhouse[J]. Solar Energy, 2003, 75(5): 413-419.

[28] PERRET J S, AL-ISMAILI A M, SABLANI S S. Development of a humidification-dehumidification system in a quonset-greenhouse for sustainable crop production in arid regions[J]. Biosystems Engineering, 2005, 91(3): 349-359.

[29] KABEEL A E, ABDELGAIED M, MAHGOUB M. The performance of a modified solar still using hot air injection and PCM[J]. Desalination, 2016, 379(1): 102-107.

[30] 张立琋, 贺锋, 朱春伟. 光伏驱动的鼓泡加湿-热泵海水淡化装置研究[J]. 太阳能学报, 2016, 37(5): 1346-1351.

[31] 吴业正. 制冷原理及设备[M]. 西安: 西安交通大学出版社, 2008.

[32] 车孝轩. 太阳能光伏系统概论[M]. 武汉: 武汉大学出版社, 2006.

[33] PAREKH S, FARID M, SELMAN J. Solar desalination with a humidification-dehumidification technique—A comprehensive technical review[J]. Desalination, 2004, 160(2): 167-186.

[34] ADHIKARI R S, KUMAR A. Cost optimization studies on a multi-stage stacked tray solar still[J]. Desalination, 1999, 125(1-3): 317-325.

第5章　鼓泡加湿理论分析与试验

太阳能加湿除湿海水淡化法的主要优点是设备简单，装置在常压下操作，操作温度低于水的常压沸点，可使用平板或真空管太阳能集热器为空气和海水提供热量，加湿设备结垢少，对进料海水预处理要求低，系统规模灵活，投资少。但加湿除湿法与多级闪蒸和多效蒸馏装置相比，产水比不高，故该方法应用于中小规模装置较为适宜。

加湿过程是太阳能加湿除湿海水淡化工艺的主要过程，目前普遍采用喷淋加湿法。筛板鼓泡加湿法近年来被引入太阳能海水淡化中，是可替代三级喷淋加湿的高效加湿方法[1]。本章通过试验和数值模拟计算探究鼓泡加湿的微观过程与机理，以及鼓泡加湿的影响参数及规律。

5.1　鼓泡加湿的微观过程及机理

在鼓泡加湿器中，由于气泡大小及其运动状态对气-液两相间的传热传质有着重要影响，有必要对气泡的形成、聚并和破碎机理，以及影响气泡直径的因素等进行研究，以设计合理的加湿器筛板结构尺寸，确定合适的操作参数，增强加湿效果。

5.1.1　气泡的形成

液体中气泡形成的理论模型大多建立在"长大—脱离"的二阶段假设下，并根据气泡的受力分析进行推导。气泡的运动状态是其受到的表面张力、浮力、曳力和附加惯性力等相互平衡的结果[2]。杨志强等[3]通过对玻璃液中气泡生成过程的机理分析，将鼓泡加湿器中空气经过筛板孔在水中形成气泡的过程分为三个时期，即孕育期、生长期和脱离期，如图 5-1 所示。图 5-1 中，r_b 为孔口生成的气泡半径，m；P_b 为泡内压力，Pa；P_τ 为泡颈处所受静压力，Pa；H 为泡颈高度，m。

1) 气泡孕育期

由于筛板进气孔内径很小，水的表面张力形成的毛细压力较大，当风机持续向鼓泡加湿器下部进气腔输送空气时，气体压力升高，当气体压力等于大气压、液体静压力及毛细压力之和时，开始形成气泡。形成气泡时进气腔中的最大压力 P_{max} 为

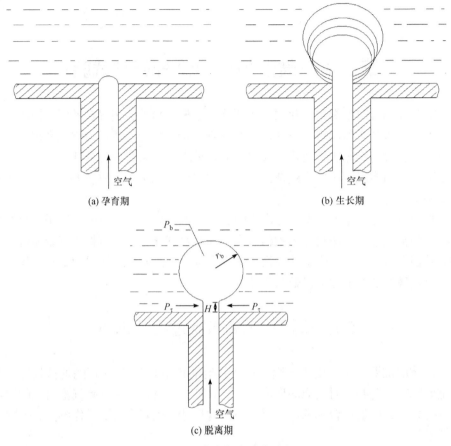

(a) 孕育期　　　　　　　　　　　(b) 生长期

(c) 脱离期

图 5-1　水中气泡形成过程

$$P_{\max} = P_0 + \rho g h + \frac{2\sigma}{r_{\mathrm{b}}} \tag{5-1}$$

式中，P_0 为大气压，Pa；ρ 为水的密度，kg/m³；g 为重力加速度，m/s²；h 为气泡中心以上水层高度，m；σ 为水的表面张力，N/m。

2) 气泡生长期

气体压力一旦超过毛细压力控制的临界压力，气泡界面迅速向鼓泡孔外扩张，由式(5-1)可知，毛细压力随着气泡半径的增大而迅速减小；同时，随着气泡长大，其中心上升，承受的静压力相应减小，而气泡底部仍与孔口连接，此时进气腔中的压力逐渐下降，筛板孔中的气速也逐渐降低。

3) 气泡脱离期

气泡脱离前，受到浮力和黏性阻力的共同作用，气泡在上升力和拉伸力的作用下，其底部与筛孔之间形成颈状。由于气泡中心的上升，气泡受到的平均静压力下降，颈部液体侧的静压力仍为 P_τ，颈部内外两侧压力不相等，产生剪切力。当气泡颈被切断后，表面张力项消失。若惯性力消失，气泡进入稳定的上升阶段。该阶段与液体的黏度密切相关，若黏度较大，气泡脱离阶段明显，气泡形成过程倾向于二阶段模型；反之，气泡脱离阶段弱化，气泡形成过程倾向一阶段模型。

5.1.2 气泡的聚并与破碎

图 5-2 是在鼓泡孔直径 $d_0 = 4.5\text{mm}$，水层高度 $h = 150\text{mm}$ 时，采用高速摄像机拍摄的筛孔新生气泡的形成、长大和脱离筛板的过程，每个图片拍摄的时间间隔是 $1/120\text{s}$。从图像上看，气泡有较为明显的脱离阶段，形成过程倾向于二阶段模型。

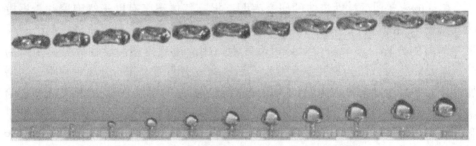

图 5-2　水中气泡形成、长大与脱离筛板的过程

在气液接触和分离设备中，气泡聚并对气泡的大小、分布状况及相界面积起着决定性的作用。气泡聚并对于不同过程具有不同的效果，如在气液接触器中，气泡聚并减少气泡表面积，不利于气液接触传质的提高；而在气液分离器中，气泡聚并可以增大气泡体积，提高气泡形成速度，有利于气液相分离。

对于空气和水的鼓泡加湿过程，气泡在脱离筛板的上升过程中，可能发生聚并与破碎。一旦发生聚并，气液相的接触面积将减小，不利于加湿；而气泡破碎的发生，有利于增大气液接触面积，强化加湿。

液体黏度、操作温度与压力等参数影响了气泡-气泡和气泡-液体之间的相互作用，进而影响气泡的聚并与破碎速度。一般而言，随着气速的增加，鼓泡孔口气流可能依次经历气泡生成、气泡单次聚并、多次聚并、气泡链、间歇喷射流和喷射流等状态[4]。

1) 气泡的聚并

研究者对不同黏度液体中的气泡聚并进行了一些研究，其中以单喷嘴产生的线性气泡的聚并研究较多，而对多喷嘴产生的平行气泡的聚并研究较少。

Shiloh 等[5]研究指出，两个气泡相碰撞后未必发生聚并，因此应将聚并时间与碰撞时间加以区别。Marrucci[6]把气泡聚并过程分为碰撞和聚并两个阶段，当两气泡相撞时，气泡之间的初始薄膜变薄，直至达到平衡厚度，使已建立的浓度差满足膜上力的平衡，这一阶段是膜拉伸过程，进行得非常快，此时的膜厚度值可采用物性参数计算求得。

李佟茗[7]的小气泡或小液滴之间的聚并试验表明，当 2 个气泡相互接近，或1 个气泡接近另 1 个气泡表面时，液膜厚度一般是不均匀的。液膜开始形成时，其中心厚度最小。随着液体的导出，最小厚度逐渐移至液膜边缘，这是液膜中产水的压力梯度导致的。Li 等[8]采用凸面膜模型分析了气泡或液滴在固体平面或液面上的聚并、2 个等径气泡的聚并及气泡与固体球的聚并，在知道物性参数的条件下，可计算出聚并时间。本章试验中涉及的 2 个不等径小气泡之间的聚并时间，也可采用该模型和方法进行计算与分析。

Crabtree 等[9]对黏性流体的研究表明，提高气体温度有助于气泡聚并。根据两气泡速率相同与否，采用 Nevers 等[10]提出的尾流模型，可以推导出两个有关聚并时间的方程，该分析仅对球冠型气泡适用。尾流模型假设临界分离距离为L_c，当 $L > L_c$ 时，认为聚并不会发生，而试验也表明随着起始分离垂直距离的增加，聚并率减少。根据以上结论，假设先行气泡 A 与随从气泡 B 相互独立，给定一起始垂直分离距离，若气泡B越小，则聚并时间就越长，这说明尾流在校正和俘获随从气泡中具有重要作用。随从气泡由于受到先行气泡尾流的影响会发生变形。当随从气泡的瞬时上升速率大于先行气泡的最终上升速率时，聚并才可能发生，即聚并依赖于随从气泡的最终上升速率与先行气泡的最终上升速率之比。Orvalho 等[11]对气泡接近速度和液体黏度的影响进行了研究。结果表明，气泡接触时间随液体黏度的增加而单调增加，在聚并状态下，气泡接触时间随气泡接近速度增大单调减小，气泡大小的差异并没有在定性上改变聚结形态，而只是在定量上略有改变。

Acharya 等[12]研究了液体黏弹性对气泡聚并率的影响，试验结论与上述结论相反，即高分子溶液的黏弹性可增加气泡间的碰撞时间和聚并作用，对气泡间的聚并具有显著的延缓作用。Yang 等[13]研究了气泡的碰撞过程，发现两个气泡碰撞的结果与碰撞时形成的液膜长度有关，当最大液膜长度小于 0.44mm 时，两个气泡会合并，否则两个气泡会反弹。Chakraborty 等[14]用数值模拟的方法分析了在不混相牛顿流体中，在恒定气体流入条件下，淹没孔内动态气泡形成的问题。研究表明，适度共流的液体可以抑制气泡的聚并，随着液气平均速度比的增大，气泡体积减小，气泡形成时间缩短。

对线性气泡相互作用的研究表明，线性气泡的相互作用受流体剪应力的产生和松弛之间的动力学竞争机制控制。

综合以往研究和高速摄像拍摄到的试验现象，可将空气在水中发生的气泡聚并过程简化为以下三个主要阶段：

(1) 气泡进入一个先行气泡余下的尾流区。

(2) 随从气泡在尾流区中受到较小曳力，因此快速接近先行气泡直到二者相碰撞，其中仅有一薄膜使二者分开。

(3) 薄膜变薄直到破裂，即发生聚并现象。

2) 气泡的碰撞与破碎

Prince 等[15]认为气泡的碰撞由三种机理导致。

(1) 湍流：即由液相湍动造成的气泡间碰撞。

(2) 浮力差：由不同气泡的不同上升速度所造成的碰撞。

(3) 剪切力：鼓泡床内存在内环流，可导致相同大小的气泡由于径向速度而发生碰撞。

在上述影响因素中，湍流所占的影响最大。随着鼓泡床表观气速的增大，床层中的湍动加剧，由浮力差导致的聚并所占比例逐渐减小，而由湍流和剪切力所导致的气泡聚并所占比例有所增大。

气泡的破碎被认为是气泡受到了液相中漩涡冲击的结果。对于不能在液相中稳定存在的气泡，当受到漩涡冲击后，气泡受到剪切力等作用，会发生变形，直至最终断裂破碎。

5.1.3　双膜理论

质量交换的两种基本方式是分子扩散和紊流扩散。在某一相内部有浓度差的条件下，由分子的无规则热运动所引起的物质传递现象称为分子扩散；由紊流脉动所引起的物质传递称为紊流扩散。在紊流流体中，质量交换过程除了层流底层中的分子扩散外，还有主流体中由紊流脉动引起的紊流扩散，两者的共同作用称为对流质交换。

双膜理论是有关两相流体界面传质的动力学理论，1923 年由 Whitman[16]提出，其主要论点是：

(1) 在气液两相接触传质过程中，两相间有一个相界面。在相界面两侧分别存在着呈层流流动的稳定膜层，即有效层流膜层。

(2) 尽管两传质膜层很薄，却是传质过程的主要阻力区，浓度梯度全部集中在这两个膜层内。

(3) 不论何时，在两层薄膜间的相界面处，气液两相处于平衡状态。

双膜理论将传质过程的机理大大简化，其示意见图 5-3。

图 5-3 中，P_i 为溶质在气相中的分压，Pa；C_i 为溶质在液相中的摩尔浓度，mol/L；Z_G 为气膜厚度，mm；Z_L 为液膜厚度，mm；对于气相中的分压和液相中

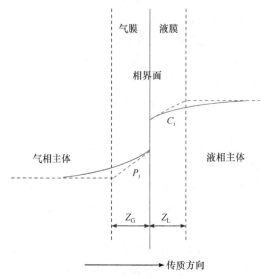

图 5-3　双膜理论示意图

的摩尔浓度分布线，实线表示实际分布，虚线表示理论分布。

　　将双膜理论应用于鼓泡加湿过程中气泡与水域之间的质量传递，气泡与水域的相界面示意如图 5-4 所示。气与水之间的显热交换取决于气泡内的空气与气泡外的水之间的温差，而水蒸气的交换及其伴随的潜热交换则由气泡内的空气与相界面之间的水蒸气浓度差决定。假设气泡内空气中的水蒸气分压未达到饱和状态，则根据上述双膜理论，水分子先以分子扩散的方式通过液膜的层流底层，到达气液相界面，在相界面上气液两相处于平衡状态，水分子再由相界面向气膜的层流底层扩散，最后与气泡内不饱和含湿的主流空气之间通过分子扩散与紊流扩散方式不断掺混，从而使主流空气的湿度不断发生变化。

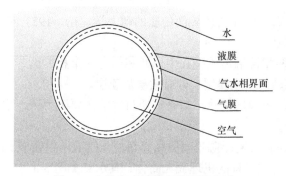

图 5-4　气泡与水域的相界面示意图

5.1.4　加湿传质通量

1) 扩散系数

有关气体 A 在气体 B 中的扩散系数 D_{AB} 的计算，有多种不同形式的半经验公式可以运用，包括 Fuller 等[17]和 Hirschfelder 等[18]提出的扩散系数公式，其中，海斯菲耳德公式为

$$D_{AB} = \frac{18.34 \times 10^{-11} T^{3/2} \left(\dfrac{1}{M_A} + \dfrac{1}{M_B} \right)^{1/2}}{P \sigma_{AB}^2 \Omega_D} \tag{5-2}$$

式中，D_{AB} 为气体 A 在气体 B 中的扩散系数，cm^2/s；T 为热力学温度，K；M_A、M_B 分别为气体 A 和气体 B 的相对分子质量；P 为绝对压力，Pa；σ_{AB} 为碰撞直径，nm；Ω_D 为碰撞积分，是分子间相互作用的非刚性修正。

从式(5-2)可知，气体 A 在气体 B 中的扩散系数和气体 B 在气体 A 中的扩散系数与气体浓度无关。若已知在 T_1 和 P_1 下的扩散系数为 D_{AB1}，则可求出在 T_2 和 P_2 下的扩散系数 D_{AB2}：

$$D_{AB2} = D_{AB1} \left(\frac{P_1}{P_2} \right) \left(\frac{T_2}{T_1} \right)^{3/2} \frac{\Omega_{D,T_1}}{\Omega_{D,T_2}} \tag{5-3}$$

碰撞积分 Ω_D 随温度变化很小，可以取 $\dfrac{\Omega_{D,T_1}}{\Omega_{D,T_2}} \approx 1$，则式(5-3)可以简化为

$$D_{AB2} = D_{AB1} \left(\frac{P_1}{P_2} \right) \left(\frac{T_2}{T_1} \right)^{3/2} \tag{5-4}$$

已知在标准大气压下，25℃时水蒸气在空气中的扩散系数 D_{H_2O} 为 0.25cm^2/s，利用式(5-4)可以求出其他状态下水蒸气在空气中的扩散系数。

2) 总传质系数

双膜模型将传质分系数和总传质系数联系起来，总传质阻力等于各相传质分阻力之和，即

$$R_T = R_L + R_G = \frac{1}{K_T} = \frac{1}{K_L} + \frac{1}{H_C K_G} \tag{5-5}$$

式中，R_T、R_L 和 R_G 分别为总传质阻力、液相传质分阻力和气相传质分阻力，s/m；K_T 为总传质系数，m/s；K_L 和 K_G 分别为液相传质分系数和气相传质分系数，m/s；H_C 为无因次亨利常数。

总传质系数和传质分系数的关系式可整理为

$$K_T = \frac{K_L}{1 + \dfrac{K_L}{H_C K_G}} = K_L \frac{R_L}{R_T} \tag{5-6}$$

对于空气和水之间的传质，由于空气难溶于水，传质阻力主要集中在液相，即传质过程主要受液膜控制，由此知式(5-6)中 $R_L/R_T \approx 1$，即 $K_T \approx K_L$，总传质系数近似等于液相传质分系数，而气相传质分系数 K_G 可忽略。

3) 对流传质通量

单位面积、单位时间内扩散传递的物质量，称为分子扩散通量，用 J 表示，单位为 mol/($m^2 \cdot$ s)。根据菲克定律，J 可以表示为

$$J = \frac{D}{\delta_L}(C_W - C_G) \tag{5-7}$$

式中，D 为扩散系数，m^2/s；δ_L 为液膜厚度，m；C_W 为液膜表面水蒸气的摩尔浓度，mol/m^3；C_G 为膜层相界面处水蒸气的摩尔浓度，mol/m^3。

在气泡中，空气与气膜中水蒸气之间的质量传递主要以对流方式为主。描述对流传质的基本方程与对流传热方程相似，对流传质通量 N 可表示为

$$N = K_G(C_G - C_A) \tag{5-8}$$

式中，N 为对流传质通量，mol/($m^2 \cdot$ s)；C_A 为主流空气中水蒸气的摩尔浓度，mol/m^3。

由参考文献[19]～[24]可得，假设传质过程为稳态过程，则 $J = N$，即

$$\frac{D}{\delta_L}(C_W - C_G) = K_G(C_G - C_A) \tag{5-9}$$

由式(5-9)可求得

$$C_G = \frac{DC_W + \delta_L K_G C_A}{D + \delta_L K_G} \tag{5-10}$$

由于加湿过程在常压下进行，且空气和水的温度均为几十摄氏度，可视水蒸气为理想气体，即符合理想气体状态方程 $PV = nRT$，水蒸气的摩尔浓度 C_W 和 C_A 均可采用以下形式表示：

$$C = \frac{n}{V} = \frac{P}{RT} \tag{5-11}$$

将 C_G、C_W 和 C_A 的表达式代入式(5-7)和式(5-8)，整理得

$$N = J = \frac{1}{R\left(\dfrac{1}{K_G} + \dfrac{\delta_L}{D}\right)}\left(\frac{P_W}{T_W} - \frac{P_A}{T_A}\right) \tag{5-12}$$

式中，R 为气体常数，取 8.314J/(mol·K)；T_w 为水温，K；T_A 为空气温度，K；P_w 为 T_w 下的饱和水蒸气分压，Pa；P_A 为主流空气中水蒸气分压，Pa。

由式(5-12)可知，影响加湿对流传质通量的主要参数有：对流传质系数 K_G、扩散系数 D、液膜厚度 δ_L、水温 T_w、空气温度 T_A 和主流空气中水蒸气分压 P_A 等。

从理论上讲，气相对流传质系数 K_G 主要与传质过程的起因、流体流动状态、流体物性和传质表面的几何特性有关。对于空气在水中的鼓泡加湿过程，可视空气和水的物性基本不变，这时 K_G 主要与空气的流动状态及气泡表面的几何形状有关。而空气的流动状态主要决定于气速，当气速较高时，气膜层表面受到剧烈扰动，有助于 K_G 增大。气泡表面的几何形状与气速和泡径有关。

由式(5-4)可知，影响扩散系数 D 的因素是扩散时膜内的温度和压力。由于鼓泡加湿是在当地大气压下进行，而标准大气压和当地大气压之比约等于 1，因此影响扩散系数 D 的主要因素是水温 T_w。

液膜厚度 δ_L 与主流空气的湍动程度有关，还与前面气泡尾涡、后面气流冲击及周围气泡的扰动有关。对于单孔鼓泡，湍动主要与气速 u 有关，流速越高，湍动越激烈，液膜厚度越薄，传质阻力越小；对于多孔鼓泡，δ_L 除受气速 u 的影响外，还与周围气泡对其产生的扰动有关，而周围气泡所产生的扰动除了与气速 u 有关外，还与筛孔之间的距离有关。

综上所述，常压下影响单孔鼓泡加湿传质通量的主要因素有水温 T_w、空气温度 T_A、气速 u 和主流空气中水蒸气分压 P_A；对于多孔鼓泡，除与上述因素有关外，还与筛孔间距有关。T_w、T_A 及 u 越高，P_A 越低，加湿传质通量就越大。在实际加湿操作中，如果气速 u 较大，则加湿器中的水层高度就要相应增大，以保证气液两相具有足够长的接触时间进行充分传质。

5.2 鼓泡过程可视化试验与分析

1. 鼓泡过程可视化试验系统

在气液两相流研究中，采用流型图或流型转换判据只能大致预测流型及其转换，不能准确获取流动状态的实时信息。此时，采用仪器设备直接识别气液两相流的流型就自然而然地成为人们的选择。根据工作原理可以将流型实时识别方法分为两类：一类是根据两相流动图像的形式直接确定流型，如目测法、高速摄影法、射线衰减法、接触探头法和过程层析成像法等；另一类是间接方法，即通过对反映两相流流动特性的波动信号进行处理分析，提取出流型特征，进而识别流型。

高速摄影法是采用高速照相机或高速摄像机，通过透明管段或透明窗口拍摄流体的流动状态，利用计算机分析拍摄到的流体图像与目测法得到的典型流型图像比对，从而确定流型的方法。虽然气液两相流动状态变化复杂，特别是在气液两相高速流动状态下流型变化更加难辨，但随着计算机和高速摄影技术的飞速发展，目前已出现了每秒能拍 1×10^4 幅图像的高速摄影机，为利用高速摄影法进行流型识别提供了硬件支持。

在流型图像的拍摄过程中，照明技术的选取也是一个重要问题。垂直于管道拍摄时，光源可采用侧光，这时为黑底；也可采用背光，这时为亮底[25]。

利用高速摄影机、专业摄影照明灯和计算机，对单孔鼓泡过程进行拍摄、图像处理与显示。高速摄影机为加拿大 Mega Speed 公司生产的 CPL-MS1000CCD 机型，拍摄时采用的分辨率是 640×480，最大拍摄帧数是每秒 192 帧。摄影照明灯为双联 2600W 新闻灯，色温 3200K。鼓泡摄影原理如图 5-5 所示。

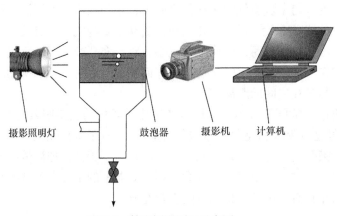

摄影照明灯　　　　　鼓泡器　　　摄影机　　计算机

图 5-5　鼓泡摄影原理示意图

2. 试验结果与分析

单孔鼓泡可视化摄影试验中，设定每次拍摄时间为1s，拍摄图片为120帧。当筛孔直径和气速改变时，空气在水中的鼓泡状态随之发生变化。选取筛孔直径 d_0 为 2mm、水层高度 h 为 10cm、平均水温为 16.6℃及大气压为 98.1kPa 的一组典型的气泡状态的试验图片，如图 5-6～图 5-9 所示。

在筛孔直径一定而气速较小时，每个气泡在水层中呈独立、基本垂直向上的状态运动，没有发生聚并现象，气泡上升到水面时发生破碎，如图 5-6 所示。当气速增大一倍时，刚出筛孔的气泡马上与其前面相邻气泡发生聚并，此时由于气速不是很大，气泡运动对液体的扰动不大，气泡基本仍沿直线上升，接近水面时的状态图 5-7 所示。随着气速的进一步增大，气体对液体的扰动增大，后面与前面的气泡发生聚并，气泡形状越加不规则，气泡在水中上升时出现摆动，且发生

图 5-6　低气速下单个气泡的状态

图 5-7　气速略高时气泡的聚并

图 5-8　较高气速下气泡的摆动与破碎

图 5-9　更高气速下的喷射状气柱

破碎，如图 5-8 所示。当气速更大时，筛孔出来的气体与前面的气体连成一体，形成喷射状并带摆动的气柱，如图 5-9 所示。

5.3　鼓泡加湿试验

5.3.1　加湿器内水温和水量的计算

　　鼓泡加湿过程中单个气泡的生成、聚并和破碎研究，对整个加湿机理研究十分重要。温度对整个鼓泡加湿器的能量平衡是十分重要的。鼓泡加湿过程中，水域中的水量将随加湿过程的进行而不断减少，水温也随水的不断吸热汽化而变化。分析加湿过程中水域温度及剩余水量随时间的变化规律，有利于加湿操作中产水量的预测和加湿器中水量的及时补充[26]。图 5-10 为加湿器水域能量平衡和质量平衡分析示意图。

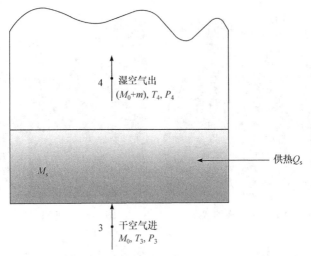

图 5-10　加湿器水域能量平衡和质量平衡分析示意图

图 5-10 中，空气进、出加湿器的状态分别用下标 3、4 表示；M_s 为水域剩余水量，kg；Q_s 为供给水域的加热功率，kW。

根据开口系的能量平衡关系，假设空气进、出加湿器的动能和势能变化量忽略不计；加湿器水域内，动能、势能的变化量及系统的散热量忽略不计；忽略水的定容比热容随温度的变化；太阳能集热器单位时间供给水域的热量 Q_s 是一个定值。在上述假设的基础上，对第 i 微元时间段 $\mathrm{d}\theta$ 内加湿器水域列出能量平衡方程为

$$M_0 h_{3,a}\mathrm{d}\theta - (M_0 + m_i)h_{4,i}^s\mathrm{d}\theta + Q_s\mathrm{d}\theta = \mathrm{d}(MU)_{s,i} \qquad (5\text{-}13)$$

假设以温度为 0K 时的焓值 0kJ 作为计算基准，则式(5-13)可表示为

$$M_0 h_{3,a}\mathrm{d}\theta - (M_0 + m_i)h_{4,i}^s\mathrm{d}\theta + Q_s\mathrm{d}\theta = M_{s,i}\mathrm{d}U_i + U_i\mathrm{d}M_{s,i} \qquad (5\text{-}14)$$

在试验温度范围 303.15～333.15K 下，大气压 $P_0 = 97.8\mathrm{kPa}$，查空气焓湿图得到该压力下不同干球温度 T 所对应的空气饱和含湿量 d_s，将 d_s 随 T 的变化拟合成二次函数关系，其中函数拟合的相关系数 $R = 0.999$。

$$d_s = 10542.5 - 70.172T + 0.11707T^2 \qquad (5\text{-}15)$$

在与式(5-15)同样条件下，视加湿器出口的饱和湿空气为理想气体，其比焓 $h_{4,i}^s$ 是温度的单值函数，将 $h_{4,i}^s$ 随温度 T_4 的变化拟合成二次函数关系，其中拟合曲线的相关系数 $R = 0.997$。

$$h_{4,i}^s = 20977.5 - 143.1T_4 + 0.24465T_4^2 \qquad (5\text{-}16)$$

因加湿器内任意第 i 个时间段具有的水量 $M_{s,i}$ 等于该时间段初始水量 $M_{s,i-1}$ 减

去在该时间段内因加湿而汽化的水量，由质量平衡关系可得

$$M_{s,i} = M_{s,i-1} - \int_{\theta_{i-1}}^{\theta_i} m_i \mathrm{d}\theta \approx M_{s,i-1} - m_i(\theta_i - \theta_{i-1}) = M_{s,i-1} - m_i\delta\theta \quad (5\text{-}17)$$

其中，$\delta\theta = \theta_i - \theta_{i-1}$。

将式(5-17)两边取微分，因 $\mathrm{d}M_{s,i-1} = 0$，有

$$\mathrm{d}M_{s,i} = -m_i\mathrm{d}\theta \quad (5\text{-}18)$$

加湿汽化的水量采用 $m_i = M_0(d_{4,i} - d_0)$ 计算，在微小时间段内，视 $d_{4,i} - d_0 \approx \mathrm{const}$，故 m_i 近似为常数，$d_{4,i}$ 是第 i 个时间段空气加湿后的含湿量，g/kg(干)。在试验范围内，空气加湿后的相对湿度均为 100%，因此 $d_{4,i}$ 即为饱和含湿量 d_s，可采用式(5-15)进行计算。

将式(5-17)及式(5-18)代入式(5-14)，得

$$M_0 h_{3,a}\mathrm{d}\theta - (M_0 + m_i)h_{4,i}^s\mathrm{d}\theta + Q_s\mathrm{d}\theta = (M_{s,i-1} - m_i\delta\theta)c_{v,w}\mathrm{d}T_4 - m_i c_{v,w}T_4\mathrm{d}\theta \quad (5\text{-}19)$$

整理式(5-19)，得

$$[M_0 h_{3,a} - (M_0 + m_i)h_{4,i}^s + Q_s + m_i c_{v,w}T_4]\mathrm{d}\theta = (M_{s,i-1} - m_i\delta\theta)c_{v,w}\mathrm{d}T_4 \quad (5\text{-}20)$$

忽略式(5-20)等号右端的二阶微分项($-m_i c_{v,w}\delta\theta\mathrm{d}T_4$)，并令

$$E = M_0 h_{3,a} - (M_0 + m_i)h_{4,i}^s + Q_s \quad (5\text{-}21)$$

$$F = m_i c_{v,w} \quad (5\text{-}22)$$

$$K = M_{s,i-1}c_{v,w} \quad (5\text{-}23)$$

将式(5-21)～式(5-23)代入式(5-20)，得

$$(E + FT_4)\mathrm{d}\theta = K\mathrm{d}T_4 \quad (5\text{-}24)$$

对式(5-24)在第 i 个微元时间段 θ_{i-1} 到 θ_i 内作定积分，水域温度从 $T_{4,i-1}$ 变化到 $T_{4,i}$：

$$\int_{\theta_{i-1}}^{\theta_i} \mathrm{d}\theta = \int_{T_{4,i-1}}^{T_{4,i}} \frac{K}{E + FT_4}\mathrm{d}T_4 \quad (5\text{-}25)$$

积分得

$$\theta_i - \theta_{i-1} = \frac{K}{F}\ln\frac{E + FT_{4,i}}{E + FT_{4,i-1}} \quad (5\text{-}26)$$

令

$$J = \frac{E}{F} = \frac{M_0 h_{3,a} - (M_0 + m_i)h_{4,i}^s + Q_s}{m_i c_{v,w}} \quad (5\text{-}27)$$

$$G = \frac{K}{F} = \frac{M_{s,i-1}c_{v,w}}{m_i c_{v,w}} = \frac{M_{s,i-1}}{m_i} \tag{5-28}$$

将式(5-27)和式(5-28)代入式(5-26)，整理得

$$T_{4,i} = (J + T_{4,i-1})e^{\frac{\theta_i - \theta_{i-1}}{G}} - J \tag{5-29}$$

式(5-13)～式(5-29)中，M_0 为空气的质量流量，kg/s；$h_{3,a}$ 为进加湿器的空气比焓，kJ/kg；m_i 为第 i 微元时间段内的加湿量，kg；$h_{4,i}^s$ 为第 i 微元时间段出加湿器的饱和湿空气比焓，kJ/kg；Q_s 为供给水域的加热功率，kW；$M_{s,i}$ 为第 i 微元时间段终了时水域中水量，kg；$U_{s,i}$ 为第 i 微元时间段终了加湿器内水的内能，kJ/kg；θ 为时间，s；d_s 为空气饱和含湿量，g/kg(干)；T 为干空气的绝对温度，K；$c_{v,w}$ 为水的定容比热容，kJ/(kg·K)。

根据上述推导关系，从加湿开始时间起，对加湿器内水温和水量的变化，按微元时间段逐段进行计算，并假设：

(1) 在任意时间段，空气进入加湿器温度 T_3 保持不变，仅水域温度 $T_{4,i}$ 随加湿过程发生变化。

(2) 每个时间段，空气加湿后的温度均与水域温度相等，为 $T_{4,i}$。

(3) 第 i 个时间段空气加湿后的湿度 $d_{4,i}$ 和 $h_{4,i}^s$，用该时间段初始温度 $T_{4,i-1}$ 计算。

(4) 水域最初温度 $T_{4,0}$ 与空气温度 T_3 相等，$T_{4,0} = T_3$。

(5) 第 i 个时间段的终了温度是第(i+1)个时间段的起始温度。

5.3.2　不同条件下的计算结果与分析

由于太阳辐照量随着地理位置、季节、气候和时间等因素发生变化，采用太阳能集热器加热水域时，供给水域的热量即使在一天之中的不同时段，也在不断发生变化，由此导致水域的加湿温度不断发生变化。

为预测太阳能供热时，加湿器水域中的水温、剩余水量和瞬时加湿量随时间的变化关系，本小节按照图 5-11 所示的加湿过程逐段计算流程，分别计算在供热量、初始加湿温度和初始水量不同的条件下，各参数的变化规律。

1) 供给水域加热功率的变化

设加湿开始时，空气和水的温度 $T_3 = T_{4,0} = 333.15\text{K}$，且加湿过程中，空气温度一直保持不变。根据试验数据，$M_0 = 5.834 \times 10^{-3}\text{kg/s}$，$h_{3,a} = 68.2\text{kJ/kg}$，$d_0 = 3.127 \times 10^{-3}\text{kg/kg}$ (干空气)。水域中的 $M_{s,0} = 0.307\text{kg}$，$h = 1\text{cm}$，$c_{v,w} = $

3.9736kJ/(kg · K)。

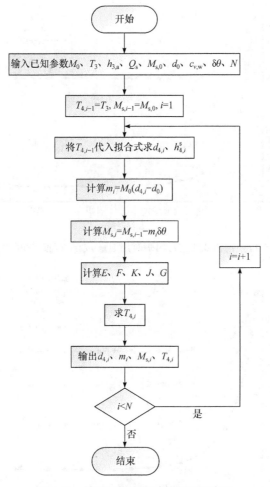

图 5-11 加湿过程逐段计算流程示意图

分别取加热功率 Q_s 为 400W、600W、800W 和 1000W 进行计算。所得瞬时加湿量 m_i、水域温度 T_4 及水域剩余水量 M_s 随加湿时间的变化关系如图 5-12～图 5-14 所示。

图 5-12 和图 5-13 的曲线形状类似，表明供给水域的热量若小于水汽化所需吸收的热量时，水域温度 T_4 在加湿初始阶段随着加湿时间的增加而急剧下降，同时，瞬时加湿量 m_i 也随着水温的降低而减小；供给水域的 Q_s 越大，m_i 和 T_4 下降越快，趋于稳定所需的时间也越短，稳定的 m_i 和 T_4 也越大。

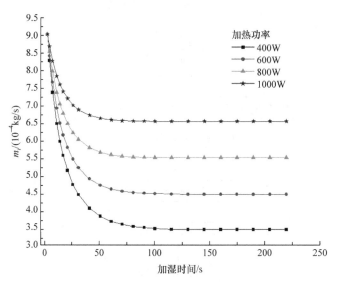

图 5-12　T_3 为 331.15K 时瞬时加湿量 m_i 随加湿时间的变化

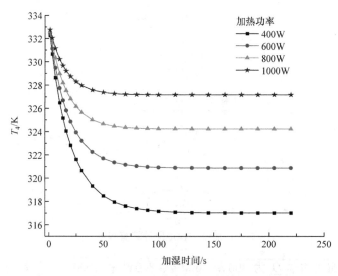

图 5-13　T_3 为 331.15K 时水域温度 T_4 随加湿时间的变化

　　图 5-14 表明，在不同 Q_s 下，加湿器内的水域剩余水量 M_s 随加湿时间的增加近似呈直线关系降低；Q_s 越大，M_s 下降越快，意味着加湿产水量越大。当 Q_s 为 1000W 时，加湿器内 0.307kg 的水将在 458s 左右全部汽化。

　　2) 初始加湿温度的变化

　　当上述其他条件不变($h = 1$cm，$M_{s,0} = 0.307$kg)，仅改变初始加湿温度，分别取 $T_3 = T_{4,0} = 343.15$K、323.15K、313.15K 和 303.15K，重复上述计算，得到 m_i、

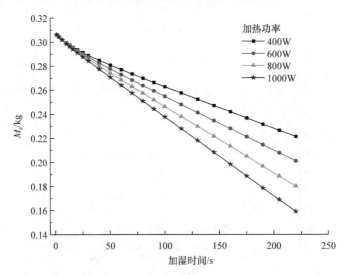

图 5-14　T_3 为 333.15K 时水域中剩余水量 M_s 随加湿时间的变化

T_4 及 M_s 随加湿时间的变化关系。由于 $T_3 = T_{4,0} = 343.15\text{K}$ 时，相应参数变化与图 5-12～图 5-14 类似，因此仅给出 $T_3 = T_{4,0} = 323.15\text{K}$、313.15K 和 303.15K 的相应参数的变化，如图 5-15～图 5-21 所示。

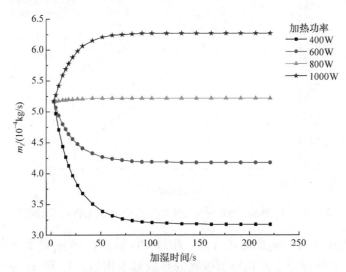

图 5-15　T_3 为 323.15K 时瞬时加湿量 m_i 随加湿时间的变化

图 5-15 和图 5-16 是初始加湿温度 $T_3 = T_{4,0} = 323.15\text{K}$ 时，m_i 和 T_4 随时间的变化规律与图 5-12 和图 5-13 不同，原因是水域的加热功率 Q_s 相对于加湿吸热量的大小不同。当 $Q_s = 1000\text{W}$ 时，Q_s 大于水汽化所需吸收的热量，从初始加湿时

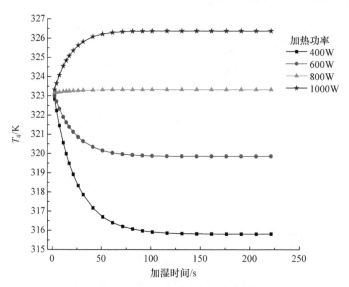

图 5-16　T_3 为 323.15K 时水域温度 T_4 随加湿时间的变化

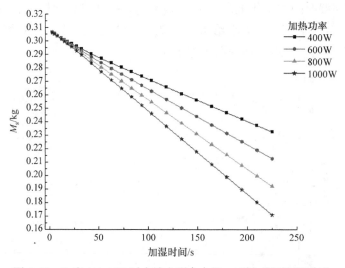

图 5-17　T_3 为 323.15K 时水域中剩余水量 M_s 随加湿时间的变化

间起，T_4 迅速升高，m_i 也随之升高，超过 60s 后，T_4 和 m_i 趋于稳定；当 $Q_s =$ 800W 时，供热量与水汽化所需吸收的热量基本相当，T_4 和 m_i 基本不变；当 $Q_s<800W$ 时，供热量小于水汽化所需吸收的热量，从初始加湿时间起，T_4 迅速降低，m_i 也随之降低，Q_s 越小，T_4 和 m_i 下降越快，其趋于稳定所需的时间也越长，稳定后的 T_4 和 m_i 也越小。

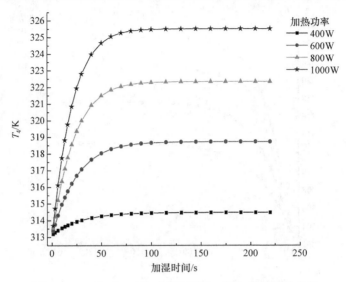

图 5-18　T_3 为 313.15K 时水域温度 T_4 随加湿时间的变化

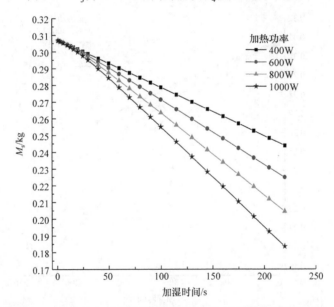

图 5-19　T_3 为 313.15K 时水域中剩余水量 M_s 随加湿时间的变化

图 5-17 中 M_s 随加湿时间的变化规律，与图 5-14 相似。

图 5-18 和图 5-20 为 T_3 是 313.15K 和 303.15K 时，T_4 随加湿时间的变化。由于 Q_s 大于水汽化所需吸收的热量，曲线形状与图 5-15 中 $Q_s = 1000W$ 时的曲线相似。图 5-19 和图 5-21 为 T_3 是 313.15K 和 303.15K 时，M_s 随加湿时间的变化，规律与图 5-14 相似。

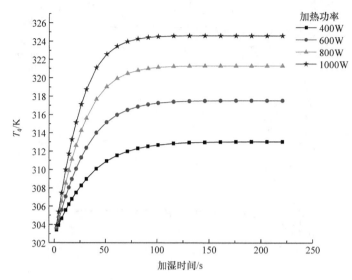

图 5-20 T_3 为 303.15K 时水域温度 T_4 随加湿时间的变化

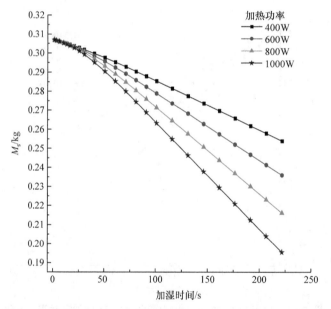

图 5-21 T_3 为 303.15K 时水域中剩余水量 M_s 随加湿时间的变化

将不同初始加湿温度和加热功率下，水域加湿过程达到稳定时，相应的 T_4 及 m_i 值列于表 5-1 和表 5-2 中。通过对比可知，初始加湿温度和加热功率越高，加湿过程稳定后的温度 T_4 及瞬时加湿量 m_i 越高，单位时间产水量越大。在计算范围内，当 $T_3 = T_{4,0} = 333.15K$，$Q_s = 1000W$ 时，达到稳定后的 m_i 值最大。

表 5-1 加湿过程水域的温度

T_3/K	不同加热功率时的水域温度 T_4/K			
	1000W	800W	600W	400W
333.15	327.17	324.22	320.88	317.01
323.15	326.38	323.33	319.85	315.82
313.15	325.51	322.35	318.72	314.47
303.15	324.61	321.33	317.54	313.05

表 5-2 加湿过程的瞬时加湿量

T_3/K	不同加热功率时的瞬时加湿量 m_f/(10^{-4}kg/s)			
	1000W	800W	600W	400W
333.15	6.65	5.52	4.47	3.46
323.15	6.27	5.22	4.18	3.18
313.15	5.96	4.91	3.87	2.90
303.15	5.65	4.60	3.58	2.63

3) 水域初始水量的变化

在初始加湿温度 $T_3 = T_{4,0} = 333.15$K，$Q_s = 1000$W，且其他计算条件不变的情况下，分别取水域中初始水量为原水量的 3 倍和 5 倍，即 h 分别为 3cm、5cm，对应 $M_{s,0}$ 为 0.921kg、1.535kg，计算相应的 T_4 及 M_s，计算结果分别如图 5-22 及图 5-23 所示。

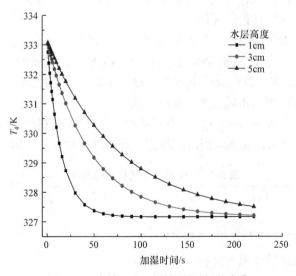

图 5-22 水域温度 T_4 随加湿时间的变化

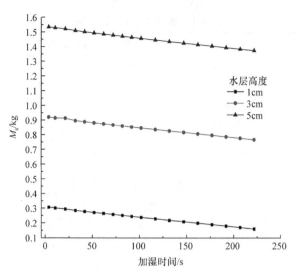

图 5-23　水域中剩余水量 M_s 随加湿时间的变化

图 5-22 表明，在相同初始加湿温度为 333.15K 和供热量为 1000W 条件下，当供热量小于水汽化所需吸收热量时，水域中的初始水量越大，水具有的总内能越大，加湿后水域温度下降得越慢，达到稳定的水域温度所需的时间越长；不同初始水量经过足够长的加湿时间后，水域中的温度将趋于稳定和一致。不论水域中初始水量有多大，加湿过程中，水域中剩余水量随时间的增加呈直线下降。

上述结论是基于加湿器没有散热损失的假设条件下得到的。实际加湿过程中，由于存在散热损失，水域温度和瞬时加湿量均比理论分析所得的结果小，而水域中实际水量却比理论计算值大。

在加湿器外加保温层，初始加湿温度为 333.15K，水层高度 h 为 1cm，加热功率 Q_s 为 600W 时，试验测量得到：加湿开始 60s 后，水域中的水温由 333.15K 迅速降低到 321.15K。该试验结果与图 5-13 中的理论计算结果基本一致，验证了采用上述理论方法预测水域参数变化的正确性。

水域中的水在 h = 1cm、Q_s = 1000W 时，全部加湿汽化所用的时间如表 5-3 所示。由表 5-3 可见，初始加湿温度越高，水全部汽化所需的时间越短。

表 5-3　水全部加湿汽化所用的时间

初始加湿温度/K	303.15	313.15	323.15	333.15	343.15
汽化时间/s	563	526	490	458	429

5.3.3　鼓泡加湿试验结果与分析

空气鼓泡加湿试验系统主要由风机、空气加热器、单层筛板鼓泡加湿器和测量仪表等组成，如图 5-24 所示。

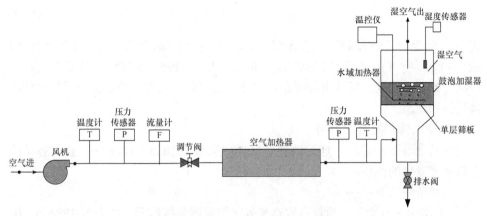

图 5-24　鼓泡加湿试验系统示意图

试验系统工作时，风机吸入空气，加压后将空气送入加热器。空气加热后从鼓泡加湿器下方通过筛板孔进入海水层，与海水进行鼓泡加湿，加湿后的空气由加湿器顶部排出。系统中，采用翅片管电加热器模拟太阳能空气集热器加热空气，采用环形电加热器代替太阳能海水集热器，放置在筛板上的水层中加热海水。空气流量采用球型调节阀调节，采用皮托管与其配套的数字显示计测量。

空气在风机出口和空气加热器出口的温度均采用数显式热电偶温度计测量，相应位置的压力采用压力传感器测量。大气中及鼓泡加湿器出口的空气湿度采用湿度传感器或数显式温湿度计测量。空气电加热器的功率可调，满功率为1500W，风机标牌额定输送风量为 18m³/h，筛板水层水温控制器的调节范围为0~100℃，环形电加热器的最大加热功率为 600W。其中，1 号筛板筛孔直径 d_0 为1mm，相邻孔中心距 s 为18mm，孔数为91个；2 号筛板 d_0 为2mm，s 为18mm，孔数为 91 个；3 号筛板 d_0 为 2mm，s 为 12mm，孔数为 217 个。

1) 加湿性能指标

评价空气加湿程度常用的指标有相对湿度 φ 和加湿效率 η，其定义分别如下。

相对湿度：

$$\varphi = \frac{P_w}{P_{w,s}} \times 100\% \tag{5-30}$$

式中，P_w 为空气中水蒸气的实际分压力，Pa；$P_{w,s}$ 为空气中水蒸气的饱和分压力，Pa。对于饱和湿空气，$\varphi=1$；对于不饱和湿空气，$0<\varphi<1$；对于干空气，$\varphi=0$。

加湿效率:

$$\eta = \frac{d_2 - d_1}{d_s - d_1} \times 100\% \tag{5-31}$$

式中，d_1 为空气被加湿前的含湿量，g/kg(干空气)；d_2 为空气被加湿后的含湿量，g/kg(干空气)；d_s 为饱和状态空气的含湿量，g/kg(干空气)。η 表示空气加湿后接近饱和的程度，反映出加湿是否充分。加湿效率越高，表示加湿后的气体越接近饱和状态。

2) 空气体积流量的影响

在其他参数一定时，通过改变空气体积流量 $M_v(6.5 \sim 18 \text{m}^3/\text{h})$，获得各试验参数随之变化的关系。

试验条件如下:

(1) 选用 3 号筛板，筛板有效直径等于加湿器筒体内径，即 $D = 198\text{mm}$，筛板厚度 $\delta = 8\text{mm}$，$d_0 = 2\text{mm}$，$s = 12\text{mm}$，孔数 $n = 217$ 个。

(2) 试验中以淡水代替海水，以电加热器替代太阳能集热器加热空气。

(3) 取筛板上水层温度 t_w 与空气进加湿器的温度 t_1 相等，这两个相等的温度统称为加湿温度。

(4) 环境温度 $t_0 = 15.09°C$，环境空气相对湿度 $\varphi_0 = 35.2\%$，大气压 $P_0 = 98.1\text{kPa}$。

(5) 加湿器内加湿温度维持 $t_w = t_1 = 40°C$，分别取初始水层高度 $h = 1\text{cm}$、3cm 进行试验。

试验过程中不同气速和水层高度下的鼓泡状态如图 5-25 和图 5-26 所示，图 5-25 中气速和水层高度相对较大。

图 5-25　不同气速和水层高度(3cm)　　　　图 5-26　不同气速和水层高度(1cm)
　　　　　　下的鼓泡状况　　　　　　　　　　　　　　下的鼓泡状况

试验结果表明：

(1) 随着空气体积流量的增大，空气出加湿器的相对湿度均为 100%。

(2) 在加湿器水层高度不同时，空气在管道及加湿器中流动的总压降随空气体积流量的增大而逐渐降低，这是由于空气体积流量增大时，相应管路中的流量调节阀开度增大，阀门局部阻力减小所致。

(3) 在相同空气体积流量下，水层高度越低，空气流经管路、加热器和加湿器的总压降越低，这是因为随着水层高度降低，水层静压降低，空气穿过水层时的阻力降低。空气总压降随空气体积流量的变化如图 5-27 所示。

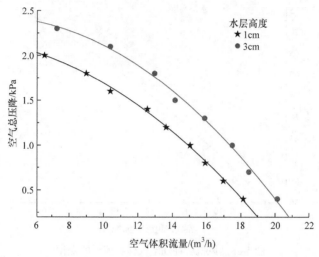

图 5-27 空气总压降随空气体积流量的变化

根据试验数据，可采用式(5-32)计算风机功耗 P(kW)：

$$P = M_0(h_2 - h_1) \tag{5-32}$$

式中，M_0 为空气的质量流量，kg/s；h_1 和 h_2 分别为风机进、出口处空气的比焓，kJ/kg。

$$M_0 = \rho_2 M_{2V} \tag{5-33}$$

其中，由于风机出口温度一般在 20~40℃，风机出口空气的密度 ρ_2(kg/m³) 可按理想气体状态方程计算：

$$\rho_2 = \frac{P_2}{R_a T_2} \tag{5-34}$$

$$M_{2V} = \pi r_a^2 u_2 \tag{5-35}$$

式中，P_2 为风机出口处空气的压力，kPa；T_2 为风机出口处空气的温度，K；R_a 为空气的气体常数，取 0.287kJ/(kg·K)；r_a 为空气输气管道内半径，试验所用管道半径为 0.017m；u_2 为风机出口处输气管道内的气速，m/s。

分别在筛板上水层高度 h 为 1cm 和 3cm 的情况下，试验中通过调节阀门，将空气体积流量逐渐增加至风机最大送风量 18m³/h 左右，可以发现，在水层高度一定时，风机功耗随空气体积流量的增大而增大；在空气体积流量一定时，风机功耗随着水层高度的增大而增大。具体变化关系见图 5-28 所示。

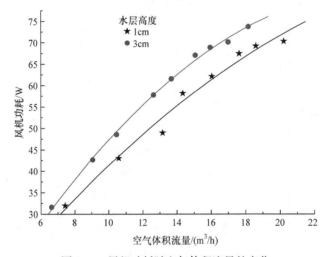

图 5-28　风机功耗随空气体积流量的变化

3) 空气温度及水层温度的影响

通过改变加湿温度，获得其他参数的相应变化关系。

试验条件如下：

(1) 采用 2 号筛板，筛板 $d_0 = 2$mm。

(2) 仍以淡水代替海水，以电加热器替代太阳能集热器加热空气。

(3) 维持筛板水层高度 $h = 1$cm，将加湿空气温度 t_1 调节到与水层温度 t_w 相等，即 $t_w = t_1$。

(4) 试验环境空气温度 $t_0 = 12.8℃$，大气相对湿度 $\varphi_0 = 33.1\%$，大气压 $P_0 = 97.8$kPa。

(5) 试验中，空气调节阀开至最大状态，即输送的空气量维持在风机额定送风量 18m³/h 左右。

不同加湿温度下各测量参数的试验结果如表 5-4 所示。

表 5-4　不同加湿温度下各测量参数的试验结果

测量参数	加湿温度/℃			
	30	40	50	60
风机出口温度 t_2/℃	26.40	27.20	28.20	29.20
风机出口压力 P_2/kPa	98.20	98.30	98.35	98.40
加热器出口压力 P_3/kPa	97.90	97.90	97.90	97.90
空气总压降 ΔP/kPa	0.40	0.50	0.55	0.60
气速 u_2/(m/s)	5.60	5.63	5.65	5.67
加湿空气相对湿度 φ_1/%	100.00	100.00	100.00	100.00

由试验观察和测量数据发现:

(1) 当加湿温度由 30℃升高至 60℃时,鼓泡加湿器出口空气相对湿度均能迅速达到 100%。

(2) 随着加湿温度的升高,加湿器中水量减少速度加快,加湿效果明显。

(3) 随着加湿温度的升高,空气由风机出口经过管道、空气加热器、加湿器直至加湿器出口,空气总压降也略有升高,如图 5-29 所示。

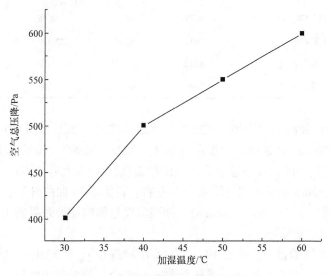

图 5-29　空气总压降与加湿温度的关系

(4) 试验中,风机出口空气温度一直维持在 26℃以上,筛板水域中的电加热功率为 600W,水在 60℃下加湿时,由于温度较高,加湿量较大(环境压力 97.8kPa、加湿温度 60℃下,空气的饱和含湿量为 159.2g/kg),此时加热器提供的热量小于水汽化吸收的热量,加湿温度无法维持在 60℃。试验测得,加湿开始后，水温在 1min 内迅速从 60℃下降至 48℃。由此可知，若在环境温度较低、太阳辐照度不大的冬季，加湿温度难于维持在 60℃以上。采用普通集热器加热水和空气时，实际加湿温度为 30～60℃较为常见。

对试验所得加湿温度与加湿量的关系做进一步的处理和分析。

根据空气在鼓泡加湿器出口和风机进口时的状态，查空气焓湿图，可以求得空气加湿总量，并近似认为加湿总量即为理论产水量：

$$m = M_0(d_4 - d_0) \tag{5-36}$$

式中，m 为加湿总量，g/s；M_0 为空气的质量流量，g/s；d_4 为空气出加湿器的含湿量，g/kg(干空气)；d_0 为环境空气的绝对含湿量，g/kg(干空气)。

根据试验的环境温度 t_0 和大气压 P_0，查湿空气焓湿图可知 $d_0 = 3.127$g/kg(干空气)。结合表 5-4 中的试验数据，采用式(5-33)～式(5-36)进行计算，得到筛板截面积为 0.0307m^2 时，不同加湿温度下各测量参数的结果如表 5-5 所示。

表 5-5　不同加湿温度下各测量参数的结果

测量参数	加湿温度/℃			
	30	40	50	60
空气相对密度 ρ_2/(kg/m^3)	1.142	1.140	1.137	1.134
空气体积流量 M_{2V}/(m^3/h)	18.29	18.39	18.46	18.52
空气质量流量 M_0/(g/s)	5.802	5.824	5.830	5.834
空气绝对含湿量 d_4/(g/kg)	28.223	50.775	89.853	159.234
加湿总量 m/(g/s)	0.146	0.278	0.506	0.911

将表 5-5 中加湿总量随加湿温度的变化绘成曲线，如图 5-30 所示。

表 5-5 和图 5-30 表明，加湿温度越高，加湿总量越大，加湿温度高于 40℃后，加湿总量随温度升高快速上升。当加湿温度由 40℃上升至 50℃及由 50℃上升至 60℃时，加湿总量均相对增加 80%左右。将图 5-30 曲线外延，可得 70℃下的加湿总量约为 5.67kg/h。试验表明，加湿温度是影响加湿效果的主要因素。

4) 水层高度的影响

在环境空气温度 $t_0 = 12.3$℃，空气相对湿度 $\varphi_0 = 32.8\%$，大气压 $P_0 = 98.4$kPa，筛板孔径 $d_0 = 2$mm，筛孔个数 $n = 91$ 个，加湿器内水温 t_w 和加湿器进口空气温度 t_1 均为 40℃的试验条件下，当筛板上水层高度从 2cm 上升到 16cm 时，加湿器进口空气压力、空气流速和出口空气相对湿度的试验数据见表 5-6 所示。

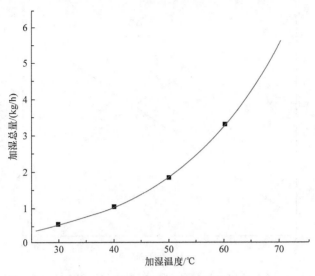

图 5-30　加湿总量随加湿温度的变化

表 5-6　不同筛板水层高度下空气进、出加湿器的参数

参数	水层高度/cm							
	2	4	6	8	10	12	14	16
加湿器进口空气压力 P_3/kPa	98.75	98.90	99.15	99.35	99.50	99.70	99.90	100.10
气速 u/(m/s)	4.65	4.52	4.19	3.87	3.65	3.39	3.02	2.56
出口空气相对湿度 φ_4/%	100	100	100	100	100	100	100	100

　　试验表明，在上述试验条件下，水层高度由 2cm 上升到 16cm 时，鼓泡加湿后空气的相对湿度均能达到 100%，即空气被饱和加湿，且不产生漏液。即使水层高度下降到 1cm，该结论仍然成立。

　　设加湿器出口空气压力等于大气压。根据试验数据，可计算出加湿器在不同水层高度下的压降 ΔP_H 及空气体积流量 M_{2V}。

$$\Delta P_H = P_i - P_0 \tag{5-37}$$

式中，ΔP_H 为空气流过加湿器的压降，kPa；P_i 为加湿器进口空气压力，kPa。

　　水层高度对加湿器压降和空气体积流量的影响如图 5-31 所示。

　　由图 5-31 可见，随着加湿器中水层高度的增加，空气在加湿器中的压降呈直线增加趋势，而空气体积流量则随之减小，即水层越浅，加湿阻力越小，风机实际送风量越大，加湿器的产水经济性越好。因此，实际加湿过程中，在不产生漏液且加湿效率达到 100%的条件下，水层高度应尽量减小。

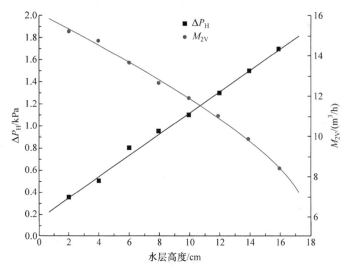

图 5-31　水层高度对加湿器压降ΔP_H和空气体积流量 M_{2V} 的影响

5) 筛板开孔率的影响

筛板开孔率对空气流动阻力和风机能耗具有一定影响。在大气温度 t_0 为 14.99℃、大气压 P_0 为 98.1kPa、大气相对湿度 φ_0 为 34.7%、空气和水加湿温度为 40℃的情况下，对两种孔径 d_0 均为 2mm，开孔数为 91 个和 217 个，即开孔率分别为 1.12%和 2.52%的 2 号和 3 号筛板进行加湿试验，水层高度 h 分别取 1cm、3cm、5cm 和 7cm，试验数据见表 5-7 所示。

表 5-7　不同水层高度下加湿器压降随筛板开孔率的变化

开孔率/%	不同水层高度下加湿器压降/kPa			
	1cm	3cm	5cm	7cm
1.12	0.40	0.55	0.70	0.85
2.52	0.25	0.40	0.50	—

经试验观察和测量可知，当空气体积流量在 6～18m³/h 变化时，空气加湿后均能达到饱和含湿状态，且不会产生漏液。空气在管道、加热器及加湿器中的总压降随着空气体积流量的增加而减少，随着开孔率增大，压降降低，试验结果如图 5-32 所示。空气体积流量大，风机功耗大，筛板开孔率小，对空气的流动阻力相对较大，风机功耗相应较大，试验结果如图 5-33 所示。

在同样条件下，当水层高度 h 为 1cm 时，所得试验结果与上述结果类似。

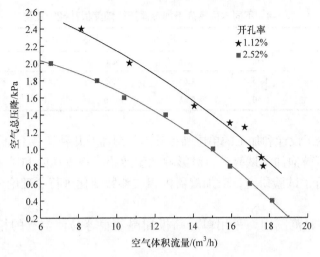

图 5-32　空气总压降随空气体积流量的变化

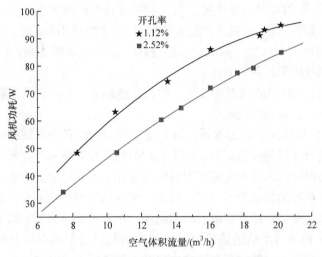

图 5-33　风机功耗随空气体积流量的变化

6) 筛板孔径的影响

　　试验中分别采用筛板孔径为 1mm 和 2mm 的 1 号和 2 号筛板，筛板孔数均为 91 个，空气和水在 40℃下加湿。试验测得，空气加湿后达到饱和状态，且不会产生漏液，结果如表 5-8 所示。由表中数据可知，筛板孔径增大，空气流经加湿器时产生的压降减小；水层高度增加，空气在加湿器中的压降增大。当筛板孔径 $d_0 = 1$mm，水层高度 $h = 9$cm 时，在试验条件下，空气经过筛板加湿器的压降最大，为 1.80kPa；当筛板孔径 $d_0 = 2$mm，水层高度 $h = 9$cm 时，产生漏液。

表 5-8　不同水层高度下加湿器压降随筛板孔径的变化

筛板孔径/mm	不同水层高度下加湿器压降/kPa				
	1cm	3cm	5cm	7cm	9cm
1	1.55	1.65	1.65	1.75	1.80
2	0.40	0.55	0.70	0.85	—

本节讨论了设计和加工的单层筛板鼓泡加湿器及几种具有不同孔数和孔径的筛板，建立了鼓泡加湿试验台，对影响加湿效果、空气压降和风机能耗的主要因素分别进行了试验研究，对加湿器内相关参数变化进行了理论分析，得出以下结论：

(1) 在试验范围内，采用单层筛板加湿器很容易使空气的相对湿度达到100%。

(2) 空气流量和水层高度一定时，加湿温度越高，加湿总量越大。当加湿温度由 40℃上升至 60℃时，每升高 10℃，加湿总量增加约 80%。

(3) 加湿温度一定，筛板上水层高度由 2cm 增加到 16cm 时，空气均能被快速加湿到相对湿度 100%。筛板上水层越浅，空气流动阻力越小，风机功耗越小，单位产水量所消耗的电能越少。

(4) 在不发生漏液的同等条件下，筛孔直径越大，筛板开孔率越大，筛板上的空气压降越小，风机能耗越小。

(5) 通过自编程序，对加湿器水域温度、瞬时加湿量和水域剩余水量的不稳态变化过程进行计算与分析可知，供给水域的热量相对于水汽化吸热量的大小，决定着初始加湿阶段水域温度随加湿时间的变化。当供热量大于水的汽化吸热量时，水域温度在初始加湿阶段升高；反之，水域温度降低或不变。瞬时加湿量的变化规律与水温类似。随着加湿时间的增加，水域温度及瞬时加湿量趋于稳定，初始加湿温度和供给水域的热量越高，加湿过程稳定后的温度及瞬时加湿量越高。水域中的剩余水量随加湿时间的增加几乎呈直线下降趋势，供热量越大，剩余水量下降越快，即理论产水量越大。

(6) 当空气体积流量为 18m³/h，环境空气温度为 12.8℃，相对湿度为33.1%，加湿温度为 60℃时，1m² 加湿器 1h 的理论产水量为 106.8kg/(m² · h)。

5.4　单孔鼓泡影响因素的数值模拟

鼓泡加湿是太阳能海水淡化的高效加湿方法。由于对气泡形成的主要影响因素的微观研究较少，本节对此开展数值模拟研究，以获得各参数的影响规律，用于指导鼓泡加湿器的结构参数和操作参数的合理设计，以利于强化加湿传质。

5.4.1　数值模型

1. VOF 模型

VOF 模型建立在两种或多种流体间没有互相穿插这一假设基础上，对增加到模型里的每一个附加相，引进一个变量，即相的容积比率。在每个控制容积内，所有相的容积比率之和为 1。所有变量及其属性的区域被各相共享，并且代表了容积平均值。对于任何给定单元内的变量及其属性，或者代表一相，或者代表相的混合，这取决于容积比率[27]。

跟踪相之间的界面是通过求解一相或多相的容积比率的连续方程来完成的。对于第 q 相，连续方程为

$$\frac{\partial \alpha_q}{\partial t} + U \cdot \nabla \alpha_q = \frac{S_{\alpha_q}}{\rho_q} \tag{5-38}$$

式中，α_q 为第 q 相流体的容积比率；U 为速度矢量，m/s；t 为时间，s；ρ_q 为第 q 相的密度，kg/m³；S_{α_q} 为质量源项，kg/(m³ · s)。

出现在输运方程中的属性是由存在于每一控制容积中的分相决定的。通常，对 n 相系统，容积比率平均密度为

$$\rho = \sum_{q=1}^{n} \alpha_q \rho_q \tag{5-39}$$

所有其他属性(如黏度μ)都可以用这种方式计算。

求解整个区域内单一的动量方程，求得的速度场是各相共享的。动量方程取决于通过属性ρ和μ的所有相的容积比率：

$$\frac{\partial (\rho U)}{\partial t} + \nabla \cdot (\rho U U) = -\nabla P + \nabla \cdot (\mu \nabla U) + \rho g + F \tag{5-40}$$

式中，μ 为流体的动力黏度，Pa · s；F 为表面张力的等价体积力，N/m³。

VOF 模型也可以包含沿着每一对相之间表面张力的影响。这个模型通过附加的相和壁面之间的接触角被强化。

表面张力是流体中分子之间引力作用的结果。FLUENT软件中，采用的表面张力模型是由 Brackbill 等提出的，参见文献[28]。用这个模型，在VOF计算中，附加的表面张力产生了动量方程中的源项。

2. 计算几何模型及网格划分

由于试验用鼓泡器过高，模拟计算中，仅对鼓泡孔附近直径为 20mm，高为

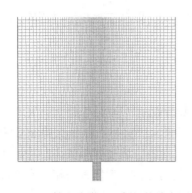

图 5-34　鼓泡孔附近局部网格放大图

100mm(与试验拍摄高度相同)的区域进行模拟计算。模拟计算孔径根据试验孔径而改变。建立模型时,采用非均匀分布的结构化网格对孔口附近进行局部加密处理[29]。图 5-34 为鼓泡孔附近局部网格放大图。

　　计算中,设置的初始条件:液相层上方出口压力为当地大气压,出口条件为压力出口;加湿器内液相初始速度设为 0;空气入口取为速度入口条件,速度大小根据模拟计算要求改变;通过设置表面张力系数,考虑表面张力的影响。

　　各控制方程的变量采用离散格式,求解器采用压力-速度耦合法及 SIMPLE 算法[30]。各松弛因子采用软件默认值,各变量的残差设置为 1×10^{-3}。

5.4.2　模拟计算结果及比较

　　1. 筛板孔径的影响

　　筛板孔径对于生成的气泡直径及气泡脱离孔口的时间产生一定的影响。在空气进孔速度 u 为 0.05m/s,表面张力系数 σ 为 0.02 的条件下,分别采用与试验相同的筛板孔径 d 为 1mm、1.5mm、2mm、2.5mm、3mm、3.5mm 和 4mm 进行模拟计算。气泡脱离孔口的时间 t 定义为从空气开始进入孔口到生成的第一个气泡脱离鼓泡孔口的时间。

　　图 5-35 为不同筛板孔径 d 下模拟第一个气泡即将脱离孔口的状态。图 5-36 为相同的空气进孔速度和水层高度条件下,通过可视化试验拍摄的不同筛板孔径

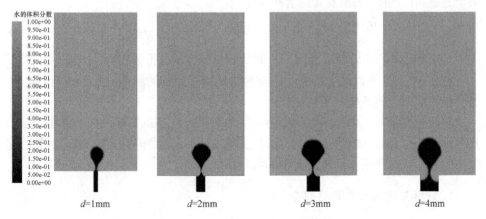

d=1mm　　　　d=2mm　　　　d=3mm　　　　d=4mm

图 5-35　不同筛板孔径 d 下模拟第一个气泡即将脱离孔口的状态

的鼓泡试验照片。可以发现，模拟结果与试验拍摄结果相似，即随着孔径增大，气泡直径增大。

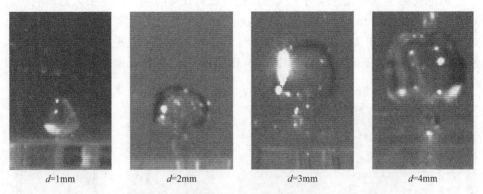

d=1mm　　　　　　d=2mm　　　　　　d=3mm　　　　　　d=4mm

图 5-36　不同筛板孔径 <i>d</i> 下的鼓泡试验照片

图 5-37 为模拟气泡脱离孔口的时间随筛板孔径的变化。结果表明，孔径越大，气泡脱离时间越短，气泡直径也越大。在气泡脱离孔口前，气泡在上升力和拉伸力的作用下，受到浮力和黏性阻力的共同作用，其底部与筛孔之间形成颈状。充气过程中，由于气泡的中心逐渐上升，气泡受到的平均静压力下降，颈部液体侧的静压力不变。气泡颈部内外两侧压力不相等，导致颈部产生剪切力。孔径较大时气泡的颈部较粗，需要更大的剪切力才能使其脱离，故气泡可达到更大的体积。由于空气进孔速度相同，筛板孔径增大导致空气流量大，气泡脱离孔口的时间反而缩短。

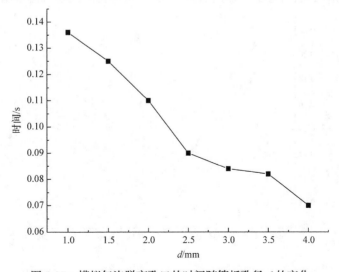

图 5-37　模拟气泡脱离孔口的时间随筛板孔径 <i>d</i> 的变化

2. 空气进孔速度的影响

鼓泡孔的空气进孔速度对于气泡体积及脱离孔口时间会产生很大的影响。选取筛板孔径 d 为1mm，表面张力系数 σ 为0.02，空气进孔速度 u 分别为0.05m/s、0.1m/s、0.15m/s 和 0.2m/s 时进行模拟计算，研究不同空气进孔速度对于气泡体积和第一个气泡脱离时间的影响。图 5-38 为不同空气进孔速度下第一个气泡即将脱离孔口的状态。

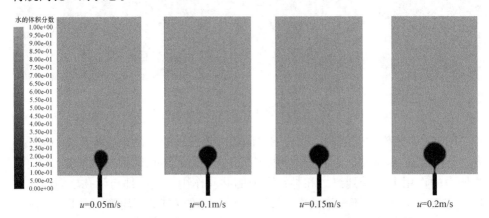

图 5-38　不同空气进孔速度 u 下第一个气泡即将脱离孔口的状态

图 5-39 为模拟气泡脱离孔口的时间随空气进孔速度的变化。由模拟及试验结果可知，随着空气进孔速度的增大，气泡形状基本未变，气泡直径与脱离孔口的时间均逐渐增大，这是空气进孔速度增大使得单位时间内气流量增大的缘故。

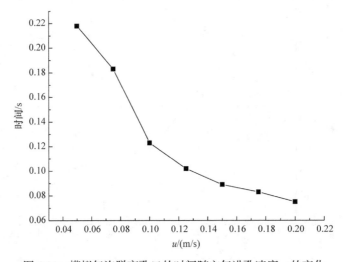

图 5-39　模拟气泡脱离孔口的时间随空气进孔速度 u 的变化

3. 表面张力系数的影响

VOF 模型中，表面张力是影响气泡形成的重要因素，许多学者对此进行过研究[31-32]。本小节在空气进孔速度 u 为 0.05m/s 下，模拟计算 σ 分别为 0.01、0.02、0.03、0.04、0.05、0.06 和 0.07 时，气泡的形成和脱离过程。图 5-40 为不同表面张力系数下第一个气泡即将脱离孔口的状态。图 5-41 为模拟气泡脱离孔口的时间随表面张力系数的变化。

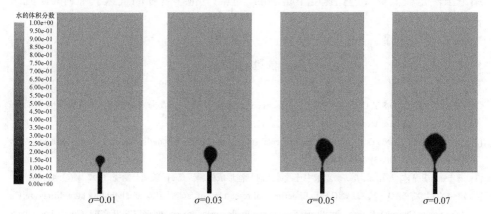

图 5-40　不同表面张力系数 σ 下第一个气泡即将脱离孔口的状态

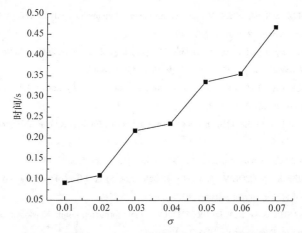

图 5-41　模拟气泡脱离孔口的时间随表面张力系数 σ 的变化

由计算结果可以发现，随着表面张力系数的增大，气泡脱离孔口的时间随之增大，气泡直径也越大，但是气泡形状基本未变。上述现象的原因：在液体的表面，气相密度远低于液相密度，液体表面分子受到的作用力不平衡，其在宏观上受到了一个垂直于液面且指向液体内部的作用力，因此液体分子本能地存在回避到表面去的倾向，它使液体在可能的情况下尽量缩小表面，犹如液体表面有一张绷紧的薄膜，在表面的切向上存在着收缩张力。当表面张力系数越大时，收缩张力越大，气泡内的气体量越大，气泡直径越大，脱离时间变短，这一结论与参考文献[31]的结论类似。

综上所述，尽管筛板孔径和空气进孔速度增大时，生成的气泡直径均增大，但前期研究表明，筛板孔径对气泡直径的影响相对空气进孔速度的影响更大。该结论虽然是在低空气进孔速度下得出的，但与其他学者在高气速下得到的研究结论一致[33]。

参 考 文 献

[1] ZHANG L X, GAO S Y, CHEN W B. Performances comparison of different solar desalination processes by bubbling humidification[J]. Advanced Materials Research, 2011, 282-283: 584-588.

[2] ZHANG L X, CHENG G P, GAO S Y. Experimental study on air bubbling humidification[J]. Desalination and Water Treatment, 2011, 29(1-3): 258-263.

[3] 杨志强, 胡桅林, 过增元, 等. 玻璃液中连续鼓泡时气泡形成机理研究[J]. 玻璃与搪瓷, 1997, 25(6): 44-49.

[4] ZHANG L X, GAO S Y, ZHANG H F. Experimental researches of factors affecting bubbling humidification[C]. Advances in Computer Science, Intelligent System and Environment Proceedings of CSISE 2011, Guangzhou, China, 2011.

[5] SHILOH K S, SIDEMAN S, RESNICK W. Coalescence and break-up in dilute polydispersions[J]. The Canadian Journal of Chemical Engineering, 1973, 51(5): 542-549.

[6] MARRUCCI G. A theory of coalescence[J]. Chemical Engineering Science, 1969, 24(6): 975-985.

[7] 李佟茗. 小气泡或小液滴之间的聚并[J]. 化工学报, 1994, 45(1): 38-44.

[8] LI D, FITZPATRICK J A, SLATTERY J C. Rate of collection of particles by flotation[J]. Industrial & Engineering Chemistry Research, 1990, 29(6): 955-967.

[9] CRABTREE J R, BRIDGWATER J. Bubble coalescence in viscous fluids[J]. Chemical Engineering Science, 1971, 26(6): 839-851.

[10] NEVERS N D, WU J L. Bubble coalescence in viscous fluids[J]. AIChE Journal, 1971, 17(1): 182-186.

[11] ORVALHO S, RUZICKA M C, OLIVIERI G, et al. Bubble coalescence: Effect of bubble approach velocity and liquid viscosity[J]. Chemical Engineering Science, 2015, 134(29): 205-216.

[12] ACHARYA A, MASHELKAR R A, ULBRECHT J J. Bubble formation in non-Newtonian liquids[J]. Industrial & Engineering Chemistry Fundamentals, 1978, 17(3): 230-232.

[13] YANG W D, LUO Z G, LAI Q R, et al. Study on bubble coalescence and bouncing behaviors upon off-center collision in quiescent water[J]. Experimental Thermal and Fluid Science, 2019, 104: 199-208.

[14] CHAKRABORTY I, BISWAS G, GHOSHDASTIDAR P S. Bubble generation in quiescent and co-flowing liquids[J]. International Journal of Heat & Mass Transfer, 2011, 54(21-22): 4673-4688.

[15] PRINCE M J, BLANCE H W. Bubble coalescence and break-up in air-sparged bubble columns[J]. AIChE Journal, 1990, 36(10): 1485-1499.

[16] WHITMAN W G. The two-film theory of gas absorption[J]. Chemical and Metallurgical Engineering, 1923, 29(4): 146-148.

[17] 谭天恩, 窦梅, 周明华, 等. 化工原理(下册)[M]. 3 版. 北京: 化学工业出版社, 2006.

[18] 许为全. 热质交换过程与设备[M]. 北京: 清华大学出版社, 1999.

[19] 王补宣. 工程传热传质学(下册)[M]. 北京: 科学出版社, 1989.

[20] 黄秋菊, 刘乃玲. 湿膜加湿器的加湿机理及影响因素分析[J]. 节能, 2005, 279(10): 8-11.

[21] 徐富春, 刘存礼. 臭氧水中传质模型的研究[J]. 环境污染与防治, 1997, 19(3): 1-4.

[22] 闫全英, 刘迎云. 热质交换原理与设备[M]. 2 版. 北京: 机械工业出版社, 2006.

[23] 连之伟. 热质交换原理与设备[M]. 北京: 中国建筑工业出版社, 2006.

[24] ZHANG L X, CHEN W B, GAO S Y. Theoretical analysis and experiment of bubbling humidification flux[J]. Advanced Materials Research, 2011, 282-283: 603-607.

[25] 周云龙, 孙斌, 陈飞, 等. 气液两相流型智能识别理论及方法[M]. 北京: 科学出版社, 2007.

[26] ZHANG L X, CHEN W B, ZHANG H F. Study on variation laws of parameters in air bubbling humidification process[J]. Desalination & Water Treatment Science & Engineering, 2013, 51(16-18): 3145-3152.

[27] 韩方超, 张立琛. 单孔鼓泡影响因素的数值模拟与试验[J]. 太阳能学报, 2014, 35(5): 814-818.

[28] 于勇. FLURNT 入门与进阶教程[M]. 北京: 北京理工大学出版社, 2008.

[29] JAYAKUMAR J S, MAHAJANI S M, MANDAL J C, et al. Experimental and CFD estimation of heat transfer in helically coiled heat exchangers[J]. Chemical Engineering Research and Design, 2008, 86(3): 221-232.

[30] 张建文, 杨振亚, 张政. 流体流动与传热过程的数值模拟基础与应用[M]. 北京: 化学工业出版社, 2009.

[31] WU B, HAO Z R, CHEN T, et al. Numerical simulation on motion of bubble under water[J]. Science-Paper Online, 2010, 5(8): 647-650.

[32] PENG Y, CHEN F, SONG Y Z, et al. The property influences on bubble behavior under electric field[J]. Journal of Engineering Thermophysics, 2008, 29(10): 1762-1764.

[33] 沈雪松, 沈春银, 李光, 等. 大孔径高气速单孔气泡形成[J]. 化工学报. 2008, 59(9): 2220-2225.

第 6 章　相变材料蓄热与传热

为了应对全球气候变暖，减少碳排放，保护自然环境，我国于 2020 年正式提出 2030 年前实现"碳达峰"，2060 年前实现"碳中和"的"双碳"目标。要实现"碳中和"，就需要调整能源结构，降低化石能源在能源消费结构中的比重，大力发展可再生能源。

太阳能、风能等可再生能源具有间歇性与不稳定性特征，导致其在实际工程应用中受到限制。采用相变材料(PCM)蓄热技术，可将太阳能等可再生能源以热能的形式加以存储，对可再生能源的开发和利用具有重要意义[1]。

在各种储能技术中，热能存储技术是当前的研究热点之一[2]，主要原因如下：

(1) 热能位于能源传递、转换和存储的核心位置，在一次能源与二次能源的转换过程中起到枢纽作用。

(2) 工业生产制造过程中，50%以上的能源供求和消耗通过热能的形式存在。

(3) 太阳能等可再生能源经过转换后得到的能量主要为热能，蓄热技术是最直接的存储方式。

(4) 电厂等大型工业生产产生的余热资源是以热能的形式存在，可回收利用的热量潜力巨大。

(5) 蓄热具有技术成熟，成本较低，运行温度稳定，操控灵活简便，安全性高等优势，适合大规模应用。

目前，热能储存方法包括显热储能、潜热储能和化学储能，三种热能储存方法中以潜热储能应用最为普遍，也最重要。潜热储能也叫相变储能，是最有效的热能储存技术之一。一般通过相变材料的固-固、液-气及固-液三种相变过程实现。由于固-固相变过程中的潜热较小，热能存储密度的优势不大，一般不采用。液-气相变过程中虽然潜热比较大，但在常压下进行时，相变材料的体积变化大，若要控制蓄热装置的体积，则该装置必须有较高的承压能力。固-液相变蓄热具有蓄热密度高、温度变化小且化学稳定性强等优势，但多数有机相变材料的导热系数较低。低导热率材料使得相变蓄热系统的蓄热速率较慢，恢复时间过长，无法满足正常使用要求。因此，强化相变材料的传热性能及调控蓄热速率对于提升相变蓄热系统的运行效率尤为重要[3-6]。

本章以相变蓄热式太阳能海水淡化系统为应用背景，研究相变材料的蓄热与强化传热，包括提高系统传热系数及增大传热面积等，以期达到提高太阳能利用率、增加产水量和提高经济效益的目的。该研究成果也可应用于太阳能热发电、太阳能建筑、工业余热回收利用和电子元件散热等方面，有助于拓展太阳能等可再生能源的应用范围。

6.1 相变材料蓄热及强化传热研究进展

目前采用的强化相变材料传热方式主要可分为两类，一类是改变相变蓄热装置的内部结构，如添加金属翅片和热管等，以提高传热速率；另一类是间接增加相变材料的导热系数，如在相变材料中添加碳纳米管、碳纳米纤维和金属纳米粒子等。此外，也有很多学者对上述两种方式的结合开展了研究。

1. 相变蓄热装置结构的改变

在相变蓄热装置中添加金属翅片和热管等能有效增加传热面积，但会减少装置中相变材料的体积占比。

关于翅片强化换热的研究，Akula 等[7]研究了翅片对 PCM 蓄热及熔化性能的影响，其中水平翅片由铝制成，PCM 为正二十烷。研究结果表明，翅片角度为 0°时，填充率为99%的结构具有最佳性能。Mert 等[8]研究了翅片的表面积对 PCM 熔化和凝固过程的影响。研究结果表明，增大翅片表面积对传热有促进作用，但会阻碍自然对流的影响。Cyril 等[9]研究了翅片对基于固-固 PCM 的蓄热结构的影响。结果表明，方形直翅片具有良好的热传递，比圆形和三角形直翅片结构可以使热沉温度额外降低 1.3K 和 0.5K；但三角形直翅片的综合性能更好，在体积分数相同的情况下，其质量比方形和圆形减少了 25%和 35%，节省了大量成本。Gasia 等[10]通过试验研究了相变蓄热系统中添加翅片和金属丝网对强化传热的影响。研究结果表明，与添加金属丝网相比，铝翅片的强化传热效果明显。但金属丝网廉价的优势使其可以任意混合到蓄热系统中，与无强化的系统相比，其传热效率最高可提升 14%，但对凝固过程几乎没有任何改善。Karami 等[11]采用瞬态数值模拟方法研究容器倾斜角从 0°～180°的 1 个翅片和 3 个翅片的矩形蓄热体中 PCM 熔化时的流场、温度分布和热能储存。研究结果表明，由于自然对流的强化和液体中旋涡数目的增加，矩形蓄热体的倾角减小，熔化时间缩短。Joybari 等[12]通过数值模型来研究三重同心管式换热器纵向翅片的性能。研究结果表明，自然对流的作用使 PCM 的上部熔化更加明显，因此 PCM 下半部需要耦合翅片来强化换热；热流体管上 3 个翅片和热流冷管上 1 个翅片的情况与自然对流最匹配。Eslamnezhad 等[13]对采用矩形翅片熔化 PCM 的强化传热进行了数值模拟研究，得到矩形翅片的布置方式是影响熔化过程的主要因素之一，并提出了提高换热器效率、缩短 PCM 熔化时间的最佳布置模型。Kamkari 等[14]利用试验数据计算了月桂酸熔化过程的液相率、传热速率和 Nu。试验结果表明，增加翅片数可以缩短 PCM 的熔化时间，提高总传热速率，但传热表面平均 Nu 减少；PCM 熔化速率和整体翅片效率随翅片数量的增加而增加，随壁温的升高而升高。Darzi 等[15]对 $C_{20}H_{42}$ 在三种不同直径下的水平同心环形空间中的熔化和凝固过程进行了数值研究。结果表明，加入翅片可以显著提高熔化和凝固速度。

关于改变 PCM 容器几何参数的研究，Huang 等[16]通过试验研究了矩形容器高度变化对恒热流密度下 PCM 熔化过程的影响。随着容器高度的增加，PCM 的总熔化时间变长，PCM 平均温度增加，并且在容器的垂直方向上的温度分层更加显著。PCM 容器的高度在早期阶段对 PCM 的熔化加速起了积极作用，但在凝固过程中，容器顶部热量积聚，从而延长了 PCM 的凝固时间。Kamkari 等[17]研究了容器倾斜角对纯度为 99% 的月桂酸相变过程产生的影响。研究表明，当倾角从 90°减小时到 0°时，封闭空间内的对流流动增大；当加热壁面温度相同时，倾斜角的减小导致从一侧加热的矩形腔体到 PCM 的传热量显著增加。Guo 等[18]设计并制作了一套完整的熔化前沿可视化试验台。研究表明，装置的不同倾角对纯石蜡的熔化过程有很大影响；与装置倾斜 60°相比，纯石蜡在装置倾斜 30°下的完全熔化时间缩短了 25.3%。

关于热管耦合强化换热的研究，Diao 等[19]研究以扁平微型热管阵列为核心传热元件的相变蓄热装置在不同的体积流量和入口温度下蓄热单元的性能，并观察内部 PCM 的温度变化。研究结果表明，蓄热单元在 70℃、流体流量 2L/min，以及 15℃、2L/min 的条件下，可以稳定且高效地进行工作，此时各自的蓄热功率和放热功率分别为 1299W 和 1120W。Ebrahimi 等[20]通过热管进行潜热的增强蓄热研究，分析热管数量和管板角度对蓄热单元的影响。研究结果表明，热管位于蓄热系统中心部位，熔化时间最多可减少 91%。王泽宇等[21]基于平板微热管阵列技术，提出了一种太阳能空气集热和蓄热一体化的装置，研究装置内部石蜡的温度变化、蓄/放热效率及功率。研究结果表明，该装置可以稳定高效运行，蓄热、放热性能优良。在测试工况下，装置的平均蓄热、放热效率分别为 59% 和 91.6%，平均蓄热、放热功率分别为 393W 和 344W。

在理论研究方面，Diao 等[22]利用焓-孔隙率法来模拟 PCM 的熔化过程，在每次迭代时根据焓平衡来计算液相率 f，即液相区面积占固液相总面积的百分比。Bechiri 等[23]采用分离变量法和指数积分函数法求解瞬态固液两相能量方程。Ma 等[24]采用欧拉模型对微胶囊 $C_{18}H_{38}$ 的相变和传热进行了研究。Zhao 等[25]提出了一种改进的努塞尔边界层模型，以描述矩形腔体中纯度为 98% 的正十八烷的接触熔化过程。Feng 等[26]提出了一种求解固液相变与自然对流耦合问题的格子玻尔兹曼方法。Gao 等[27]提出了一种改进的格子玻尔兹曼方法，用于模拟局部非热平衡条件下多孔介质中固液两相的自然对流变化。Jourabian 等[28]利用格子玻尔兹曼方法对带翅片的方形腔体中的自然对流熔化过程进行了研究。

目前，对于强化传热方式的机理研究不够完善，对于翅片的安装位置尚需要理论支撑。

2. 相变材料导热系数的增加

以相变材料为基底材料，添加泡沫金属、石墨、碳纳米管、碳纳米纤维、金属纳米粒子等高导热材料，制备复合相变材料可以提高相变材料的导热系数。

田东东等[29-30]对纯相变材料和添加不同厚度金属泡沫铜的复合相变材料的融化界面的变化规律进行了研究。结果表明，熔化过程中自然对流起主导作用，当金属泡沫铜厚度为 5mm 时，可促进相变材料石蜡上部的自然对流；当金属泡沫铜厚度为 10mm、15mm 和 20mm 时，则抑制石蜡的自然对流。金属泡沫铜的厚度越厚，其导热能力越强；添加金属泡沫铜使相变蓄冷量大大增加，风机能耗降低。侯天睿等[31]研究了泡沫铜/低熔点合金复合材料在间歇放热条件下恢复至初始状态的能力，对比分析混合泡沫铜前后对正二十三烷和 47 合金的凝固放热的影响，研究结果表明，添加泡沫铜对正二十三烷和 47 合金凝固过程均有促进作用，达到目标温度所需时间分别减少了 6.6%和 47.7%。Yang 等[32]通过试验研究了金属泡沫对壳管换热器在石蜡熔化过程的影响，利用高清摄像机记录了换热器内部固-液界面的演变过程。研究结果表明，添加金属泡沫可以大大提高壳管换热器的热能存储效率；与纯 PCM 相比，复合 PCM 的完全熔化时间缩短了 64%，而且内部 PCM 的温度分布更加均匀。Buonomo 等[33]研究了有、无铝泡沫的相变材料的潜热蓄热(latent heat thermal energy storage，LHTES)系统。研究结果表明，铝泡沫改善了 LHTES 系统中的热量传递，相对于纯 PCM，相变过程显著变快。纯 PCM 与孔隙率较低的铝泡沫-PCM 熔化时间分别约为 4600s 和 20s，铝泡沫使系统整体传热增加了两个数量级。Pourakabar 等[34]研究了不同形状的壳体及不同内管布置的圆柱体容器内 PCM 的熔化和凝固过程，在 PCM 中混合泡沫铜可提高相变速率。研究结果表明，掺混泡沫铜的 PCM 温度变化远快于纯 PCM；使熔化速率、凝固速率分别提高了 92%和 94%。Al-Jethelah 等[35]根据传热机理将熔化过程分为三个阶段：导热主导阶段，即热能以显热的形式传递给固体 PCM，熔化界面平行于加热壁；导热-对流-混合阶段，即熔化后的液体 PCM 在浮力作用下向上流动，上部形成一个宽阔的循环区域，使界面弯曲，在下部，由于导热的存在，界面仍然近似垂直于加热面；对流主导阶段，即随着更多的 PCM 熔化，液相 PCM 在浮力作用下沿加热壁面向上流动，沿固液界面向下流动，同时液态 PCM 向下流动时也会释放热量。上部吸收的热量更多，使得界面上部熔化区更大，从而形成更加倾斜的界面。PCM 在不同时刻的熔化过程及熔化比例 (melt fractions，MF)如图 6-1 所示。Zheng 等[36]建立了一个可视化试验装置研究纯石蜡和含泡沫铜石蜡(复合相变材料)的熔化过程。结果表明，复合相变材料的总熔化时间比纯石蜡缩短了 20.5%，自然对流对复合 PCM 熔化过程的影响不可忽视。Zhang 等[37]通过试验研究了熔化过程中固液界面的演变和温度变化。结果表明，石蜡和泡沫铜组成的复合 PCM 的温度分布比纯石蜡更均匀，但其自然对流作用较纯石蜡弱。Yu 等[38]采用孔隙率为 0.94，孔密度为 15PPI①的金属泡沫塑料插入传热流体或 PCM 中，通过二维求解轴对称问题。研究结果表明，添加金属泡沫可以有效地增强相变传热，大大缩短了 PCM 全部熔化的时间。梁林等[39]设计出一种以平板微热管阵列-泡沫铜复合结构为基础的热管式蓄热装置，通过试验研究了石蜡的温度分布，蓄、放热功率及效率等特性。试验结果表明，平板微热管阵列-泡沫铜复合结构可以使装置内石蜡的温度分布更加均匀，并提升装置的蓄、放热功率。

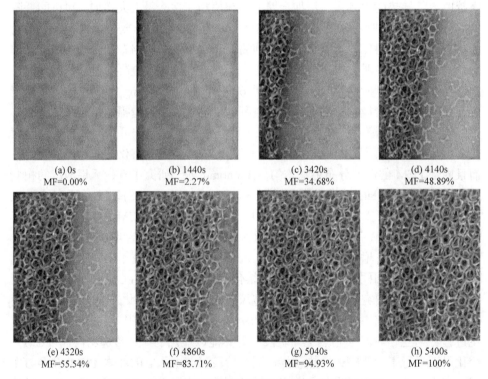

(a) 0s MF=0.00%	(b) 1440s MF=2.27%	(c) 3420s MF=34.68%	(d) 4140s MF=48.89%
(e) 4320s MF=55.54%	(f) 4860s MF=83.71%	(g) 5040s MF=94.93%	(h) 5400s MF=100%

图 6-1　PCM 在不同时刻的熔化过程及熔化比例 MF[35]

---

① PPI(pores per inch)是孔密度的通用单位，指每英寸长度上的孔数。

Ali 等[40]将纳米石墨烯(nano graphene，NG)/石蜡复合 PCM 用于安全头盔的降温，证明了其效果优于普通 PCM。改变复合 PCM 中 NG 浓度后 PCM 的导热系数和潜热等性能会发生变化。在不同的 NG 测试中发现 3%的 NG 浓度下材料导热系数最大可以提高 146%，而潜热仅仅降低了 3%。许玲[41]在石蜡中加入质量分数为 1.5%的石墨烯制备石蜡/石墨烯复合 PCM，稳定性及均匀性均可以提升，此时导热系数提高了 34%，相变温度下降了 2.2℃，潜热减少了 1.4%。区炳显等[42]将石墨烯与海藻酸钠、相变微胶囊共混，PCM 的热导率会显著增加，但随着石墨烯比例增加，热导率的提升幅度减少。Ramakrishnana 等[43]研究新型石蜡/膨胀珍珠岩 PCM，将高导电性碳基添加剂石墨(graphene，G)、碳纳米管(carbon nanotube，CNT)和石墨烯纳米片(graphene nanoplatelets，GNP)掺混到 PCM 复合材料中，使用质量分数分别为 0.5%的 G、CNT 和 GNP 可使导热系数分别提高 45%、30%和 49%。Yan 等[44]研究了 Al_2O_3-水纳米流体在三维微型通道散热器中的对流传热，体积分数为 10%的纳米颗粒可使散热器中的热阻降低约 10.88%。Hajizadeh 等[45]研究了不同形状的纳米粉末，其中片状、圆柱状和砖状纳米粉末可使熔化时间分别减少约 7.14%、7.5%和 2.35%。Wi 等[46]通过片状石墨纳米片(exfoilated graphite nanoplatelets，xGnPs)来提高传热系数。研究结果表明，添加一定的 xGnPs 可使热导率提升 225%。

张仲彬等[47]研究了混合纳米颗粒对有机 PCM 蓄热性能的影响。研究结果表明，复合 PCM 的导热系数明显增加。Ebadi 等[48]对垂直圆柱蓄热系统中纳米 PCM 的熔化过程和能量存储特性进行了数值研究。研究结果表明，与纯 PCM 情况相比，添加纳米颗粒不会改变熔化率和蓄热能力。Sheikholeslami 等[49]研究纳米粒子加速熔化过程的数值模拟。结果表明，CuO 纳米颗粒浓度的增加，熔化率增加。Miao 等[50]研制出一种新型的 α-Al_2O_3 球形骨架，创建了一种新型的形状稳定相变材料(form stable phasechange material，FSPCM)。Al-Jethelah 等[51]研究纳米粒子的体积分数对纳米 PCM 熔化过程中的温度分布、传热速率、热量存储和液相率的影响。研究结果表明，通过将纳米颗粒添加到 PCM 中，熔化过程得到了显著改善。Xie 等[52]将棕榈酸/膨胀石墨(palmitic acid/expanded graphite，PA/EG)复合材料制成具有不同密度的圆形块，密度为 320kg/m³ 的 EG 填充块具有较大的焓和导热系数。将两种碳材料[碳纤维(carbon fiber，CF)和石墨片(graphite sheet，GS)]添加到 EG 中，在相同的质量比下，得到含有 GS 的材料比含有 CF 的材料具有更大的焓和更高的导热系数。当 GS 与 EG 质量比为 0.5 时，导热系数为 16.5W/(m·K)。Abdulateef 等[53]用氧化铝纳米颗粒(Al_2O_3)和石蜡对三重同心管式热交换器进行了数值研究，其熔化温度和凝固温度分别为 82℃和 65℃。研究结果表明，PCM 的等温线和液相轮廓线分别在 193min 和 630min 时达到。三角形翅片-纳米颗粒模型的翅片数量 8、翅片长度 141mm 和翅片长宽比 18%是熔化、凝固时间最小的有效方法。Mahdi 等[54]研究 V 型翅片和纳米颗粒对增强三重同心管蓄热系统中 PCM 凝固的影响。研究结果表明，与添加纳米颗粒、同时添加纳米颗粒和 V 型翅片相比，在系统中单独使用 V 型翅片可以加速凝固过程。Li 等[55]提出将纳米 PCM 渗透到金属泡沫中。试验结果表明，添加金属泡沫可在不加热情况下将热表面温度降低 38%。Al-Jethelah 等[35]研究在恒定热流密度条件下，金属泡沫外壳内部添加纳米颗粒的 PCM 熔化过程。将纳米颗粒添加到 PCM 中时，熔化速度提高了 1.2%。与纯 PCM 及添加纳米颗粒的 PCM 相比，金属泡沫可加快蓄热速度。Ho 等[56]研究了微通道散热器(mini-channel heat sinks，MCHS)中水基纳米 PCM 的流动和传热。研究结果表明，梯形 MCHS 与矩形 MCHS 相比，具有较高的传热速率及较小的流动阻力。

虽然添加金属材料可提高 PCM 的导热系数，但金属材料与 PCM 存在不相容的问题，同时金属材料密度大，会增加 PCM 的总质量。碳材料质量轻，导热性强，强化传热效果好，但经过多次相变循环后会发生脱附现象。相变微胶囊技术具有很好的强化传热效果，Suresh 等[57]通过将 PCM 球形胶囊与混凝土球体整合到同一储罐中，研究了 PCM 占储罐不同体积分数对系统在熔化和凝固过程中蓄热性能的影响。结果表明，PCM 占储罐的体积分数较高时，系统具有更大的蓄热能力，PCM 体积分数为 80%和 60%的热能存储系统比体积分数为 40%和 20%时有更好的蓄热性能。Mao 等[58]分析了填充床太阳能存储系统中三种不同 PCM 胶囊的热性能，研究发现，KOH 储能罐的储存容量和利用率较高。Majumdar 等[59]针对多层填充床潜热存储器(packed bed latent heat thermal energy storage，PBLTS)，分析了储罐填充内部含有不同熔化温度的 PCM 和不同直径的球形胶囊，对其蓄热性能的影响。结果表明，在 PBLTS 进行蓄、放热过程中，不同胶囊直径的排列方式对 PBLTS 的蓄热性能有显著影响。Ahmed 等[60]在一种具有温度梯度的储罐型热能储存系统中引入新型的显热-潜热组合式储能结构，将三种 PCM 按不同的体积分数沿垂直方向层叠式填充，得到三种 PCM 分别占 PCM 总体积 40%、20%、40%排列时的蓄热性能最佳。

目前，相变微胶囊技术工艺批量制造难度大，且热稳定性一般而言较差。因此，解决相变材料和基体添加剂脱附及最佳配比等问题，是提高相变蓄热装置蓄热性能的关键。

3. 相变材料梯级布置

除上述常见强化传热方式外，将 PCM 梯级布置也能有效提高相变装置蓄、放热的速率[61]。梯级相变蓄热是按照"梯级蓄热装置各级温度匹配、能量梯级利用"的原则，在放热流体的流动方向上布置相变温度依次降低的相变材料。PCM 梯级布置是使放热流体与 PCM 之间的传热温差尽可能保持恒定，使装置保持比较稳定的热流和出口流体温度。在梯级相变蓄热装置的放热过程中，吸热流体逆流进入储能装置，吸热流体连续吸热，温度不断升高，同时 PCM 的相变温度呈梯级升高排布，使 PCM 与吸热流体之间的传热温差保持稳定，即使装置保持比较稳定的热流和出口流体的温度。

Farid 等[62]在 1989 年首次提出梯级相变蓄热系统的理论模型，采用理论分析验证了梯级相变可提高蓄热系统的㶲效率。Xu 等[63]通过㶲分析，研究了传热过程中㶲流及㶲效率等问题，为梯级相变蓄热系统提供了理论指导。Li 等[64]讨论了熵在相变过程中的应用，得出 PCM 多级利用可使相变过程更快、更均匀。Khor 等[65]研究了梯级相变蓄热系统的优化，利用填充床形式的 PCM 来实现高蓄热容量，并对每个温度区域的蓄热容量进行优化，实现了高蓄热效率。Shamsi 等[66]采用多层 PCM 蓄热系统，并对其进行了建模和优化。

Zhao 等[67]建立了由三种 PCM 构成的相变蓄热系统，通过研究该系统的蓄热过程发现，增加 PCM 级数可提高蓄热效率。Elfeky 等[68]研究了蓄热式太阳能发电厂热储罐中的多层 PCM 的相变温度值。结果表明，第一层 PCM 的相变温度低于入口热流体温度，第三层 PCM 的相变温度高于出口流体温度时，温度分布最均匀。Hassanpour 等[69]设计了一种基于两相闭式热虹吸管，通过梯级 PCM 换热器提取热能，热力学分析表明，梯级相变蓄热是减少㶲损失的有效方法。Riahi 等[70]将 PCM 和石墨-PCM 蓄热系统进行了比较，结果表明，采用石墨-PCM 的梯级间接系统可以提高系统㶲效率。Saeed 等[71]提出了梯级 PCM 和多层固体 PCM 的联合系统，应用于聚光式太阳能发电厂的热能存储。结果表明，在顶部布置 25%高熔点 PCM，在中间布置 50%混凝土，底部布置 25%的低熔点 PCM 时，性能最佳。Mahdi 等[72]研究了由体积分数为 5%、平均孔隙度为 0.95 的纳米颗粒与金属泡沫组成的梯级 PCM，将其应用到管壳式蓄热系统的传热过程。结果表明，与单级相比，梯级 PCM 完全熔化所需的时间可节省 94%。Huang 等[73]提出了一种使用梯级 PCM 的蓄热系统，通过仿真研究了 PCM 的最佳参数，得到相变温度范围为 47.5~57.5℃，PCM 单元与水箱的最佳体积比为 0.67。Zhu 等[74]在填充床中填充不同直径的颗粒，并对三级填充床的热性能进行了数值模拟。结果表明，当上层、中层和底层颗粒的直径分别为 0.025m、0.0325m 和 0.0325m 时，梯级填充床的㶲效率最高。Mawire 等[75]对两种基于共晶焊料(Sn 和 Pb，质量分数分别为 63%和 37%)金属 PCM 的单级和双级 PCM 热能存储系统，在熔化和凝固过程中进行试验比较，对比发现，两级 PCM 系统的能量和㶲存储效率更高。Cheng 等[76]提出一种使用多种 PCM 的梯级填充床冷、热能存储装置，在凝固过程中，采用 3~5 级 PCM 时热性能接近最佳，其凝固时间减少了 15.1%。

程熙文等[77]对梯级相变蓄热装置的换热性能和储冷性能进行了分析。研究结果表明，相变温度分别为 12.3℃、13.0℃和 13.3℃的三种 PCM 按体积比例 1：

1:1 的组合时，传热性能最佳，㶲效率可以达到 72.2%；对比相变温度为 13.0℃
的单一相变蓄热装置，㶲效率和储冷速率分别提高了 1.2%和 1.7%。郑章靖等[78]
对梯级多孔介质强化管壳式相变蓄热器进行了性能研究，研究了梯级 PCM 中孔
隙率、各级 PCM 所占比例对蓄热装置熔化速率影响。王慧儒等[79]研究梯级相变
蓄热装置内组合 PCM 的固-液界面的演变规律和温度分布规律。研究表明，组合
PCM 较单一 PCM 排布，可以增强相变蓄热装置的熔化均匀度，提高相变速率，
减小温度梯度，增强系统的稳定性。

　　我国在梯级相变蓄热方面的研究及工程应用较少，已开展的研究主要停留在
理论分析和数值模拟方面。随着可再生能源利用率的不断提高，相变蓄热技术将
受到更多关注，梯级相变蓄热技术也将具有更好的应用前景[80]。

6.2　梯级相变蓄热理论分析

6.2.1　各级最佳相变温度分析

　　本小节以 n 级 PCM 组成的梯级相变蓄热系统为研究对象，对各级最佳相变
温度进行理论分析。图 6-2 为梯级 PCM 蓄热过程中流体温度变化示意图。图 6-2
中，T_{in} 和 T_{out} 分别为热流体进、出梯级相变蓄热装置的温度，K；$T_{p,i}$ 为第 i 级
PCM 的相变温度，K；n 为梯级相变蓄热装置的级数。

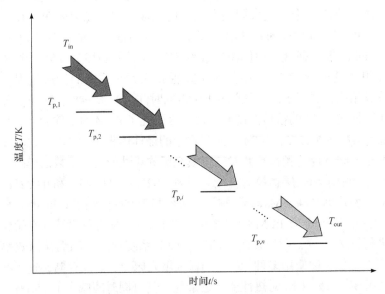

图 6-2　梯级 PCM 蓄热过程中流体温度变化示意图

为方便理论计算和分析，忽略蓄热过程中的显热和散热损失。图 6-2 所示的梯级相变过程中有效能 Ex 的表达式如(6-1)所示[81]：

$$Ex = \dot{m}c_p \left(T_{in} - T_{p,1} - \Delta T_1\right)\left(1 - \frac{T_0}{T_{p,1}}\right) + \sum_{i=2}^{n} \dot{m}c_p \left[\left(T_{p,i-1} - \Delta T_{i-1}\right) - \left(T_{p,i} + \Delta T_i\right)\right]\left(1 - \frac{T_0}{T_{p,i}}\right)$$

$$(6-1)$$

式中，$\dot{m}$ 为热流体质量流量，kg/s；T_0 为环境温度，K；c_p 为定压比热容，kJ/(kg·K)；ΔT_i 为第 i 级 PCM 热流体温度和该级材料相变温度之差，K。

设各级的 ΔT_i 相等，且 $\Delta T_i = \Delta T$。当 PCM 总级数为 n 时，对式(6-1)中的各级相变温度 $T_{p,i}$ 求导，可以得到在有效能最大时，第 i 级 PCM 最佳相变温度 $T_{opt,n,i}$(K)的表达式为[81]

$$T_{opt,n,i} = \sqrt[n+1]{\left(T_{in} - \Delta T\right)^{n-i+1} T_0^i} \quad (i = 1,2,3,\cdots,n) \tag{6-2}$$

表 6-1 为环境温度 $T_0 = 298.15K$，热流体进入梯级相变蓄热装置的温度 T_{in} 为 328.15K，分别取 ΔT 为 0K、5K 和 10K，PCM 的级数 n 分别为 1、2、3 和 4 时，梯级相变蓄热装置的各级最佳相变温度 $T_{opt,n,i}$。

表 6-1　梯级相变蓄热装置各级最佳相变温度

ΔT/K	第 i 级	$T_{opt,n,i}$/K			
		$n=1$	$n=2$	$n=3$	$n=4$
0	1	312.79	317.83	320.38	321.92
	2	—	307.80	312.79	315.80
	3	—	—	305.38	309.81
	4	—	—	—	303.90
5	1	310.40	314.59	316.71	317.99
	2	—	306.26	310.40	312.91
	3	—	—	304.21	307.91
	4	—	—	—	302.99
10	1	307.99	311.34	313.03	314.05
	2	—	304.67	307.99	309.99
	3	—	—	303.03	305.99
	4	—	—	—	302.05

由表 6-1 可知，n 和 ΔT 一定时，随着 i 的增大，$T_{opt,n,i}$ 减小；在相同 n 和 i 下，ΔT 越大，$T_{opt,n,i}$ 越小；在 i 和 ΔT 一定时，n 越大，$T_{opt,n,i}$ 越大。

6.2.2　热流体有效能利用率分析

理想极限情况下，梯级相变蓄热装置中热流体的热流量完全转换成的有效能 $\mathrm{Ex_{max}}$ 可以表示为[81]

$$\mathrm{Ex_{max}} = \int_{T_0}^{T_{\mathrm{in}}} \dot{m}c_p\left(1-\frac{T_0}{T}\right)\mathrm{d}T = \dot{m}c_p\left[T_{\mathrm{in}}-T_0-T_0\ln\left(T_{\mathrm{in}}/T_0\right)\right] \tag{6-3}$$

热流体经过装置换热后的有效能 Ex 与热流体的热流量完全转换的有效能 $\mathrm{Ex_{max}}$ 之比为热流体的有效能利用率 η_n，如式(6-4)所示[81]：

$$\eta_n = \frac{\mathrm{Ex}}{\mathrm{Ex_{max}}} = \frac{\left(T_{\mathrm{in}}-T_{\mathrm{opt},n,1}-\Delta T_1\right)\left(1-\dfrac{T_0}{T_{\mathrm{opt},n,1}}\right)}{T_{\mathrm{in}}-T_0-T_0\ln\left(T_{\mathrm{in}}/T_0\right)}$$

$$+\frac{\displaystyle\sum_{i=2}^{n}\left[\left(T_{\mathrm{opt},n,i-1}-\Delta T_{i-1}\right)-\left(T_{\mathrm{opt},n,i}+\Delta T_i\right)\right]\left(1-\dfrac{T_0}{T_{\mathrm{opt},n,i}}\right)}{T_{\mathrm{in}}-T_0-T_0\ln\left(T_{\mathrm{in}}/T_0\right)} \tag{6-4}$$

表 6-2 为 T_0 为 298.15K，T_{in} 为 328.15K，ΔT 分别为 0K、5K、10K，n 分别为 1、2、3 和 4 时的热流体有效能利用率 η_n。

表 6-2　热流体有效能利用率 η_n

ΔT/K	η_n/%			
	$n=1$	$n=2$	$n=3$	$n=4$
0	50.9	67.4	75.6	80.5
5	35.6	47.2	53.0	56.4
10	22.9	30.5	34.2	36.5

由表 6-2 可知，ΔT 一定时，随着 PCM 级数 n 的增加，热流体有效能利用率 η_n 显著增大。当 $\Delta T = 5\mathrm{K}$ 时，$n=1$ 和 $n=4$ 的 η_n 分别为 35.6% 和 56.4%，即在蓄热装置中 PCM 采用梯级布置，可以显著提升有效能利用率；n 一定时，ΔT 越大，η_n 越低。考虑到实际传热过程需要有一定的温差作为推动力，建议实际装置设计中取 $\Delta T = 3\sim5\mathrm{K}$。

6.3　梯级相变蓄热除湿器及其试验系统

6.3.1　梯级相变蓄热除湿器结构及工作原理

梯级相变蓄热除湿器结构示意如图 6-3 所示。梯级相变蓄热除湿器由除湿器和相变蓄热器两部分组成。湿空气进入除湿器，与热管进行换热，为了加快湿空气的冷凝速率，可以利用翅片热管强化湿空气侧的换热。利用铜制隔板对相变蓄热器进行分级，每一级填充不同相变温度的石蜡。

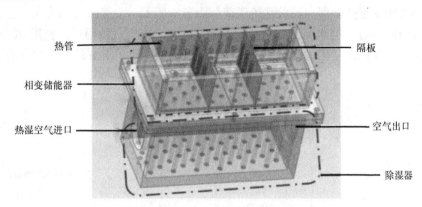

图 6-3　梯级相变蓄热除湿器结构示意图

梯级相变蓄热除湿器除湿蓄热原理如图 6-4 所示。PCM 呈三级布置，分别采用相变温度为 325K、323K 和 321K 的石蜡进行填充。三种石蜡分别用 PCM1、PCM2 和 PCM3 表示。高温湿空气在除湿器下部由左向右流动，与翅片热管换热降温，空气中的部分水蒸气冷凝生成淡水，落入除湿器下部；水蒸气的冷凝潜热通过热管依次传递到热管上部的 PCM1、PCM2 和 PCM3 中，使 PCM 吸热、熔化并蓄热。梯级相变蓄热除湿器的外表面覆盖了绝热层，因此除湿器向环境的散热可忽略。

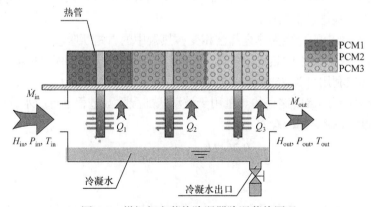

图 6-4　梯级相变蓄热除湿器除湿蓄热原理

图 6-4 中，$\dot{M}$ 表示空气的质量流量，kg/s；H 表示空气的总焓值，W；P 表示空气压力，Pa；T 表示空气温度，K；下标 in 和 out 分别表示除湿器的入口和

出口；Q_1、Q_2、Q_3 分别表示第 1、2、3 级 PCM 中热管向 PCM 传递的热功率，W。

6.3.2　试验系统工艺及参数

　　梯级相变蓄热除湿器试验系统工艺如图 6-5 所示。空气由风机输入加湿器，温控仪控制装置中的水温，相当于控制除湿器进口湿空气的温度。使用 K 型热电偶监测除湿器进、出口湿空气的温度，并利用照相机从上方记录 PCM 的熔化情况。

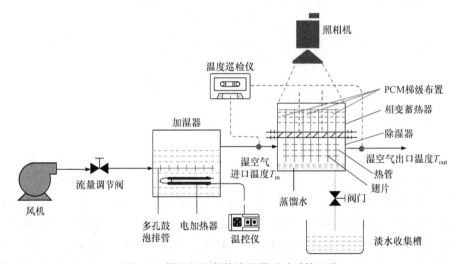

图 6-5　梯级相变蓄热除湿器试验系统工艺

　　通常，评价除湿器系统性能的指标有产水比(GOR)和产水成本(WPC)。

针对本试验作以下假设：

　　(1) 除湿器中的冷凝潜热全部被相变蓄热器中的石蜡所吸收。

　　(2) 相变蓄热器中的热量用于其上方(图 6-5 中未画出)被动式加湿除湿过程进行产水，其热利用率为 25%[82]。

　　若将相变蓄热器中储存的热量用于被动式加湿除湿过程进行产水，则被动式加湿除湿过程的产水量 M_2 为

$$M_2 = \frac{0.25 \cdot M_{PCM} \cdot \gamma_{PCM}}{\gamma} = 0.25 M_1 \tag{6-5}$$

式中，M_{PCM} 为相变材料的质量，kg；γ_{PCM} 为相变材料的相变潜热，kJ/kg；γ 为水的蒸发潜热，kJ/kg；M_1 为除湿器中的产水量，kg/h。此时，总产水量 $M = M_1 + M_2$。

6.3.3　梯级相变蓄热试验结果及分析

1. 除湿器进口湿空气温度的改变

本小节研究相变蓄热器中，相变材料 PCM1、PCM2 和 PCM3 沿湿空气流动方向依次等体积布置时的加热熔化性质。

1) 进口湿空气温度对相变蓄热除湿器出口湿空气温度的影响

取进口湿空气的体积流量 V 为 5.0m³/h，T_{in} 分别取 333K、338K 和 343K 时，T_{out} 随时间变化如图 6-6 所示。

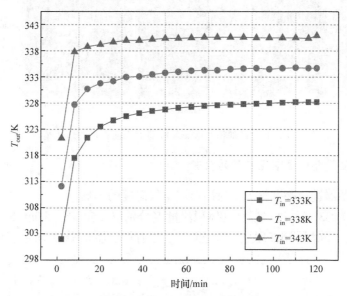

图 6-6　除湿器出口湿空气温度 T_{out} 随时间的变化

试验开始阶段，T_{out} 不断上升。当热管与相变材料之间的换热趋于稳定时，T_{out} 趋于稳定。当 T_{in} 分别取 333K、338K 和 343K 时，T_{out} 趋于稳定所需的时间 t_s 分别约为 50min、16min 和 10min。T_{in} 越高，t_s 越小，原因是 T_{in} 越高，湿空气的含湿量及焓值越大，换热的驱动力越强，当换热面积一定时，T_{out} 最终达到稳定所需的时间越短；换热达到稳定后，对应的 T_{out} 分别为 327.1K、334.7K 和 340.0K，进、出口空气的温差 ΔT 分别为 5.9K、3.3K 和 3.0K。即随着 T_{in} 升高，ΔT 降低，主要原因是湿空气的焓及含湿量随着温度呈非线性变化关系，进口湿空气温度越高，其焓值及含湿量越大，熔化相同质量的相变材料时，ΔT 就越小。

2) 进口湿空气温度对相变蓄热除湿器温度场的影响

当进入除湿器的湿空气温度 T_{in} 分别为 333K、338K 和 343K 时，在不同时刻拍摄的相变蓄热除湿器上表面石蜡的熔化情况如图 6-7 所示。热管周围的石蜡开始熔化时，热管与石蜡之间的换热方式以导热为主；熔化后的石蜡密度减小，开始向上表面流动，随着液态石蜡的占比增大，在熔化区内的主要换热方式转变为对流换热。进口湿空气温度越高，则石蜡吸热熔化越快。

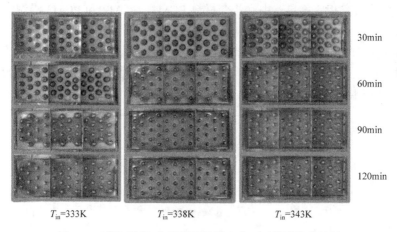

$T_{in}=333K$　　　　$T_{in}=338K$　　　　$T_{in}=343K$

图 6-7　不同时刻相变蓄热除湿器上表面石蜡的熔化情况

2. 除湿器进口湿空气流量的改变

1) 除湿器进口湿空气流量对出口湿空气温度的影响

取 T_{in} 为 338K，进口湿空气体积流量 V 分别取 2.5m³/h、5.0m³/h、7.5m³/h 和 10.0m³/h 时，除湿器出口湿空气温度 T_{out} 随时间变化如图 6-8 所示。试验中，热

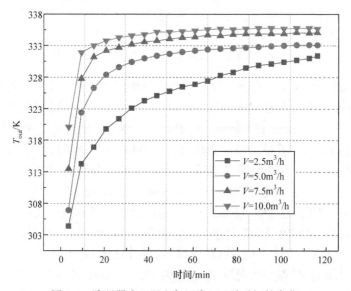

图 6-8　除湿器出口湿空气温度 T_{out} 随时间的变化

湿空气不断通过热管将热量传递给石蜡，导致石蜡温度升高，热管热端与冷端之间的传热温差逐步减小，即热管与湿空气之间的传热能力逐渐减弱，除湿器温度 T_{out} 上升。当相变材料与热管之间的换热趋于稳定后，T_{out} 趋于稳定。V 越大，湿空气的总热焓越大，在石蜡总量保持不变的前提下，T_{out} 也就越高。V 为 2.5m³/h 时，在试验进行的时间范围内，T_{out} 还没有达到稳定。

2) 除湿器进口湿空气流量对相变蓄热加湿器温度场的影响

在试验工况下，当进口湿空气体积流量 V 分别为 2.5m³/h、5.0m³/h、7.5m³/h 和 10.0m³/h 时，不同时刻相变蓄热加湿器上表面石蜡的熔化情况如图 6-9 所示。由图可见，在其他条件相同时，换热时间越长，石蜡熔化量越大；V 越大，石蜡熔化越快。

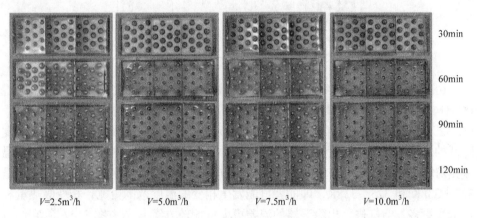

图 6-9　不同时刻相变蓄热加湿器上表面石蜡的熔化情况

试验进行到 60min 时，V 分别为 5.0m³/h 和 7.5m³/h 时，相变蓄热加湿器中每一级石蜡熔化量约 80%；V 为 2.5m³/h 时，各级石蜡熔化量约为 2/3；V 为 10.0m³/h 时，各级石蜡基本全部熔化。由此可知，除湿器进口湿空气流量越大，湿空气与热管的换热能力越强，石蜡熔化越快，蓄热越好。

3. 相变材料梯级布置的比较

图 6-10 为 PCM1、PCM2 和 PCM3 三种相变材料不同排布方案示意图。方案 1~方案 3 是单级布置，方案 4 为三级布置。当 $T_{in} = 338K$ 和 $V = 5.0m³/h$ 时，试验进行 1h 所得产水量及除湿器进、出口温差 ΔT

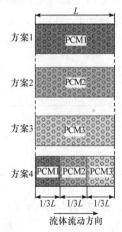

图 6-10　相变材料不同排布方案示意图

变化如图 6-11 所示。

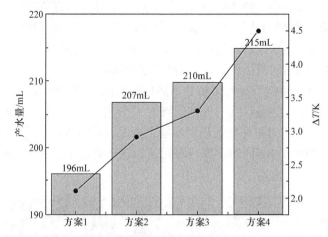

图 6-11　不同排布方案下的除湿器产水量及进、出口温差 ΔT 的变化

由图 6-11 可知，方案 4 的产水量最高，且其 ΔT 也最大。由表 6-3 可知，PCM1、PCM2 和 PCM3 的相变潜热和相变温度依次降低。在方案 4 中，PCM1、PCM2 和 PCM3 的体积相同，并且依次排布，其相变温度逐级降低，且相变温度降低的方向与热空气温度降低的方向一致，故每一种相变材料与热空气之间的温差相对较小。当 T_{in} = 338K 时，方案 4 与方案 1 可能发生相变的温度范围分别是 321～338K 和 325～338K，即前者可能发生相变的温度范围更宽，相变吸热量和产水量更多，空气进、出除湿器的温差更大；比较方案 4 与方案 3，尽管它们可能发生相变温度范围都是 321～338K，但在方案 4 中，由于 PCM1 和 PCM2 的相变潜热比 PCM3 大，方案 4 中的平均相变潜热比方案 3 大，相变吸热量和产水量更大，空气进、出除湿器的温差更大。

表 6-3　相变材料的相变温度及相变潜热

相变材料	状态	相变温度/K	相变潜热/(kJ/kg)
PCM1	固态	325	210.3
PCM2	固态	323	179.0
PCM3	固态	321	160.0

按照式(4-5)和式(4-7)，可分别计算出试验装置在上述四种不同排布方案下的 GOR 及 WPC，若在相变蓄热加湿器上方安装一个被动式加湿除湿海水淡化装置，利用热管将相变蓄热器中的热量供给被动式加湿除湿装置进行二次产水，二次产水量 M_1 可由式(6-5)求得。根据式(4-5)可算出方案 1～方案 4 四种排布方案

无二次产水的产水比 GOR1 和有二次产水的产水比 GOR2，如图 6-12 所示。根据式(4-7)可算出方案 1～方案 4 四种排布方案无二次产水的产水成本 WPC1 和有二次产水的产水成本 WPC2，如图 6-13 所示。

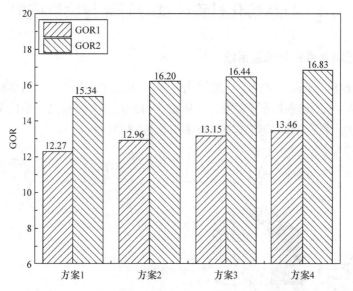

图 6-12　相变材料不同排布方案下的 GOR1 和 GOR2

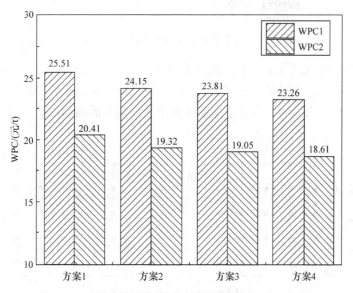

图 6-13　相变材料不同排布方案下的 WPC1 和 WPC2

由图 6-12 和图 6-13 可以看出，方案 4 的 GOR 最高，WPC 最低。方案 4 相较于方案 1～方案 3，GOR 分别提升了 9.70%、3.86%和 2.36%，WPC 分别降低了 8.82%、3.68%和 2.31%。在利用相变蓄热器中的热量二次产水后各种排布方案的 WPC 降低了 20.00%，GOR 提升了 25.00%。

6.4　石蜡熔化过程的试验研究与数值模拟

6.4.1　石蜡熔化可视化试验系统

如图 6-14 所示，建立了石蜡熔化过程可视化试验系统。对石蜡熔化界面随时间的发展、迁移规律进行观测，采用多个 K 型热电偶监测石蜡内部固定位置的温度变化，研究不同加热功率对石蜡熔化过程的影响。

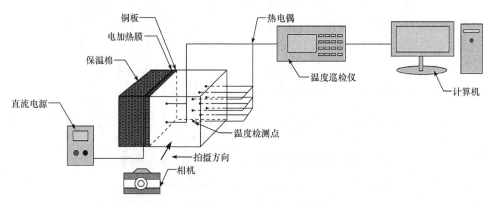

图 6-14　石蜡熔化过程可视化试验系统示意图

热电偶排列间距及编号示意如图 6-15 所示。试验加热功率为 20W，试验件外表面用保温棉进行保温。在试验中，将两块 25mm × 50mm 的电加热膜串联起来作为加热器。通过调节直流电源电压来调节加热器的输出功率。为了满足等热

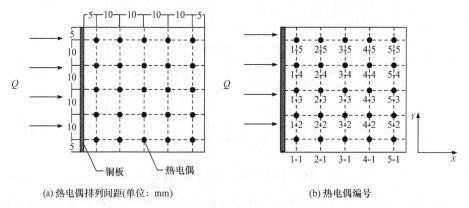

(a) 热电偶排列间距(单位：mm)　　　　　(b) 热电偶编号

图 6-15　热电偶排列间距及编号示意图

流密度的边界加热条件，先用加热器加热 0.5mm 的铜板，然后用铜板加热其右侧的石蜡，由于铜的高导热系数，其过程可以视作均匀加热。通过测量加热器的电压和电流得到加热功率，然后将加热功率除以铜板的面积得到铜板上的热流密度。

试验所选取 PCM 是相变温度为 321～323K 的石蜡，其物性参数如表 6-4 所示。

表 6-4　石蜡的物性参数

相态	相变温度/K	密度/(kg/m³)	导热系数/[W/(m·K)]	定压比热容/[kJ/(kg·K)]	熔化潜热/(kJ/kg)	动力黏度/[kg/(m·s)]
固态	321	912	0.295	2.40	189	—
液态	323	769	0.118	1.89	—	0.0029

6.4.2　石蜡熔化过程的数值模拟

1. 数值模拟基本方程

焓-多孔介质法是基于焓的数值求解相变问题的方法。该方法将控制方程中对于温度的变量转化为焓的变量，通过求解全域内的焓值来确定两相分布。本小节采用该方法计算固液相变传热。

考虑相变传热过程中相变材料自然对流的影响，数值模拟的基本方程如下。

1) 连续性方程

$$\nabla \cdot \boldsymbol{U} = 0 \tag{6-6}$$

式中，$\boldsymbol{U}$ 为相变材料的速度矢量，m/s；

2) 动量守恒方程

焓-多孔介质方法视糊状区为多孔介质，每个网格内的多孔率等于其液相率 f。在固体区域，多孔率为零。动量方程中存在一个源项，使得多孔率作用于速度。动量守恒方程如式(6-7)所示：

$$\rho \frac{\partial \boldsymbol{U}}{\partial t} + \nabla \cdot (\rho \boldsymbol{U}\boldsymbol{U}) = -\nabla P + \nabla \cdot (\mu \cdot \nabla \boldsymbol{U}) + S_{\mathrm{m}} \tag{6-7}$$

式中，μ 为流体的动力黏度，Pa·s；P 为压力，Pa；ρ 为密度，kg/m³；S_{m} 为源项，表示为

$$S_{\mathrm{m}} = \frac{(1-f)^2}{(f^3 + \varepsilon)} A_{\mathrm{mush}} U + \frac{\rho_0 g f (h - h_0)}{c_p}$$

式中，f 为液相率；ε 为一个小于 0.001 的数；ρ_0 为与 T_0 相对应的密度，kg/m³；A_{mush} 为固液相共存区的连续数，一般为 $10^4 \sim 10^7$，但 Shmueli 等[83]通过与试验对

比，认为对于石蜡熔化过程，取 A_{mush} 为 10^8 更加准确；h 为相变材料的比焓，kJ/kg；h_0 为参考状态的比焓，kJ/kg。

3) 能量守恒方程

相变材料的比焓 h(kJ/kg)可以用其显热比焓 h_s 和潜热 Δh 来计算：

$$h = h_s + \Delta h \tag{6-8}$$

h_s 可表示为

$$h_s = h_0 + \int_{T_0}^{T} c_p \mathrm{d}T \tag{6-9}$$

式中，T_0 为参考状态的温度，K；c_p 为定压比热容，kJ/(kg·K)。

Δh 可表示为

$$\Delta h = fL \tag{6-10}$$

式中，L 为熔化潜热，kJ/kg。

能量守恒方程为

$$\frac{\partial}{\partial t}(\rho h) + \nabla \cdot (\rho U h) = \nabla \cdot (k \nabla T) + S_e \tag{6-11}$$

式中，U 为流体速度矢量，m/s；k 为导热系数，W/(m·K)；S_e 为源项，表示为

$$S_e = \frac{\rho}{c_p} \frac{\partial(\Delta h)}{\partial t}$$

利用凝固熔化模型模拟相变传热过程，其基于用焓-多孔介质法求解石蜡熔化过程，糊状区被看作是多孔介质区，多孔率即等于液相率 f，f 定义为

$$\begin{cases} f = 0, & T < T_s \\ f = 1, & T > T_s \\ f = \dfrac{T - T_s}{T_1 - T_s}, & T_s < T < T_1 \end{cases} \tag{6-12}$$

式中，T_s 为 PCM 的凝固温度，K；T_1 为 PCM 的熔化温度，K。

液相率 f 在 0~1 的区域为糊状区，其中的物质是固液相混合物。$f = 1$ 时，相变材料完全熔化为液体；$f = 0$ 时，相变材料完全凝固为固体。

2. 数值计算模型

试验系统中，用石蜡作为相变材料，石蜡容器尺寸为 50mm × 50mm × 50mm，仅由左侧壁面加热。数值模拟的模型尺寸与试验相同。根据石蜡容器的对称性，采用二维模型和结构化网格进行模拟计算，模拟计算的几何模型及其网格划分如图 6-16 所示。

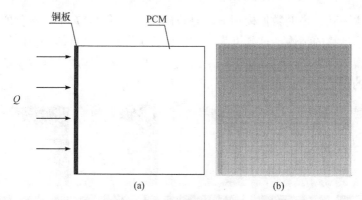

图 6-16　模拟计算的几何模型(a)及其网格划分(b)

3. 数值计算方法验证

采用凝固与熔化模型，一阶迎风离散格式和 SIMPLE 算法。针对多孔介质选择了 PRESTO!压力插值方案。考虑重力的影响，竖直方向重力加速度取−9.81m/s²。时间步长设置为 0.5s，每步最大迭代次数设置为 40 次，迭代步数设置为 1800 步，即实际模拟持续时间为 900s。

边界条件设置时，将铜板与石蜡的交界处设置为耦合边界条件。模拟边界层的增长速率为 1.2。容器加热壁面采用第二类边界条件：

$$q = -k\frac{\partial T}{\partial x}\Big|_{x=0} \tag{6-13}$$

式中，q 为壁面的热流密度，W/m²；k 为石蜡的导热系数，W/(m·K)。在数值模拟中，取 q 为 8000 W/m²。除加热壁面外石蜡容器的三个壁面都采用第三类边界条件：

$$-k\frac{\partial T}{\partial y}\Big|_{y=0} = h_a(T_w - T_f) \tag{6-14}$$

$$-k\frac{\partial T}{\partial y}\Big|_{y=b} = h_a(T_w - T_f) \tag{6-15}$$

$$-k\frac{\partial T}{\partial x}\Big|_{x=a} = h_a(T_w - T_f) \tag{6-16}$$

式中，a 为石蜡容器的长度，mm；b 为石蜡容器的高度，mm；h_a 为壁面与空气之间的对流换热系数，W/(m²·K)；T_w 为壁温，K；T_f 为空气温度，K。

加热功率为 20W 时，石蜡的熔化过程及石蜡内部监测点温度随时间变化的试验与模拟计算对比分别如图 6-17 和图 6-18 所示。由两图可知，试验与模拟计算结果基本一致，说明数值模拟方法是正确的。在图 6-17 中，试验的熔化界面变化比模拟计算的稍慢，这是因为一方面试验中存在着系统向环境的散热损失，另一方面模拟计算本身也存在着一定的误差，两者共同作用，导致了试验和模拟计算之间的误差。

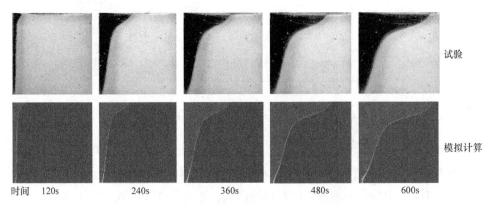

图 6-17　石蜡熔化过程的试验与模拟计算对比(见彩图)

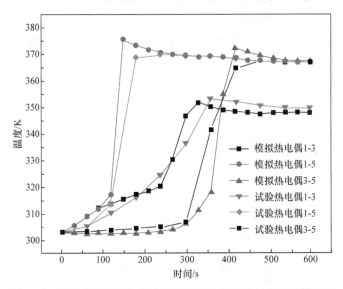

图 6-18　石蜡内部监测点温度随时间变化的试验与模拟计算对比

6.4.3　数值模拟结果与分析

为减少模拟计算的网格数和计算时间，模型取试验模型宽度的一半，为矩形，模型中填满相变材料石蜡，所用模型仍然为矩形单侧壁加热。模拟计算的几何模型如图 6-19 所示。

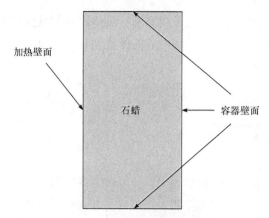

图 6-19 模拟计算的几何模型

图 6-20 为不同时刻石蜡固-液相分布的模拟计算云图。由图 6-20 可知，石蜡在垂直方向上熔化不均匀，容器上部熔化量较下部大。这是因为石蜡的液相内部存在密度差，导致温度较高、密度较小的液相部分向上流动，把热量也带到了上部，使上部的石蜡熔化量增大。

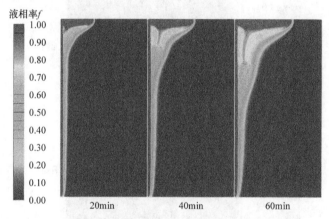

图 6-20 不同时刻石蜡固-液相分布的模拟计算云图(见彩图)

图 6-21 为热管加热壁面带翅片的几何模型。翅片材料为铜，长 L 为 10mm，厚度 δ 为 0.5mm，其与容器顶部距离 H 为 24.75mm。

图 6-22、图 6-23 分别为添加翅片前后石蜡固-液相分布云图及液相率 f 随时间的变化。有翅片相比于无翅片，石蜡的熔化速率提高近 70%。图 6-24 为不同时刻翅片附近石蜡的流线图。由图 6-24 可见，在加热初期，加热壁面附近的石蜡最先熔化，并向上方流动；热流体到达容器顶部的绝热壁面附近，放出热量，并调转方向开始向下流动，由此形成一个涡旋；当流体向下流动到达翅片上表面

后，它又向翅片右端流动，再次形成涡旋；流体最终与从翅片下方流上来的石蜡汇合。这些漩涡增强了石蜡糊状区中的流体扰动和自然对流换热，从而加速了石蜡的熔化和糊状区的扩展。

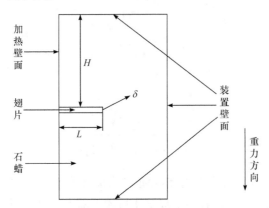

图 6-21　热管加热壁面带翅片的几何模型

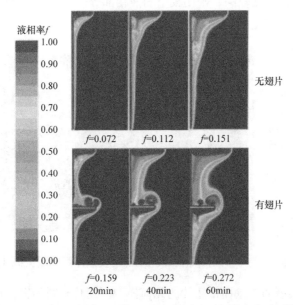

图 6-22　添加翅片前后石蜡固-液相云图随时间的变化(见彩图)

1. 翅片位置的影响

在重力和垂直方向自然对流的影响下，石蜡在垂直方向熔化不均匀，因此翅片在壁面上的位置对于石蜡熔化过程会产生影响。取翅片到石蜡容器顶部的距离(简称翅片距离)H 分别为 9.75mm、19.75mm、29.75mm 和 39.75mm。

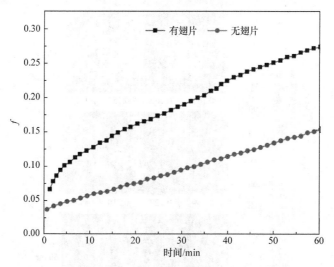

图 6-23　添加翅片前后石蜡液相率 f 随时间的变化

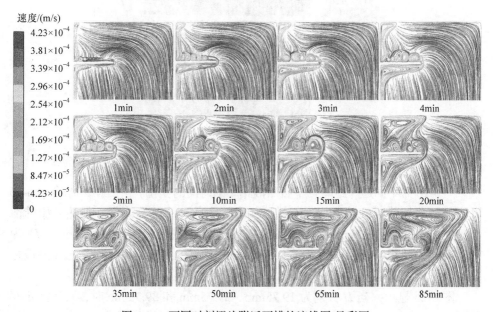

图 6-24　不同时刻翅片附近石蜡的流线图(见彩图)

图 6-25 为不同翅片距离 H 和加热时间下的石蜡固-液相区域分布云图。由图 6-25 可知,翅片的存在加快了其周围的热量传递和石蜡的熔化。当加热进行到 90min 时,翅片布置在最高处石蜡的熔化效果最差,其余翅片距离下熔化效果相差不大。

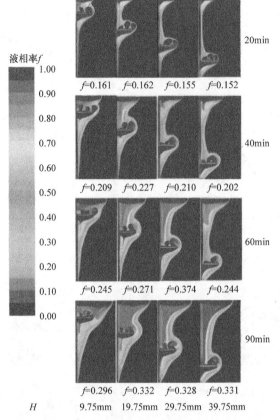

图 6-25　不同翅片距离 H 和加热时间下的石蜡固-液相区域分布云图(见彩图)

　　图 6-26 为不同翅片距离 H 下石蜡液相率随时间的变化。由图 6-25 结合图 6-26 可知，随着加热时间的增加，石蜡液相率增大的速率逐渐降低。加热开始的前 15min 内，H 为 9.75mm 时，石蜡熔化最快；加热时间在 20～50min，H 为 19.75mm 的液相率最大；加热到 50～80min，H 为 19.75mm 和 29.75mm 的液相率最大；加热到 60～90min，$H = 9.75$mm 的液相率最小。

　　图 6-26 显示，当 H 分别为 19.75mm、29.75mm 和 39.75mm 时，石蜡液相率分别在约 27min、50min 和 74min 时突然增大。即 H 越大，石蜡液相率突然增加现象出现的时间越迟。在石蜡液相率突然增大之前，由于液态石蜡不断向上流动，到达上壁面后主要沿着水平方向向外扩展。

　　图 6-27 是 H 分别为 19.75mm、29.75mm 和 39.75mm 时，所对应的石蜡液相率突然增大的时间点 28min、50min 和 74min 附近的液相率云图。由图 6-27 图例中的颜色和对应时间变化可以看出，在 2min 内，糊状区的石蜡液相率从 0.6 急剧增大到0.85附近。在上述时间点附近，高液相率的石蜡区不断由上向下扩展，

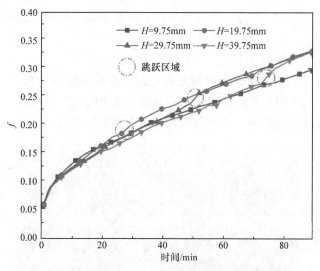

图 6-26　不同翅片距离 H 下石蜡液相率 f 随时间的变化

直到它与翅片附近高液相率的石蜡相连通。糊状区中高液相率石蜡的连通，导致糊状区中的自然对流换热增强，从而导致 f 开始明显增大。

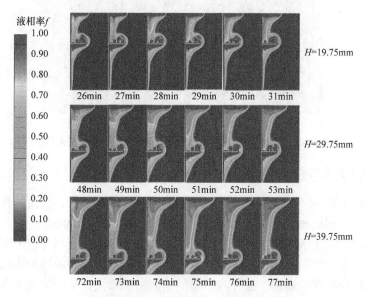

图 6-27　石蜡液相率跳跃区域附近的液相率云图(见彩图)

H 越大，翅片距离上壁面的距离就越远，翅片与上壁面之间形成高液相率石蜡糊状区所需要的时间就越长。一旦高液相率石蜡的糊状区形成，其中自然对流的面积范围就越大，自然对流换热越强烈，石蜡的熔化速率也越快。当 H 为

9.75mm 时，由图 6-26 可见，并没有出现石蜡液相率突然增大的现象。因为在此条件下翅片距上壁面很近，高液相率石蜡的糊状区形成得很快，这就是在加热的前 15min 内，与其他 H 值相比，其熔化速度最快的原因。

图 6-26 中石蜡在三个跳跃区域附近时刻的流线如图 6-28 所示。从图 6-28 可以看出，在糊状区中，靠近加热壁面的涡旋在这个时段快速增多，流动变得更加复杂，自然对流得到增强，导致石蜡的熔化速率突然增大。

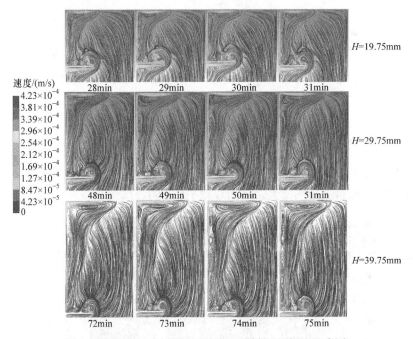

图 6-28　石蜡在三个跳跃区域附近时刻的流线图(见彩图)

2. 翅片长度的影响

在翅片距离 H 为 24.75mm 下，即加热壁面的中间位置，改变翅片长度进行模拟计算。分别取翅片长度 L 为 5mm、10mm、15mm、20mm。

图 6-29 和图 6-30 分别为不同翅片长度 L 下的石蜡固-液相分布云图及液相率随时间的变化。由图可知，各工况下石蜡液相率随翅片长度的增加而增大。这是因为随着翅片长度的增加，翅片与石蜡的接触面积增大，从而加快了石蜡熔化速率。与前述改变翅片位置相比，增加翅片长度对石蜡熔化速率的影响更大。

3. 翅片倾斜角度的影响

取翅片位于石蜡容器的正中心，距石蜡上表面高度 H 为 24.75mm，翅片长度 L 为 10mm。翅片向上、向下倾斜，与水平面的夹角 α 分别为 0°、15°、30°、

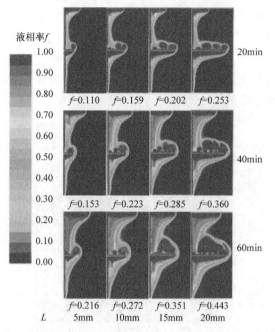

图 6-29　不同翅片长度 L 下的石蜡固-液相分布云图(见彩图)

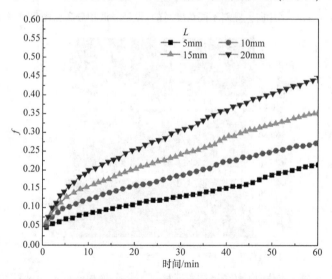

图 6-30　不同翅片长度 L 下的石蜡液相率 f 随时间的变化

45°、60°和 75°。

图 6-31 和图 6-32 分别为翅片向上、向下倾斜不同角度时的石蜡固-液相分布云图。图 6-31 中，当翅片向上倾斜时，随着角度增大，翅片下方熔化的石蜡更容易向上流动，加速上方石蜡熔化；但水平方向翅片有效长度会减少，减缓石蜡

熔化，这两个因素共同制约石蜡的熔化速率。图 6-32 中，当翅片向下倾斜时，随着加热时间的增加，液相率均比翅片水平放置($\alpha=0°$)时低，即翅片向下倾斜不利于石蜡换热与熔化。这是因为翅片下方熔化的石蜡受到翅片的阻挡，难以向上流动。同时，由于翅片倾斜，翅片在水平方向上的有效长度减小，这两个因素导致石蜡的熔化速度降低。

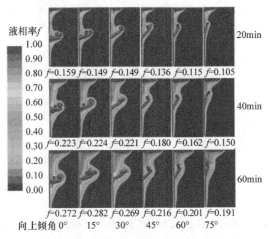

图 6-31　翅片向上倾斜不同角度时的石蜡固-液相分布云图(见彩图)

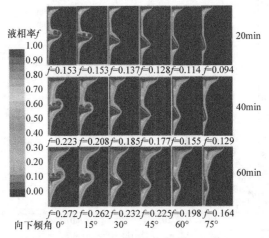

图 6-32　翅片向下倾斜不同角度时的石蜡固-液相分布云图(见彩图)

图 6-33 为翅片向上倾斜 15°和向下倾斜 15°时不同时刻的石蜡流线图。从图 6-31 可以看出，当翅片向上倾斜 15°时，熔化的石蜡更容易向上流动，并且翅片上表面的涡流比翅片向下倾斜 15°时的涡流更多更大。结合图 6-31 和图 6-33，当翅片向上倾斜 15°时，翅片上方熔化石蜡中的自然对流和传热更强，液相率更大。

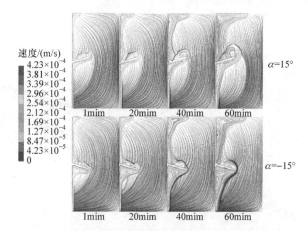

图 6-33　翅片倾斜不同角度时不同时刻的石蜡流线图(见彩图)

图 6-34 和图 6-35 分别表示翅片向上和向下倾斜 0°～75°时的石蜡液相率随时间的变化。由图 6-34 和图 6-35 可见，翅片向上倾斜 15°时石蜡熔化效果最好。这是由于翅片适当向上倾斜，有助于翅片下方熔化的石蜡更容易向上流动，有助于液相区的自然对流换热加速上方石蜡熔化，而又不至于过度减小水平方向上翅片的长度。

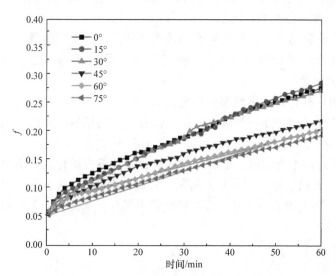

图 6-34　翅片向上倾斜 0°～75°时的石蜡液相率随时间的变化

将石蜡加热熔化的数值模拟与可视化验结果对比发现，数值模拟能够较准确地模拟出石蜡熔化过程。

本小节分别对有无翅片、不同翅片位置、不同翅片长度、不同翅片倾斜角度下的石蜡加热熔化过程进行了数值模拟研究，研究发现：

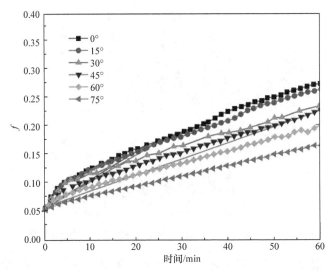

图 6-35 翅片向下倾斜 0°～75°时的石蜡液相率随时间的变化

(1) 添加翅片后石蜡中流动范围明显变大，变大的区域主要是翅片附近，这是由于翅片的添加改变了糊状区的形状和长度，液相石蜡的流动范围也随之改变，并且在翅片附近可以观察到旋涡状的速度场。这种旋涡状流动使得对流换热进一步增强，加速石蜡的熔化。

(2) 翅片位置越靠下，强化换热的效果越好。翅片位置越靠下，翅片周围的液态石蜡流动到上表面会经过更长的距离，形成了更长的糊状区，加强了对流换热，加速了其熔化。

(3) 长翅片有更大的热壁面积和更长的糊状区，说明长翅片的工况在较长时间内一直保持着较大的固-液换热面积，将有更多的热量传递给固相石蜡，加速固相石蜡的熔化。

(4) 当翅片向上倾斜时，随着角度增大，翅片下方熔化的石蜡更容易向上流动，加速上方石蜡熔化；但水平方向翅片有效长度会减少，减缓石蜡熔化。研究表明，当翅片向上倾斜 15°时，石蜡熔化效果越好；而翅片向下倾斜不利于石蜡换热与熔化。

参 考 文 献

[1] 李昭, 李宝让, 陈豪志, 等. 相变蓄热技术研究进展[J]. 化工进展, 2020, 39(12): 5066-5085.

[2] 宋志昊, 张昆华, 闻明, 等. 相变存储材料的研究现状及未来发展趋势[J]. 材料导报, 2020, 34(21): 21099-21104.

[3] 杨兆晟, 张群力, 张文婧, 等. 中温相变蓄热系统强化传热方法研究进展[J]. 化工进展, 2019, 38(10): 4389-4402.

[4] MAHDI J M, LOHRASBI S, NSOFOR E C. Hybrid heat transfer enhancement for latent-heat thermal energy storage

systems: A review[J]. International Journal of Heat and Mass Transfer, 2019, 137: 630-649.

[5] AL-MAGHALSEH M, MAHKAMOV K. Methods of heat transfer intensification in PCM thermal storage systems: Review paper[J]. Renewable and Sustainable Energy Reviews, 2018, 92: 62-94.

[6] HUANG X, ZHU C, LIN Y, et al. Thermal properties and applications of microencapsulated PCM for thermal energy storage: A review[J]. Applied Thermal Engineering, 2019, 147: 841-855.

[7] AKULA R, GOPINATH A, RANGARAJAN S, et al. Experimental and numerical studies on heat transfer from a PCM based heat sink with baffles[J]. International Journal of Thermal Sciences, 2021, 159: 106525.

[8] MERT G, KOK B. A new approach in the design of heat transfer fin for melting and solidification of PCM[J]. International Journal of Heat and Mass Transfer, 2020, 153: 119671.

[9] CYRIL R R, SURESH S, BHAVSAR R R, et al. Influence of fin configurations in the heat transfer effectiveness of solid solid PCM based thermal control module for satellite avionics: Numerical simulations[J]. Journal of Energy Storage, 2020, 29: 101332.

[10] GASIA J, MALDONADO J M, GALATI F, et al. Experimental evaluation of the use of fins and metal wool as heat transfer enhancement techniques in a latent heat thermal energy storage system[J]. Energy Conversion and Management, 2019, 184: 530-538.

[11] KARAMI R, KAMKARI B. Investigation of the effect of inclination angle on the melting enhancement of phase change material in finned latent heat thermal storage units[J]. Applied Thermal Engineering, 2019, 146: 45-60.

[12] JOYBARI M M, HAGHIGHAT F, SEDDEGH S, et al. Heat transfer enhancement of phase change materials by fins under simultaneous charging and discharging[J]. Energy Conversion and Management, 2017, 152: 136-156.

[13] ESLAMNEZHAD H, RAHIMI A B. Enhance heat transfer for phase-change materials in triplex tube heat exchanger with selected arrangements of fins[J]. Applied Thermal Engineering, 2017, 113: 813-821.

[14] KAMKARI B, SHOKOUHMAND H. Experimental investigation of phase change material melting in rectangular enclosures with horizontal partial fins[J]. International Journal of Heat and Mass Transfer, 2014, 78: 839-851.

[15] DARZI A A R, JOURABIAN M. Melting and solidification of PCM enhanced by radial conductive fins and nanoparticles in cylindrical annulus[J]. Energy Conversion and Management, 2016, 118: 253-263.

[16] HUANG S, LU J, LI Y, et al. Experimental study on the influence of PCM container height on heat transfer characteristics under constant heat flux condition[J]. Applied Thermal Engineering, 2020, 172: 115159.

[17] KAMKARI B, SHOKOUHMAND H, BRUNO F. Experimental investigation of the effect of inclination angle on convection-driven melting of phase change material in a rectangular enclosure[J]. International Journal of Heat and Mass Transfer, 2014, 72: 186-200.

[18] GUO Z, BAI Q, HOU J, et al. Experimental investigation on the melting behavior of phase change materials in open-cell metal foams in an inclined rectangular enclosure[J]. Energy Procedia, 2018, 152: 215-220.

[19] DIAO Y H, KANG Y M, LIANG L, et al. Experimental investigation on the heat transfer performance of latent thermal energy storage device based on flat miniature heat pipe arrays[J]. Energy, 2017, 138: 929-941.

[20] EBRAHIMI A, HOSSEINI M J, RANJBAR A A, et al. Melting process investigation of phase change materials in a shell and tube heat exchanger enhanced with heat pipe[J]. Renewable Energy, 2019, 138: 378-394.

[21] 王泽宇, 刁彦华, 赵耀华, 等. 平板微热管阵列式太阳能空气集热-蓄热一体化装置换热特性研究[J]. 工程热物理学报, 2017, 38(3): 625-634.

[22] DIAO Y H, LIANG L, ZHAO Y H, et al. Numerical investigation of the thermal performance enhancement of latent heat thermal energy storage using longitudinal rectangular fins and flat micro-heat pipe arrays[J]. Applied Energy,

2019, 233-234: 894-905.

[23] BECHIRI M, MANSOURI K. Analytical study of heat generation effects on melting and solidification of nano-enhanced PCM inside a horizontal cylindrical enclosure[J]. Applied Thermal Engineering, 2016, 104: 779-790.

[24] MA F, ZHANG P, SHI X J. Flow and heat transfer characteristics of micro-encapsulated phase change material slurry and energy transport evaluation[J]. Energy Procedia, 2017, 105: 4607-4614.

[25] ZHAO J, ZHAI J, LU Y, et al. Theory and experiment of contact melting of phase change materials in a rectangular cavity at different tilt angles[J]. International Journal of Heat and Mass Transfer, 2018, 120: 241-249.

[26] FENG Y, LI H, LI L, et al. Numerical investigation on the melting of nanoparticle-enhanced phase change materials (NEPCM) in a bottom-heated rectangular cavity using lattice Boltzmann method[J]. International Journal of Heat and Mass Transfer, 2015, 81: 415-425.

[27] GAO D, TIAN F, CHEN Z, et al. An improved lattice Boltzmann method for solid-liquid phase change in porous media under local thermal non-equilibrium conditions[J]. International Journal of Heat and Mass Transfer, 2017, 110: 58-62.

[28] JOURABIAN M, FARHADI M, SEDIGHI K, et al. Simulation of natural convection melting in a cavity with fin using lattice Boltzmann method[J]. International Journal for Numerical Methods in Fluids, 2010, 70: 313-325.

[29] 田东东, 王会, 刁永发, 等. 金属泡沫铜在相变堆积床中强化凝固传热过程的数值分析[J]. 东华大学学报(自然科学版), 2020, 46(4): 650-655, 662.

[30] 田东东, 王会, 刁永发, 等. 金属泡沫铜/石蜡复合相变材料融化传热特性的试验研究[J]. 西安交通大学学报, 2020, 54(3): 188-196.

[31] 侯天睿, 邢玉明, 郑文远, 等. 泡沫铜/低熔点合金复合相变材料凝固放热研究[J]. 北京航空航天大学学报, 2020, 12: 1-12.

[32] YANG X H, YU J B, GUO Z X, et al. Role of porous metal foam on the heat transfer enhancement for a thermal energy storage tube[J]. Applied Energy, 2019, 239: 142-156.

[33] BUONOMO B, CELIK H, ERCOLE D, et al. Numerical study on latent thermal energy storage systems with aluminum foam in local thermal equilibrium[J]. Applied Thermal Engineering, 2019, 159: 113980.

[34] POURAKABAR A, DARZI A A R. Enhancement of phase change rate of PCM in cylindrical thermal energy storage[J]. Applied Thermal Engineering, 2019, 150: 132-142.

[35] AL-JETHELAH M, EBADI S, VENKATESHWAR K, et al. Charging nanoparticle enhanced bio-based PCM in open cell metallic foams: An experimental investigation[J]. Applied Thermal Engineering, 2019, 148: 1029-1042.

[36] ZHENG H, WANG C, LIU Q, et al. Thermal performance of copper foam/paraffin composite phase change material[J]. Energy Conversion and Management, 2018, 157: 372-381.

[37] ZHANG P, MENG Z, ZHU H, et al. Melting heat transfer characteristics of a composite phase change material fabricated by paraffin and metal foam[J]. Applied Energy, 2017, 185: 1971-1983.

[38] YU J B, YANG Y, YANG X H, et al. Effect of porous media on the heat transfer enhancement for a thermal energy storage unit[J]. Energy Procedia, 2018, 152(1): 984-989.

[39] 梁林, 刁彦华, 康亚盟, 等. 平板微热管阵列-泡沫铜复合结构相变蓄热装置蓄放热特性[J]. 化工学报, 2018, 69(S1): 34-42.

[40] ALI M A, FAYAZ, VIEGAS R F, et al. Enhancement of heat transfer in paraffin wax PCM using nano graphene composite for industrial helmets[J]. The Journal of Energy Storage, 2019, 26: 100982.

[41] 许玲. 填充石蜡/石墨烯复合相变材料的蓄热换热器研究[D]. 青岛: 青岛科技大学, 2020.

[42] 区炳显, 王承康, 闫俊霞, 等. 石墨烯改性高导热相变大胶囊的制备与性能表征[J]. 化工新型材料, 2021, 49(2): 72-75, 80.

[43] RAMAKRISHNANA S, WANG X M, SANJAYANA J. Effects of various carbon additives on the thermal storage performance of form-stable PCM integrated cementitious composites[J]. Applied Thermal Engineering, 2019, 148(1): 491-501.

[44] YAN W M, HO C J, TSENG Y T, et al. Numerical study on convective heat transfer of nanofluid in a minichannel heat sink with micro-encapsulated PCM-cooled ceiling[J]. International Journal of Heat and Mass Transfer, 2020, 153: 119589.

[45] HAJIZADEH M R, ALSABERY A I, SHEREMET M A, et al. Nanoparticle impact on discharging of PCM through a thermal storage involving numerical modeling for heat transfer and irreversibility[J]. Powder Technology, 2020, 376: 424-437.

[46] WI S, YANG S, LEE J, et al. Dynamic heat transfer and thermal performance evaluation of PCM-doped hybrid hollow plaster panels for buildings[J]. Journal of Hazardous Materials, 2019, 374: 428-436.

[47] 张仲彬, 朱长林. 碳纳米管-氮化硼/肉豆蔻酸复合相变材料的蓄热性能研究[J]. 中国电机工程学报: 2021, 41(13): 4585-4594.

[48] EBADI S, TASNIM S H, ALIABADI A A, et al. Melting of nano-PCM inside a cylindrical thermal energy storage system: Numerical study with experimental verification[J]. Energy Conversion and Management, 2018, 166: 241-259.

[49] SHEIKHOLESLAMI M, ZAREEI A, JAFARYAR M, et al. Heat transfer simulation during charging of nanoparticle enhanced PCM within a channel[J]. Statistical Mechanics and its Applications, 2019, 525: 557-565.

[50] MIAO W J, WANG Y B, LI X G, et al. Development of spherical α-Al$_2$O$_3$-based composite phase change materials (PCMs) and its utilization in thermal storage building materials[J]. Thermochimica Acta, 2019, 676: 177-185.

[51] AL-JETHELAH M, TASNIM S H, MAHMUD S, et al. Nano-PCM filled energy storage system for solar-thermal applications[J]. Renewable Energy, 2018, 126: 137-155.

[52] XIE M, HUANG J C, LING Z Y, et al. Improving the heat storage/release rate and photo-thermal conversion performance of an organic PCM/expanded graphite composite block[J]. Solar Energy Materials and Solar Cells, 2019, 201: 110081.

[53] ABDULATEEF A M, ABDULATEEF J, SOPIAN K, et al. Optimal fin parameters used for enhancing the melting and solidification of phase-change material in a heat exchanger unite[J]. Case Studies in Thermal Engineering, 2019, 14: 100487.

[54] MAHDI J M, NSOFOR E C. Solidification enhancement of PCM in a triplex-tube thermal energy storage system with nanoparticles and fins[J]. Applied Energy, 2018, 211: 975-986.

[55] LI W Q, ZHANG D, JING T T, et al. Nano-encapsulated phase change material slurry (Nano-PCMS) saturated in metal foam: A new stable and efficient strategy for passive thermal management[J]. Energy, 2018, 165: 743-751.

[56] HO C J, HSU S T, RASHIDI S, et al. Water-based nano-PCM emulsion flow and heat transfer in divergent mini-channel heat sink—An experimental investigation[J]. International Journal of Heat and Mass Transfer, 2019, 148: 119086.

[57] SURESH C, SAINI R P. Experimental study on combined sensible-latent heat storage system for different volume fractions of PCM[J]. Solar Energy, 2020, 212:282-296.

[58] MAO Q, Y ZHANG. Thermal energy storage performance of a three-PCM cascade tank in a high-temperature packed bed system[J]. Renewable Energy, 2020, 152:110-119.

[59] MAJUMDAR R, SAHARA S K. Computational study of performance of cascaded multi-layered packed-bed thermal energy storage for high temperature applications[J]. Journal of Energy Storage, 2020, 32: 101930.

[60] AHMED N, ELFEKY K E, LU L, et al. Thermal performance analysis of thermocline combined sensible-latent heat storage system using cascaded-layered PCM designs for medium temperature applications[J]. Renewable Energy, 2020, 152: 684-697.

[61] 杨兆晟. 低温梯级相变蓄热器传热特性及优化研究[D]. 北京: 北京建筑大学, 2020.

[62] FARID M M, KANZAWA A. Thermal performance of a heat storage module using PCM's with different melting temperatures: Mathematical modeling[J]. Journal of Solar Energy Engineering, 1989, 111(3): 152-157.

[63] XU Y, HE Y L, LI Y Q, et al. Exergy analysis and optimization of charging-discharging processes of latent heat thermal energy storage system with three phase change materials[J]. Solar Energy, 2016, 123(1): 206-216.

[64] LI B, ZHAI X, CHENG X. Thermal performance analysis and optimization of multiple stage latent heat storage unit based on entransy theory[J]. International Journal of Heat and Mass Transfer, 2019, 135 (6) :149-157.

[65] KHOR J O, SZE J Y, LI Y , et al. Overcharging of a cascaded packed bed thermal energy storage: Effects and solutions[J]. Renewable and Sustainable Energy Reviews, 2020, 117: 109421.

[66] SHAMSI H, BOROUSHAKI M, GERAEI H. Performance evaluation and optimization of encapsulated cascade PCM thermal storage[J]. The Journal of Energy Storage, 2017, 11(6): 64-75.

[67] ZHAO Y, YOU Y, LIU H B, et al. Experimental study on the thermodynamic performance of cascaded latent heat storage in the heat charging process[J]. Energy, 2018, 157(8): 690-706.

[68] ELFEKY K E, LI X, AHMEDA N, et al. Optimization of thermal performance in thermocline tank thermal energy storage system with the multilayered PCM(s) for CSP tower plants[J]. Applied Energy, 2019, 243: 175-190.

[69] HASSANPOUR A, BORJI M, ZIAPOUR B M, et al. Performance analysis of a cascade PCM heat exchanger and two-phase closed thermosiphon: A case study of geothermal district heating system[J]. Sustainable Energy Technologies and Assessments, 2020, 40: 100755.

[70] RIAHI S, LIU M, JACOB R, et al. Assessment of exergy delivery of thermal energy storage systems for CSP plants: Cascade PCMs, graphite-PCMs and two-tank sensible heat storage systems[J]. Sustainable Energy Technologies and Assessments, 2020, 42: 100823.

[71] SAEED M, YASHAR S, KARTHIK N, et al. Cyclic performance of cascaded and multi-layered solid-PCM shell-and-tube thermal energy storage systems: A case study of the 19.9 MW$_e$ Gemasolar CSP plant[J]. Applied Energy, 2018, 228: 240-253.

[72] MAHDI J M, MOHAMMED H I, HASHIM E T, et al. Solidification enhancement with multiple PCMs, cascaded metal foam and nanoparticles in the shell-and-tube energy storage system[J]. Applied Energy, 2020, 257(1): 113993.1-113993.15.

[73] HUANG H, XIAO Y, LIN J, et al. Improvement of the efficiency of solar thermal energy storage systems by cascading a PCM unit with a water tank[J]. Journal of Cleaner Production, 2020, 245: 118864.

[74] ZHU Y, WANG D, LI P, et al. Optimization of exergy efficiency of a cascaded packed bed containing variable diameter particles[J]. Applied Thermal Engineering, 2021, 188(6): 116680.

[75] MAWIRE A, EKWOMADU C S, LEFENYA T M, et al. Performance comparison of two metallic eutectic solder based medium-temperature domestic thermal energy storage systems[J]. Energy, 2020, 194(3): 116828.1-116828.19.

[76] CHENG X, ZHAI X. Thermal performance analysis and optimization of a cascaded packed bed cool thermal energy storage unit using multiple phase change materials[J]. Applied Energy, 2018, 215: 566-576.

[77] 程熙文, 翟晓强, 郑春元. 梯级相变蓄冷换热器的性能分析及优化[J]. 上海交通大学学报, 2016, 50(9): 1500-1505, 1513.

[78] 郑章靖, 徐阳, 何雅玲. 梯级多孔介质强化管壳式相变蓄热器性能研究[J]. 工程热物理学报, 2019, 40(3): 605-611.

[79] 王慧儒, 刘振宇, 姚元鹏, 等. 组合相变材料强化固液相变传热可视化试验[J]. 化工学报, 2019, 70(4)：1263-1271, 1662.

[80] 李亚奇, 胡延铎, 宋鸿杰, 等. 梯级相变蓄热技术的研究现状及展望[J]. 节能, 2014, 33(6): 7-11.

[81] 胡芃, 卢大杰, 赵盼盼, 等. 组合式相变材料最佳相变温度的热力学分析[J]. 化工学报, 2013, 64(7): 2322-2327.

[82] 张鹤飞. 太阳能热利用原理与计算机模拟[M]. 西安: 西北工业大学出版社, 2004.

[83] SHMUELI H, ZISKIND G, LETAN R. Melting in a vertical cylindrical tube: Numerical investigation and comparison with experiments[J]. International Journal of Heat and Mass Transfer, 2010, 53(19): 4082-4091.

彩　　图

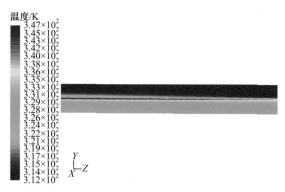

图 2-7　顺流型集热器中心截面温度场

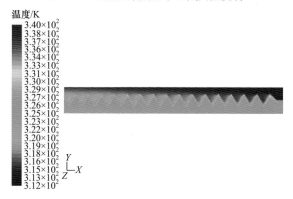

图 2-8　错流型集热器中心截面温度场

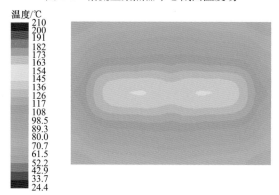

图 2-27　空气加热箱出口截面温度云图

温度/(10²℃)
2.10
2.00
1.91
1.82
1.73
1.63
1.54
1.45
1.36
1.26
1.17
1.08
0.985
0.892
0.800
0.707
0.615
0.522
0.429
0.337
0.244

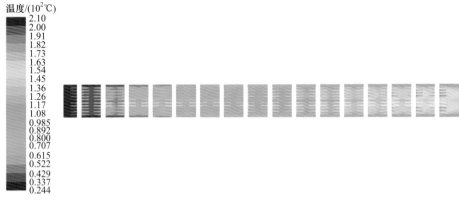

图 2-28　加热箱内 z=35mm 截面的温度云图

温度/℃
210
200
191
182
173
163
154
145
136
126
117
108
98.5
89.3
80.0
70.7
61.5
52.2
42.9
33.7
24.4

图 2-29　加热箱内 y=13.5mm 截面的温度云图

速度/(m/s)
2.29
2.18
2.06
1.95
1.84
1.72
1.61
1.49
1.38
1.28
1.15
1.03
0.918
0.803
0.688
0.573
0.459
0.344
0.229
0.115
0

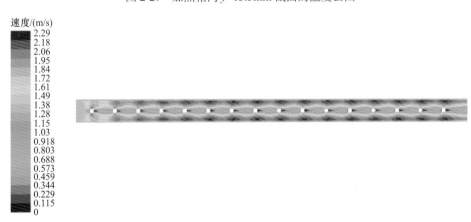

图 2-30　加热箱内 y=13.5mm 截面的速度云图

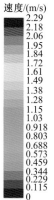
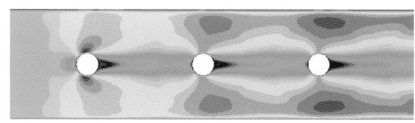

图 2-31　加热箱内 y=13.5mm 截面局部放大的速度云图

图 2-32　翅片管温度云图

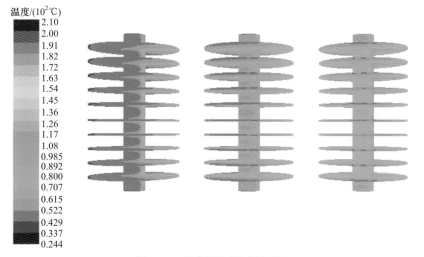

图 2-33　部分翅片管温度云图

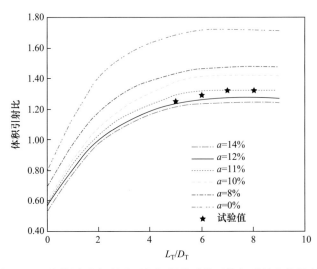

图 3-17　不同混合室长径比下相间滑移系数对体积引射比的影响[31]

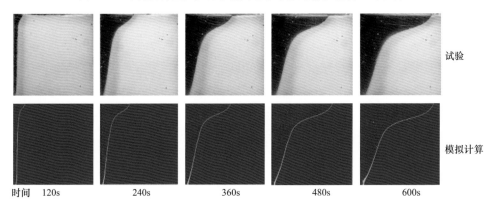

图 6-17　石蜡熔化过程的试验与模拟计算对比

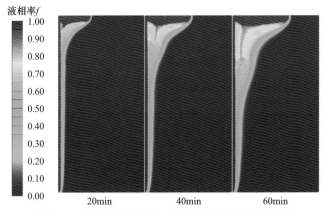

图 6-20　不同时刻石蜡固-液相分布的模拟计算云图

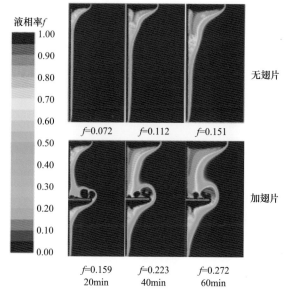

图 6-22　添加翅片前后石蜡固-液相云图随时间的变化

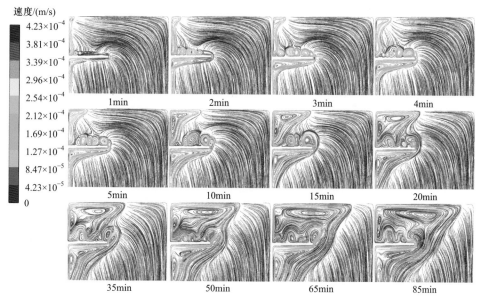

图 6-24　不同时刻翅片附近石蜡的流线图

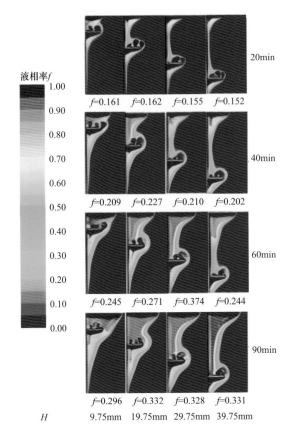

液相率 f

1.00
0.90
0.80
0.70
0.60
0.50
0.40
0.30
0.20
0.10
0.00

20min
f=0.161 f=0.162 f=0.155 f=0.152

40min
f=0.209 f=0.227 f=0.210 f=0.202

60min
f=0.245 f=0.271 f=0.374 f=0.244

90min
f=0.296 f=0.332 f=0.328 f=0.331

H 9.75mm   19.75mm   29.75mm   39.75mm

图 6-25　不同翅片距离 H 和加热时间下的石蜡固-液相区域分布云图

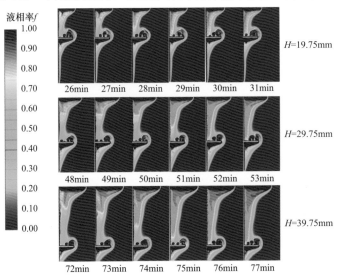

液相率 f

1.00
0.90
0.80
0.70
0.60
0.50
0.40
0.30
0.20
0.10
0.00

H=19.75mm
26min   27min   28min   29min   30min   31min

H=29.75mm
48min   49min   50min   51min   52min   53min

H=39.75mm
72min   73min   74min   75min   76min   77min

图 6-27　石蜡液相率跳跃区域附近的液相率云图

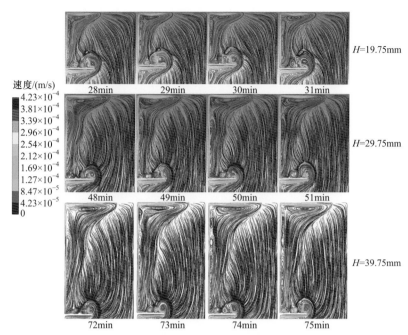

速度/(m/s)

| 4.23×10⁻⁴ |
| 3.81×10⁻⁴ |
| 3.39×10⁻⁴ |
| 2.96×10⁻⁴ |
| 2.54×10⁻⁴ |
| 2.12×10⁻⁴ |
| 1.69×10⁻⁴ |
| 1.27×10⁻⁴ |
| 8.47×10⁻⁵ |
| 4.23×10⁻⁵ |
| 0 |

H=19.75mm

28min 29min 30min 31min

H=29.75mm

48min 49min 50min 51min

H=39.75mm

72min 73min 74min 75min

图 6-28　石蜡在三个跳跃区域附近时刻的流线图

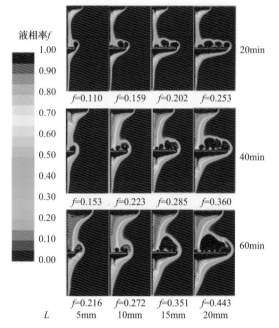

液相率 f

| 1.00 |
| 0.90 |
| 0.80 |
| 0.70 |
| 0.60 |
| 0.50 |
| 0.40 |
| 0.30 |
| 0.20 |
| 0.10 |
| 0.00 |

20min

f=0.110　f=0.159　f=0.202　f=0.253

40min

f=0.153　f=0.223　f=0.285　f=0.360

60min

f=0.216　f=0.272　f=0.351　f=0.443

L　　5mm　　10mm　　15mm　　20mm

图 6-29　不同翅片长度 L 下的石蜡固-液相分布云图

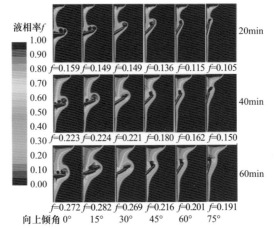

液相率 f

1.00
0.90
0.80　f=0.159　f=0.149　f=0.149　f=0.136　f=0.115　f=0.105
0.70
0.60
0.50
0.40
0.30　f=0.223　f=0.224　f=0.221　f=0.180　f=0.162　f=0.150
0.20
0.10
0.00

20min

40min

60min

f=0.272　f=0.282　f=0.269　f=0.216　f=0.201　f=0.191

向上倾角　0°　　15°　　30°　　45°　　60°　　75°

图 6-31　翅片向上倾斜不同角度时的石蜡固-液相分布云图

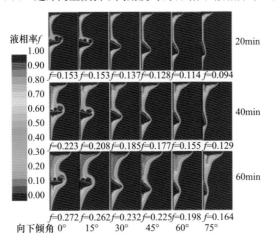

液相率 f

1.00
0.90
0.80　f=0.153 f=0.153 f=0.137 f=0.128　f=0.114 f=0.094
0.70
0.60
0.50
0.40
0.30　f=0.223 f=0.208 f=0.185 f=0.177　f=0.155 f=0.129
0.20
0.10
0.00

20min

40min

60min

f=0.272 f=0.262 f=0.232 f=0.225　f=0.198 f=0.164

向下倾角　0°　　15°　　30°　　45°　　60°　　75°

图 6-32　翅片向下倾斜不同角度时的石蜡固-液相分布云图

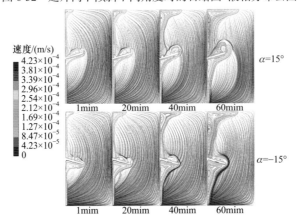

速度/(m/s)

$4.23×10^{-4}$
$3.81×10^{-4}$
$3.39×10^{-4}$
$2.96×10^{-4}$
$2.54×10^{-4}$
$2.12×10^{-4}$
$1.69×10^{-4}$
$1.27×10^{-4}$
$8.47×10^{-5}$
$4.23×10^{-5}$
0

α=15°

α=−15°

1mim　　20mim　　40mim　　60mim

1mim　　20mim　　40mim　　60mim

图 6-33　翅片倾斜不同角度时不同时刻的石蜡流线图